云计算系统架构与应用

张虎 郭莹 杨美红 陈静 李娜 ◎ 编著

清华大学出版社

北京

内 容 简 介

本书通过四篇系统介绍了云计算系统架构与应用。其中，第一篇为云计算基础，主要介绍云计算概念、产生背景、发展历程、特点，并详细讲解了目前常用的云计算架构、服务模式以及云计算的关键技术；第二篇为云计算主流平台，讲解 OpenStack、Kubernetes 两个主流开源云平台的概念、理论、架构组件以及典型应用场景；第三篇为云计算与其他技术的融合应用，分析云计算与大数据、人工智能、高性能计算以及云边协同计算之间的关系和融合应用场景；第四篇为综合案例实践，通过六个综合案例，给出云计算技术在各领域的应用解决方案。本书创新性地引入了云计算与其他技术领域的融合内容，通过理论与实践相结合的方式，更深入地讨论了云计算系统的关键技术、系统架构以及融合应用场景。

本书可以作为高等院校计算机、大数据、人工智能、电子信息、数学等相关学科专业的大数据课程教材，也可作为正在学习云计算技术的人员的实践教材。

图书在版编目（CIP）数据

云计算系统架构与应用 / 张虎等编著 . —北京：清华大学出版社，2023.12
　ISBN 978-7-302-65046-1

Ⅰ.①云… Ⅱ.①张… Ⅲ.①云计算 Ⅳ.① TP393.027

中国国家版本馆 CIP 数据核字（2024）第 004534 号

责任编辑：张　弛
封面设计：刘　键
责任校对：刘　静
责任印制：刘海龙

出版发行：清华大学出版社
　　　网　　　址：https://www.tup.com.cn，https://www.wqxuetang.com
　　　地　　　址：北京清华大学学研大厦 A 座　　　邮　　编：100084
　　　社 总 机：010-83470000　　　邮　　购：010-62786544
　　　投稿与读者服务：010-62776969，c-service@tup.tsinghua.edu.cn
　　　质量反馈：010-62772015，zhiliang@tup.tsinghua.edu.cn
印 装 者：三河市君旺印务有限公司
经　　销：全国新华书店
开　　本：185mm×260mm　　印　　张：15.5　　字　　数：372 千字
版　　次：2023 年 12 月第 1 版　　印　　次：2023 年 12 月第 1 次印刷
定　　价：49.00 元

产品编号：097951-01

前　言

　　党的二十大报告提出"推动战略性新兴产业融合集群发展，构建新一代信息技术、人工智能、生物技术、新能源、新材料、高端装备、绿色环保等一批新的增长引擎。""加快发展数字经济，促进数字经济和实体经济深度融合，打造具有国际竞争力的数字产业集群"。

　　党的二十大报告为我国新一代信息技术产业发展指明了方向。而云计算技术是目前最热门的新一代信息技术之一，云计算平台已经成为支撑国计民生的新型基础设施。云计算技术作为基础支撑技术，正在不断与大数据、人工智能、高性能计算等其他学科、其他技术融合发展，其应用场景也更为复杂。在此背景下，如何培养既懂云计算关键技术原理，又懂云计算与其他新一代信息技术融合应用的复合型人才，对推动云计算技术乃至新一代信息技术发展具有非常重要的意义。

　　本书围绕云计算系统架构与应用，以理论为基础，以融合为导向，以实践促提高，为计算机、大数据、人工智能等相关专业的高校师生和企业技术人员提供了兼顾理论技术、融合应用和综合案例的云计算技术用书。本书分4篇，共7章，包括云计算基础、云计算主流平台、云计算与其他技术的融合应用、综合案例实践。

　　（1）第一篇云计算基础，包括第1~3章。第1章简单介绍了云计算技术的概念、产生背景、发展历程、技术特点以及在典型领域的应用；第2章详细介绍了云计算的四种常用架构，包括基础设施即服务（IaaS）、平台即服务（PaaS）、软件即服务（SaaS）、数据即服务（DaaS），并介绍了公有云、私有云、混合云三类云计算服务模式；第3章重点讲解了云计算在虚拟化、分布式、云管理和云原生四个方面的关键技术。

　　（2）第二篇云计算主流平台，包括第4、5章。从平台设计理念、平台架构与原理、典型应用等方面，详细讲解了目前已经非常成熟且不断发展的OpenStack和Kubernetes平台。两个平台分别是虚拟机管理平台和容器编排平台的佼佼者。

　　（3）第三篇云计算与其他技术的融合应用，包括第6章。从大数据、人工智能、高性能计算、云边协同4个方向介绍了新一代信息技术与云计算技术之间的关系，以及融合应用的场景和案例。该章内容是本书的创新性内容，力求通过深入浅出的方式让读者可以迅速了解云计算与其他新一代信息技术的关系，对读者从全局掌握新一代信息技术的架构和关系非常有帮助。

　　（4）第四篇综合案例实践，包括第7章。围绕云计算综合应用场景，使用六个综合案例，对实战案例环境搭建、典型应用场景测试等事件操作进行了详细介绍。六个综合案例包括虚拟机、容器云平台的搭建、云环境支撑大数据处理、云环境支撑人工智能模型训练、云环境支撑高性能计算作业提交、云边协同计算。

　　本书内容丰富、涵盖了云计算方面主要的概念和技术内容。同时单独以一章篇幅，详细论述了云计算与大数据、人工智能、高性能计算、云边协同技术等新一代信息技术的关系与融合应用场景，有效拓宽学生视野，培养学生多学科交叉融合的理念，有助于学生今后朝不同的研究方向发展。在本书的最后，也设有云计算及交叉融合方面综合实训案例，能够让学生理论与实践相结合，增强学生的实践创新能力。

本书配套资源丰富，包括课件教案、程序源码、扩展训练答案，同时配有120分钟的微课视频。

本书由齐鲁工业大学张虎、郭莹、杨美红、陈静、李娜、葛菁、王迪和山东正云信息科技有限公司的孙明辉、房靖晶共同编写，其中张虎主持教案编写，李娜编写第1章，陈静、郭莹编写第2章，张秋萍、张虎编写第3章，张秋萍编写第4章、孙明辉编写第5章，以上人员共同完成第6、7章的编写。齐鲁工业大学学生许洪玉参与项目环境部署、项目实践的验证和修订工作，在此一并表示衷心的感谢。本书获得齐鲁工业大学计算机科学与技术学科经费资助。

由于编者水平有限，书中难免存在疏漏和不足之处，敬请广大读者批评、指正。

张　虎

2023年10月

教学课件　　　　　　　参考教案

目录

第二篇　云计算主流平台

第三篇　云计算与其他技术的融合应用

第四篇　综合案例实践

第一篇

云计算基础

## 第 1 章

云计算概述

1.1 课程思政

全面推进课程思政建设是落实立德树人根本任务的战略举措，也是提高人才培养质量的重要任务。目前，互联网是信息整合的载体，能够将碎片资源整合，使不同群体实现共建、共享和共赢，同时也为高校信息技术人才培养提出了更高的要求，推动了思政教育的协同创新。通过对云计算概述的学习，为提高云计算、大数据、5G 等数字技术的发展速度，提高教学生产力、探索"互联网+"教学模式，推进政府、高校、企业数字化转型提供了理论基础。

1.1 课程思政

本章聚焦技术前沿、国际现状、责任担当，通过学习云计算概述相关知识，了解什么是云计算，云计算的产生背景、发展历程、技术特点及典型应用等，认识到云计算技术在未来科技发展中的重要作用，引导学生从云计算技术的角度思考数据科学的重要性、AI 赋能未来的必然性、国家发展尖端科技的必要性，建立正确的工程观、价值观，树立科学精神、创新精神和工匠精神。

1.2 云计算概念

随着计算机与信息技术的不断发展，云计算已经应用到社会的方方面面，成为推动社会生产力变革的新生力量，是促进经济发展的新引擎。

那么云计算的概念究竟是如何定义的？业界对此众说纷纭，很多行业领先者都以不同的角度给出过云计算的概念，但是目前尚没有统一的结论性定义。

1.2 云计算概念

在世界范围内最被广泛接受的定义是由美国国家标准与技术研究院（National Institute of Standards and Technology，NIST）的彼得·梅尔（Peter Mell）和蒂姆·格兰切（Tim Grance）在 2009 年 4 月提出的。该定义指出，云计算是一种方便快捷、按需使用的模式，该模式支持通过网络连接到一个可配置的共享计算资源池（如网络、服务器、存储、应用软件、技术服务），该资源池只通过最少的管理工作或者与服务提供商的交互，就可以实现快速调配和发布。这种云模式提高了资源可用性，具有五个基本特征（广泛网络访问、快速弹性、可测量服务、按需自服务、资源池化）、三种服务模式[基础设施即服务（IaaS）、平台即服务（PaaS）、软件即服务（SaaS）]、四种部署方式（公有云、私有云、混合云、社区云）。

维基百科对云计算的定义：云计算是指计算机系统资源（尤其是数据存储和计算能力）的按需可用性，且无须用户进行直接管理。云计算依靠资源共享来实现一致性，通常使用"现收现付"模式。

作为最早提出云计算概念之一的Google公司认为，云计算就是以公开的标准和服务为基础，以互联网为中心，提供安全、快速、便捷的数据存储和网络计算服务，用户将所有数据、计算和应用放在云端，终端设备不再需要安装软件，通过互联网来分享程序和服务，从而让互联网这片"云"成为用户的数据中心和计算中心。

以ISO/IEC JTC1 和ITU-T组成的联合工作组制定的国际标准ISO/IEC 17788《云计算词汇与概述》（*Information technology-Cloud Computing-Overview and vocabulary*）DIS版的定义：云计算是一种将可伸缩、弹性、共享的物理和虚拟资源池以按需自服务的方式供应和管理，并提供网络访问的模式。云计算模式由关键特征、云计算角色和活动、云能力类型和云服务分类、云部署模型、云计算共同关注点组成。

2012年3月，时任国务院总理温家宝所做的国务院政府工作报告中，提出将云计算作为国家战略性新兴产业之一，并在报告附注中给出定义：云计算是基于互联网的服务的增加、使用和交付模式，通常涉及通过互联网来提供动态易扩展且经常是虚拟化的资源。是传统计算机和网络技术发展融合的产物，它意味着计算能力也可作为一种商品通过互联网进行流通。

百度百科上的定义：云计算（Cloud Computing）是分布式计算的一种，指的是通过网络"云"将巨大的数据计算处理程序分解成无数个小程序，然后，通过多部服务器组成的系统进行处理和分析这些小程序得到结果并返回给用户。

云计算早期，是简单的分布式计算，解决任务分发，并进行计算结果的合并。现阶段所说的云服务已经不单单是一种分布式计算，而是分布式计算、效用计算、负载均衡、并行计算、网络存储、热备份冗杂和虚拟化等计算机技术混合演进并跃升的结果。

"云"实质上就是一个网络，狭义上讲，云计算就是一种提供资源的网络，使用者可以随时获取"云"上的资源，按需求量使用，并且可以看成是无限扩展的，只要按使用量付费就可以，"云"就像自来水厂一样，我们可以随时接水，并且不限量，按照自己家的用水量，付费给自来水厂就可以。

从广义上说，云计算是与信息技术、软件、互联网相关的一种服务，这种计算资源共享池叫作"云"，云计算把许多计算资源集合起来，通过软件实现自动化管理，只需要很少的人参与，就能让资源被快速提供。也就是说，计算能力作为一种商品，可以在互联网上流通，就像水、电、煤气一样，可以方便地取用，且价格较为低廉。

总之，云计算不是一种全新的网络技术，而是一种全新的网络应用概念，云计算的核心概念就是以互联网为中心，在网站上提供快速且安全的云计算服务与数据存储，让每一个使用互联网的人都可以方便地使用网上庞大的计算资源与数据中心。

云计算是继互联网后信息时代又一种新的变革，云计算是信息时代的一个大飞跃，未来的时代可能是云计算的时代。虽然目前有关云计算的定义有很多，但概括来说，它们的基本含义是一致的。云计算具有很强的用户需求性和可扩展性，为用户提供了一种全新的体验，其概念核心是将很多的计算资源协调起来，从而使用户通过网络就可获得无限的计算资源，不受时间和空间的限制。

1.3　云计算产生背景

目前，云计算已被视为信息技术产业的大革命，它不仅改变了原有的产业格局，而且还开创了新的商业模式，革新了社会的工作方式。追溯云计算产生和发展的历史，与计算机和网络技术的发展密不可分，技术发展和变革的轨迹如图1-1所示。正是由于硬件设备计算能力的不断提高，网络带宽的不断增加，以及互联网技术的发展应用，才促使云计算技术不断成长。

1.3　云计算产生背景

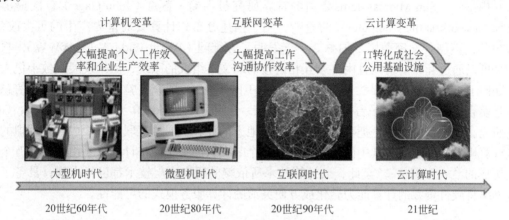

图1-1　技术发展和变革的轨迹

无论是结绳计数、算盘，还是刚进入工业社会的计算尺、分析机等机械手段，人类计算的效率在这些时期都是低下的。1946年2月，在美国诞生了世界上第一台通用电子计算机ENIAC（Electronic Numerical Integrator and Calculator），人类的计算出现了革命性的进展。1959年6月，克里斯托弗·斯特雷奇（Christopher Strachey）在国际信息处理大会上发表论文 *Time Sharing in Large Fast Computers*，首次提出了"虚拟化"的概念，为云计算的产生奠定了基石。

1961年，在麻省理工学院百周年纪念典礼上，约翰·麦卡锡（John McCarthy）首次提出了"公共计算服务"（Utility Computing）的概念，他设想了计算机将可能变成像电话一样被组织成公共服务，被每一个人寻常的使用。受苏联发射首枚人造卫星的启发，约瑟夫·利克莱德（J. C. R. Licklider）于1962年提出建设一个星际计算网络的构想，即一种通过把计算机互相连接成网来实现人与人之间信息交互的概念，按照他的想象，在全球范围内互相连接起来的许多计算机将可以使每一个人从任何地点很快地得到需要的数据或程序。

1969年底，阿帕网（ARPANET）正式投入运行，它由美国国防部高级研究计划署（Advanced Research Project Agency，ARPA）开发，是世界上首个运营的封包交换网络，被视为互联网的前身。最初阿帕网连接了4个节点，即加利福尼亚大学洛杉矶分校、加州大学圣巴巴拉分校、斯坦福大学、犹他州大学的4台大型计算机，通过通信处理机和通信链路构成一个"局域网"，且存在不同节点硬件厂商型号不同、软件不兼容等问题。同年，贝尔实验室的肯·汤普森（Ken Thompson）开始在小型计算机上开发UNIX操作系统，并于次年正式投入运行。

1973年，温顿·瑟夫（Vinton Cerf）与罗伯特·卡恩（Robert Kahn）合作开发了"传输控制协议"（Transmission-Control Protocol，TCP）和"因特网协议"（Internet Protocol，IP），这一成果在1974年发表在IEEE论文 *A Protocol for Packet Network Intercommunication* 中，并经过不断实验完善，最终使跨网交流成为现实。与此同时，虚拟化技术经过不断的积累与发展，于20世纪六七十年代，逐渐流行并成功应用于大型主机部署，可以依据用户动态的应用需求来调整和支配资源，使昂贵的大型机资源尽可能地得到充分利用，这就是通常所说的虚拟化的大型机计算阶段。

1983年，Sun Microsystems公司的首席研究员约翰·盖奇（John Gage）首次提出了"The Network is the Computer"的论断，用于描述分布式计算会对世界产生的重大改变。1989年，英国科学家蒂姆·伯纳斯·李发明了万维网（World Wide Web，WWW），它是一个可以通过互联网访问且由许多互相链接的超文本组成的系统，后来发展成数十亿人在互联网上进行交互的主要工具。1996年，由美国Argonne国家实验室与南加州大学信息科学学院合作开发的开源平台Globus正式起步，开始了对网格计算（Grid Computing，GC）的研究。该平台的目的是把分散在全球不同地方的计算机通过互联网组织成一个虚拟的超级计算机，每台的参与其中的计算机就是一个节点，而整个网格计算就是由成千上万个节点构成的"一张网格"。至此，云计算技术所依赖的所有底层技术都已经出现，具备了通过网络将硬件资源的计算能力转化成方便灵活的计算服务模式的可能性。

1.4 云计算发展历程

云计算技术的发展大致经历了三个阶段：1996—2006年，是云计算技术的形成阶段；2007—2014年，是云计算技术的发展和完善阶段；2015年至今，是云计算技术的成熟应用阶段。

1.4 云计算发展历程

1.4.1 云计算技术的形成阶段

1996年11月，康柏（Compaq）公司的一群技术主管在讨论计算业务的发展时，首次使用了"Cloud Computing"这个词，他们认为商业计算会向云计算的方向转移，当时的商业计划书如图1-2所示。1997年，美国教授拉姆纳特·K.切拉帕（Ramnath K. Chellappa）对"Cloud Computing"这个词做出了首个学术定义：计算边界是由经济而并非完全由技术决定的计算模式。

自此云计算技术开始酝酿，掀起一波技术发展浪潮。1997年，虚拟桌面环境的云计算提供商iNSYNQ基于HP的设备上线了按需使用的应用和桌面服务。1998年，VMware公司首次引入x86的虚拟技术，虚拟化技术逐渐发展成熟。1999年，Marc Andreessen创建世界上第一个商业化的"基础设施即服务"（IaaS）平台LoudCloud；同年，云计算先驱公司salesforce.com成为第一家通过网站向企业提供客户关系管理（Customer Relationship Management，CRM）软件系统的公司，这就是最早的"软件即服务"（SaaS）模型，标志着"软

图1-2 康柏公司的商业计划书

件终结"革命开始。2000年，Sun公司发布 Sun cloud。2001年，HP公司发布公共数据中心产品。

2000年，美国亚马逊（Amazon）公司开发电商服务平台Merchant.com，旨在帮助第三方公司在亚马逊上构建自己的在线购物网站。由于架构设计能力和管理流程等方面的问题，网站进展缓慢，亚马逊选择将已有代码进行解耦，设计成独立的API服务，让内部或外部应用进行服务调用。由此，2002年亚马逊启用了Amazon Web Services（AWS）平台，随后将服务器、存储和数据库抽离出来，做成公共基础设施服务平台。2006年，亚马逊推出了两款重磅产品，分别是S3（Simple Storage Service，简单存储服务）和EC2（Elastic Cloud Computer，弹性云计算），从而奠定了亚马逊云计算服务的基石，AWS至今仍然是全球最全面、应用最广泛的云平台。

虽然亚马逊公司是事实上的云计算开创者，但对于云计算的起源这一问题，被行业普遍认可的是谷歌CEO埃里克·施密特（Eric Schmidt）在2006年8月9日的搜索引擎大会（SES San Jose 2006）上首次提出的"云计算"（Cloud Computing）概念，并将谷歌在2003年操作系统原理会议（ACM Symposium on Operating Systems Principles，SOSP）上发表的分布式文件系统（Google File System，GFS）、在2004年操作系统设计与实现会议（Operating Systems Design and Implementation，OSDI）上发表的分布式计算技术（MapReduce）和当年发表的分布式数据存储系统（Big Table）结合起来，同时提出了云计算的基础体系架构。

总的来说，1996—2006年这一阶段，伴随着互联网进入Web 2.0发展新阶段，首次提出云计算的概念和基础体系架构，IaaS和SaaS云服务出现并逐渐兴起，云计算技术初步被市场接受与认可。

1.4.2 云计算技术的发展和完善阶段

2007年，谷歌与IBM在大学开设云计算课程；戴尔成立数据中心解决方案部门，先后为全球3大云计算平台WindowsAzure、Facebook和Ask.com提供云基础架构；IBM首次发布云计算商业解决方案，推出"蓝云"（Blue Cloud）计划；亚马逊公司推出简单队列服务（Simple Queue Service，SQS），使托管主机可以存储计算机之间发送的消息。

2008年，Salesforce发布随需应变平台DevForce，Force.com平台是世界上首个"平台即服务"（PaaS）的应用；Gartner发布报告，认为云计算代表了计算的方向；谷歌推出Google Chrome浏览器，将浏览器融入云计算时代；微软发布公共云计算平台Windows Azure Platform，由此拉开了微软云计算的大幕；甲骨文与亚马逊AWS合作，用户可在云中部署和备份甲骨文数据库；雅虎、惠普和英特尔共同合作，开始一项涵盖美国、德国和新加坡的联合研究计划，推进云计算的研究进程。

2009年，阿里巴巴集团旗下子公司阿里软件在江苏建立首个"电子商务云计算中心"，云计算正式走入中国的历史舞台；同年12月，四十多家企业在北京共同倡议成立中国云计算技术与产业联盟。2010年，Novell公司与云安全联盟（CSA）宣布"可信任云计算计划"；美国国家航空航天局及Rackspace、AMD、英特尔、戴尔等厂商开放OpenStack源码。2011年，苹果发布iCloud，用户可以随时随地存储和共享内容；思科正式加入OpenStack项目，重点研制OpenStack的网络服务。2013年，IBM收购SoftLayer，提供业界领先的私有云解决方案；DotCloud创始人及CEO索洛蒙·海克斯（Solomon Hykes）正式决定开放容器技术Docker项目的源代码，这种轻量级虚拟化技术迅速成为最成功的开源技术之一；Pivotal公司的马特·斯泰恩（Matt Stine）首次提出云原生（Cloud Native）的概念。2014年，微软正式宣布Azure平台和Office365依次落地中国。

总的来说，2007—2014年这一阶段，IaaS、PaaS、SaaS三种服务模式逐渐被市场接受，云服务种类日趋完善，各类IT企业和运营商纷纷上云，打造自己的云服务系统。

1.4.3　云计算技术的成熟应用阶段

2015年，Google开源了Kubernetes项目，它能够在多云环境中对复杂应用进行统一运维，使得多云策略得到广泛的市场支持。同年，国务院印发《关于促进云计算创新发展培育信息产业新业态的意见》，提出要加快发展云计算，打造信息产业新业态，推动传统产业升级和新兴产业成长，培育形成新的增长点，促进国民经济提质增效升级。同年，工业和信息化部正式印发《云计算综合标准化体系建设指南》，从云计算实际发展出发，用标准化手段优化资源配置，构建包含云基础标准、云资源标准、云服务标准和云安全标准4个部分的云计算综合标准化体系框架，促进技术、产业、应用和安全协调发展，并明确云计算标准化研究方向。在这些政策的推动下，我国云计算应用领域持续拓展，创新活力得到充分释放。

在中国，亚马逊、微软、IBM等全球IT巨头与国内厂商建立战略联盟，利用其技术优势及市场影响力，布局中国云计算市场；阿里、腾讯、华为、百度、京东、金山等国内IT领军企业，在充分发挥其互联网资源优势的基础上，采用低价格战略，向企业级市场渗透；基于强大的带宽与数据中心和政企客户资源，以及技术和运营实力，中国移动、中国电信、中国联通三大运营商先后推出"大云""天翼云""沃云"品牌，在基础数据中心建设方面占据先天优势。云计算技术已经渗透到国人生活的方方面面，金融机构、政府政务等公共服务也已经上云。

2016年，微软宣布启动Philanthropies计划，以保证微软的云计算资源能够服务社会公益事业；VMware与亚马逊AWS达成战略联盟，重新定义混合云，打造混合云产品，共同宣布推出全新混合云服务"VMware Cloud on AWS"。2017年,AWS宣布创建新的基于KVM虚拟化引擎;云原生机器学习方案Kubeflow在KubeCon美国大会上宣布开源,并在过去几年中迅猛发展,其目标是让机器学习(Machine Learning,ML)工程师以及数据科学家们,能够轻松利用云计算的方式(包括公有云以及内部资源)处理工作。

2018年,微软不惜重金收购GitHub,并宣布不会通过市场力量来破坏GitHub的开放性,从而损害有竞争的DevOps工具和云服务;伴随着智能技术快速发展,越来越多的AI应用运行在云端,原本使用私有云的企业用户,也由私有云跃迁到了混合云;同年11月,边缘计算产业联盟(Edge Computing Consortium,ECC)和工业互联网产业联盟(Alliance of Industrial Internet,AII)发布边缘计算和云计算协同白皮书,介绍了云边协同总体内涵与参考框架,列举了云边协同的价值应用场景,阐明了云边协同技术可解决集中式云平台传输难、时延大等问题,同时具有更强的隐私保护能力和数据安全性,可有效推动云平台发展。

2019年,随着5G的逐渐商用以及AI、大数据等前沿技术与云计算的深度融合,云计算行业飞速发展,国务院发展研究中心发布《中国云计算产业发展白皮书》,提出以"5G+云+AI"技术融合推动数字经济发展、按不同层级区别划分应用云计算技术、构建开放的云生态等建议,并指出当前中国云计算产业规模与欧美国家相比还存在差距,自主可控能力亟待加强;IBM宣布推出全新混合云产品,以帮助企业无缝迁移、集成和管理应用及工作负载;谷歌推出了一种基于Docker容器运行无服务器应用程序的新解决方案Cloud Run,基于开源的Knative项目,是业界第一个基于Knative+Kubernetes的无服务器托管服务。

云计算技术重塑了我们的生活,云办公、云会议、云课堂、云旅游等,云上工作和生活成为众多企业与无数普通人直接体验到的全新的生产生活方式,云计算成为支撑起这些线上服务和产品的底层数字基础设施,成为企业实现数字化转型的标配,成为普通大众日常生活须臾不可离的数字要素。

总的来说,2015年至今这一阶段,云计算作为新基础设施建设的重要组成部分,云服务进入成熟阶段,逐渐形成主流平台和标准,产业生态日益繁荣,应用范围不断扩大,已成为数字经济时代承载各类信息化设施和推动网络强国战略的重要驱动力。

1.5 云计算技术特点

云计算技术与传统信息技术应用模式相比具有的优势和特点如下。

1. 超大规模

云计算通常是对整个市场的用户提供一种或多种云计算服务,需要具备近乎无限的计算、存储、数据通信能力,用户所使用的计算资源均来自云端,只有这个"云"足够大,才能承担云计算服务,因此云计算中心一般都具有超大规模。

1.5 云计算技术特点

据新闻媒体报道,Google云计算已经拥有2000万台服务器,微软、Amazon均拥有数百万台服务器,阿里云服务器的总规模数也在200万台左右,"云"能赋予用户前所未有的计算能力。云计算IT资源的超大规模集中运营，可极大优化基础资源的分布与调度，带来大幅度的成本节约效应。

2. 虚拟化

云计算突破了时间、空间的界限，支持用户在任意地理位置使用各类终端获取应用服务，这是云计算最为显著的特点。用户所请求的资源均来自"云"，而且不用知道应用在"云"中运行的具体位置，这些正体现了云计算技术中虚拟化的特点。

虚拟化技术是一种调配计算资源的方法，它将应用系统不同层面的软硬件、数据、网络等隔离起来，打破数据中心、计算、存储、网络、数据、应用等各类物理设备之间的划分，实现架构动态化和系统结构的灵活性，达到集中管理和动态使用物理资源的目标，从而减少管理风险。物理平台与应用部署环境在空间上没有任何的联系，通过虚拟平台对相应终端操作完成数据备份、迁移和扩展等功能。

虚拟化技术是IaaS的关键，包括服务器虚拟化、网络虚拟化、存储虚拟化和桌面虚拟化技术等。服务器虚拟化技术是指运用虚拟化技术充分发挥服务器的硬件性能，降低企业经济成本，提高运营效率，同时节约能源、减少空间浪费。网络虚拟化技术应用于企业的核心和边缘路由，利用交换机中的虚拟路由将企业划分为使用不同规则和控制的多个子网，从而减少新机架或设备的购买安装。存储虚拟化技术则是将企业中的存储资源整合在一起，用户可以通过一台逻辑存储设备访问。桌面虚拟化技术是指将计算机的终端系统进行虚拟化，用户可以使用各类设备在任意时间地点通过网络访问自己的云桌面系统，满足灵活性和安全性的要求。虚拟化技术还可以在服务器出现故障时，及时恢复分布在不同物理服务器上的应用。

3. 高可靠性

云计算在软硬件层面采用了数据多副本容错、心跳检测和计算节点同构可互换等措施来保障服务的高可靠性，在设施层面上的供电、制冷和网络连接等方面采用冗余设计，以进一步确保服务的高可靠性。

数据多副本容错应该是最早的数据容错方法，它将数据复制成 N 份，并确保 N 份数据完全一致，把冗余数据存储在不同的位置，这样可以容忍 $N-1$ 份副本的丢失，该过程可能还会使用分块、扩展编码等技术。心跳检测是通过用户与云服务端之间或者云计算节点之间相互发送心跳信息，来检测网络连接状态是否正常、系统是否运行正常的一种故障检测技术。计算节点同构可互换、添加、删除、修改任一计算节点或任一节点异常宕机，都不会导致云环境中各类业务的中断。

4. 通用性

云计算不针对特定的应用，在"云"的支撑下可以构造出千变万化的应用，同一个"云"可以同时支撑不同的应用运行。云计算可以兼容低、中、高各类配置机器或不同厂商的硬件产品，将资源池化，为用户提供通用化的各种云服务。

5. 高可扩展性

云计算具有高效的可扩展能力，在云体系架构的基础上增加服务器规模就能使计算和服务能力迅速提高。云的规模可以动态伸缩，从而满足应用和用户规模减少或不断增长的需要。资源可以动态流转，即在云计算平台下实现资源调度机制后，资源可以动态流转到需要的地方。例如，在系统业务负载高的情况下，可以启动闲置资源纳入系统中，提高整个云平台的承载能力；而在系统业务负载低的情况下，可以将业务集中起来，从而提高云平台资源的利用率。

6. 按需服务

云计算平台通过虚拟化实现计算资源的同构化和可度量化，可以提供小到一台计算机、多到若干计算集群的计算能力，可以根据用户的需求快速分配计算能力及资源。在云计算平台实现按需分配后，对外提供服务时的有效收费形式可以采用像水、电等公共服务一样的按量计费模式。用户根据自身需求来购买服务，可以根据实际使用量进行精确计费，能极大地节省成本，也将明显降低资源的整体使用效率。

7. 成本低廉

"云"可以由极其廉价的节点构成，其自动化集中式管理模式大幅降低了数据中心管理成本。相对于传统系统，"云"的通用性和公用性大幅提升了资源利用率。"云"设施可以建立在电费更便宜的地区，从而大幅降低能源成本。"云"的按需分配服务避免了计算资源的浪费，从而节约了能耗。因此相比以前传统系统，"云"的使用花费更低，用户可以充分享受"云"的低成本优势。

1.6　云计算典型应用

较为简单的云计算技术已经普遍服务于目前的互联网服务中，最为常见的就是网络搜索引擎和网络邮箱。读者们最为熟悉的搜索引擎，如百度、谷歌、必应等，只要用PC或移动终端就可以在任何时刻搜索自己想要的资讯，还能通过云端共享信息。网络邮箱也已成为大家工作生活中不可或缺的工具，只要在有网络的环境下就可以随时随地进行即时连通全球的电子邮件的发送和接收。

1.6　云计算典型案例

云计算在各行各业都已成熟应用，下面对部分典型应用进行详细介绍。

1. 金融云

金融云利用云计算的模型构成原理，将金融产品、信息、服务分散到庞大分支机构所构成的云网络中，提高金融机构迅速发现并解决问题的能力，提升整体工作效率，改善流程，与大型机和小型机作为基础设施的传统金融架构相对，可以大幅降低运营成本。

在银行领域，云计算主要应用于IT运营管理和开放型底层平台，可全面构建金融服务的生态圈，提供资讯查询、生活缴费、网上购物等"金融+非金融"服务，满足客户个性化需求，极大地促进了网上金融服务的运作模式的快速发展，依托金融服务与生活场景进行结合从而提升金融账户的内含价值，增强银行的数据存储能力和安全可靠性，降低银行经济成本，提高银行的运营效率。

在证券基金领域，云计算大多应用在客户端行情查询、交易量峰值分配等方面，通过证券业务系统的整体上云，在数据库分库分表的部署模式下，可以实现相当于上千套清算系统和实时交易系统的并行运算效能。在保险领域，云计算可以应用于保险销售的个性化定价和保险产品上线销售等方面。

2. 教育云

目前，从国家层面看，东西部差距明显，教育资源流向明显差异化，成为教育公平目标实现的极大障碍；从学校层面看，教育信息化建设低水平重复，教育资源难以开放共享。亟待出现一种高效、公平的教育资源共享方式，教育云正是在这样的背景下应运而生。

教育云是云计算在教育领域的延伸与发展后的落地与应用实现，是将教育所需要的信息化设备和资源，如软硬件计算资源、教育教学内容资源、数据资源等进行虚拟化后构建资源池，向教育机构、从业人员和学习者提供的云服务平台。教育云能够支撑建设大规模共享资源库、新型云端图书馆，还能够支撑教学科研"云"环境搭建以及网络学习云平台的创建。教育资源通过云的方式提供给用户，有助于资源的汇集、共享、升级、推送，有利于解决教育资源分布不均、更新速度慢、共享程度低等问题，促进教育的均衡快速发展。

云服务时代的到来推动了在线教育的持续发展，借助云计算技术，国内外迅速开发了大型教育云平台，如国内的网易教育云平台、学堂在线、智慧树等，国外的edX、Udacity、Coursera等，也就是现在被广泛使用的慕课（Massive Open Online Course，MOOC）平台。自从2003年麻省理工学院推出开放课程的视频以来，耶鲁、哈佛、斯坦福等世界名校相继启动开放课程网络视频服务，至今已经囊括每个学科的优质全球在线教育资源。

教育云不仅是教育资源的共享与传播，更是将基础设施、教育资源、教育管理、教育服务、校园安全完美结合的有力工具，可以为教育界及相关方面提供集管理、教学、学习、社交于一体的丰富开放、安全可靠、通用规范的云服务能力。未来教育云将优化教育资源、提高教学效果，提升教育机构的管理和服务能力。

3. 工业云

工业云是云计算在工业及制造业信息化领域的应用落地，用户通过网络能随时按需获取工业企业的生产资源与生产能力的服务，进而智慧地完成企业产品制造全生命周期的各类活动。工业云公共服务平台能为企业提供租赁式信息化产品服务，整合计算机辅助设计（Computer Aided Design，CAD）、计算机辅助工程（Computer Aided Engineering，CAE）、计算机辅助制造（Computer Aided Manufacturing，CAM）、计算机辅助生产计划（Computer Aided Process Planning，CAPP）、产品数据管理（Product Data Management，PDM）、产品生命周期管理（Product Life-cycle Management，PLM）等一体化产品生产全流程管理环节，利用云计算、高性能计算、虚拟现实和仿真应用等技术，提供多层次的云应用服务。

随着云计算在工业制造中的应用愈加深化，有效帮助企业提升产品附加值，提高生产效率，创新商业模式，加快推动产业转型升级。近年来，云计算成为智能制造的重要基础，推动着工业制造向智能化方向发展。工业云为企业提供技术咨询、支撑保障、技术交流和高效云服务，可以帮助中小企业解决产品生产与研发创新中遇到的研发效率低下、产品设计周期长、信息化成本高等诸多问题，从而缩小企业间信息化的"数字鸿沟"，加速企业转型升级，推动我国从"制造大国"到"制造强国"的转变。

当前云计算与工业加速融合，全球各国领先企业已加紧布局工业云，抢占先进制造业和工业数据资源的制高点。如西门子于2015年底开始搭建跨业务数字化服务平台Sinalytics，能对大量工业数据进行整合、加密、传输、分析和反馈，从而提升对风力发电机、燃气轮机、列车和医疗成像系统等产品的监测能力，加速产品迭代优化。我国在工业云领域也已具备一定的技术和产业基础。国务院《关于促进云计算创新发展培育信息产业新业态的意见》和《中国制造2025》都把促进工业云发展作为推进"两化"深度融合和支撑智能制造发展的重要举措。2013年以来，工信部确定了北京等16个省市作为工业云创新服务试点，依托全国各个超算中心的资源优势，为航空航天、高端装备制造等企业提供云服务，已取得初步成效。同时，我国部分企业初步建成以5G工业互联网为基础的立足自身需求的远程智能运维云平台等。

4. 电子商务云

电子商务通常是指在广泛的世界商业贸易活动中，买卖双方通过全球互联网基于浏览器/服务器的应用方式可以不见面从事各种商贸活动，实现消费者的网上购物、商户之间的网上交易和在线电子支付，以及使用电子工具从事更广泛意义上的各种商务、金融和综合服务活动的商业运营模式。

随着计算机、智能手机的普及和宽带、移动网络技术的发展，电子商务在我国有了极快的发展，居于世界领先水平。使用淘宝、京东、微信、美团等电商平台进行购物或支付，已经成为人们日常生活中必不可少的选择。目前，我国已形成阿里、京东为主流电商平台，顺丰、四通一达为主流快递企业，及依靠众多平台生存的数以万计独立软件开发商组成的电商生态。

电子商务云是指基于云计算应用的电子商务服务平台，将云上的所有供应商、代理商、策划服务商、制作商，以及各行业协会、管理机构、媒体、法律机构等都集中整合成资源池，集宣传、招商、销售、服务等众多类型云服务于一体，支撑营销、分销、交易、支付、供应链、仓储、配送、售后、培训等业务，支持O2O、B2B、B2C、跨境、裂变分销等多种电商形式，按需交流，达成意向，从而降低成本，提高效率。

中国最大的电子商务云——阿里云不仅面向各中小企业提供各种设备资源的IaaS和PaaS云服务，还整合了阿里系涉及的商品体系、信誉体系、支付工具、用户资源、即时通信等数据资源和应用服务。另外，我国知名的贵州电子商务云是在"云上贵州"基础上，由政府主导、企业投资建设，聚集贵州省优势产业和企业的一站式全产业链的公共服务云平台，以达到降低企业成本、提高政府效率的目的。

5. 政务云

政务云是利用已有的基础设施、计算存储、网络、数据等资源，应用云计算技术为政府提供基础设施、应用系统、支撑软件、信息安全和运行保障等的综合服务云平台，一般为政府主导，由企业建设运营。政务云可以有效促进政府各部门间的互连互通和业务协同，避免产生"信息孤岛"，又可以避免重复建设，便于政务数据的开发与利用。世界各国相继提出将云计算技术引入电子政务建设中，我国工信部于2012年发布《基于云计算的电子政务公共平台顶层设计指南》，正式开始推动政务云相关工作。

在传统的政务信息化模式下，政府各部门一般自行建设机房，因各种原因导致硬件设备利用率低，运维花费高、维护人员不足。政务云建设投入运行后，成立政务云计算中心，根据各部门每年的业务量需求，统一采购计算存储和网络等硬件设备，统一购置安全相关的硬件设备及信息安全软件，统一进行运行维护和数据灾备，极大提高了硬件设备的利用率，减少了运维人员，降低了运维的成本，且便于日常管理。

在传统电子政务建设模式下，省市政府各部门一般还需要自行建设本部门的网站，一方面，网站建设、管理和运维费用高；另一方面，各部门网站风格不一，难以树立政府统一形象，网站间信息交换困难，网站人员成本高。采用政务云模式后，政府网站在政务云计算中心运行，利于解决以上存在的现实问题。

政务云建设初期，主要是借助IaaS实现基础设施资源整合与共享，业务系统基于IaaS进行开发和部署，并没有改变传统应用系统的架构，这个阶段称为政务云1.0阶段。2015年，国务院发布《关于促进云计算创新发展培育信息产业新业态的意见》指出，充分发挥云计算对数据资源的集聚作用，实现数据资源的融合共享，推动大数据挖掘、分析、应用和服务。从此，政务云建设进入新阶段，称为政务云2.0阶段，即在基础设施资源整合与共享的基础上，实现IaaS/PaaS深度融合，借助云计算技术推动政府大数据的开发与利用，实现跨系统的信息共享与业务协同，推进应用创新。在政务云2.0阶段，对应用业务连续性和数据安全可靠性等方面提出了更高要求。

6. 医疗云

随着人们对身心健康愈发关注，医疗行业成为信息技术的重要应用领域。为了进一步降低医疗信息化成本，实现医疗信息资源共享，云计算以其快速灵活、高效经济的商业模式获得了医疗行业的青睐，医疗云应运而生。

医疗云是云计算结合医疗领域的一项全新的医疗服务，是一套完整的解决方案，线下的医院内部的"医疗云"可覆盖门诊、住院、急诊、医嘱、电子病历、个人健康记录（Personal Health Records，PHR）、医技、管理、供应链、财务、保险、统计报表等业务，线上的互联网医院的"医疗云"可实现预约挂号、在线问诊、在线开方开药、药品配送、随访管理等云服务。

常见的远程医疗云或专家会诊系统，可以通过网络在医学专家和病人之间建立起全新的联系，使边远地区或社区门诊的病人接受外地医生的远程诊断或各地专家的会诊，从而节约医生和病人大量时间和金钱。另外，按照相关法律法规规定，患者的门诊与住院数据均需要长期保存，其中门诊电子病历保存时间不少于15年，住院电子病历保存时间不少于30年。针对医疗电子病历尤其是影像数据"体量大""重要性高""访问频次低"等特性，医疗大数据上云存储成为发展趋势和必然选择，这样才能满足容量大、冷数据比例高、安全长期存储要求极高的数据存储。2017年，Ambra Health公司宣布推出面向医学影像的云开发平台Ambra for Developers，这是全球首个专为医学成像设计的云开发平台。

另外，逐渐广泛使用的医疗远程监护云平台，可以提供包括心跳、血压、呼吸等全方位的生命信号检测，云平台可以实时接收监护数据并进行智能判断，如出现异常则发出警告通知。监护设备通常还附带GPS定位仪和紧急求救按钮，当病人出现异常时就可通过

SOS按钮将紧急求助信息及时传回云平台，平台通过GPS迅速定位病人并及时实施救治，可以有助于老年人、心脑血管疾病患者、糖尿病患者以及术后康复人群的监护。

7. 警务云

随着社会经济的高速发展，违法犯罪逐渐呈现流动性、复杂性、多元性的特征，公安机关所承担的任务愈加艰巨繁重，公共安全又具有广泛性、突发性、紧急性的特征，且密切关系到广大人民的生活出行、人身安全及社会稳定，因此必须通过信息化建设催生战斗力。2012年，公安部发布《关于贯彻落实〈全国公安装备建设"十二五"规划〉指挥通信装备建设项目的工作意见》，明确将警务云计算中心建设工作纳入信息化建设整体规划。同年11月26日，中国首个省级"警务云"——山东"警务云"建设正式启动，提供积极的示范作用。云计算技术开始在全国公安信息化建设过程中广泛应用，打破了地域与警种间的信息壁垒，提升公安系统核心战斗力。

警务云就是依托虚拟化、云计算、云存储等技术手段，面向全警信息化应用构建的高效务实的智慧公安云平台，助推警务工作向智能化、移动化、一体化转变，实现解放警力、方便群众、节约资源、提升效率的目标。警务云平台通常可以在秒级时间内从海量数据中检索到关注人员的基础信息、活动轨迹、案件事件、网络行为等所有关联信息，在数秒内完成关注人员轨迹碰撞、路径推演、时空分析等功能，可以实现千亿数据秒级计算、数据检索秒级响应，为全警大数据分析利用创造了有利条件。同时，还可以依托警务云平台，基于机器学习和人工智能算法，对海量数据进行智能分析，实现全量数据关联融合，为警务实战应用提供全方位、精细化的数据服务。

8. 云会议

云会议是应用云计算技术的一种高效便捷、低成本的网络会议形式。使用者无须采购搭建和部署维护昂贵的会议系统设备，只需要利用个人终端设备登录云会议界面，进行简单的操作就可以快速高效地与全球各地团队及客户进行在线的音视频沟通，同步分享展示数据文件。服务商则提供Saas模式下涉及会议数据传输处理技术的视频会议云服务。

随着5G、云计算等技术的迅速发展，技术的积淀和累积达到了一定程度，远程会议才从硬件视频会议阶段进入云会议阶段。相比传统的基于昂贵硬件设备的视频会议，云会议优势凸显，它费用投入小，接入会议简单快捷高效，支持绝大多数终端设备，无须专人维护，因此在全球范围内得到了广泛的应用。

9. 云游戏

作为文化和数字产业的重要一环，游戏产业具有多元化价值，极大促进了信息技术的发展，同时可以产生巨大的经济收益。如今各类网络、手机游戏变得越来越流行，很多游戏玩家却被低配置的设备所限制。云游戏是将云计算应用在游戏产业，将游戏的运行和渲染都放在云端进行，在渲染完毕后将游戏画面压缩后通过网络传送给用户，因此游戏用户不需要任何高端处理器和显卡等专用游戏设备。也就是说，云游戏使用户在图形处理与数据运算能力相对有限的设备上流畅运行高品质游戏，以达到大幅减小游戏玩家的设备成本和游戏商发行与更新维护高品质游戏成本的目的。

2009年，Onlive公司首次发布基于云游戏平台的游戏，但由于交互延时、多媒体质量等技术方面的难题，云游戏在早期商业中并未获得较大成功。后来随着网络和多媒体传输技术的不断发展和完善，在5G赋能的背景下，云游戏才渐渐在商业上取得成功，发展前景十分广阔，如今国内已有相关服务商在智能电视等终端上线超千款云游戏。未来，云游戏产业链各主体整合上下游业务、打造全链条产业布局、加快形成产业生态，成为游戏行业发展趋势之一，将持续推动云游戏产业健康发展。

综上，随着技术与社会经济的不断发展，云计算已经逐渐被应用到人们社会生活和工作的方方面面。云计算的典型应用还包括交通云、出行云、智慧城市云、社区云、楼宇云、园区云等，这里就不逐一介绍了，有兴趣的读者可以自行了解。

1.7 总　结

作为新型基础设施的重要组成部分，云计算已进入广泛普及、应用繁荣、创新活跃的新阶段，技术创新和产业发展步伐不断加快，服务模式更加多元化。随着云边协同和云网融合的逐步发展，云计算的应用广度和深度持续拓展，将在推动经济发展质效变革方面发挥重要的动力作用。近年来我国云计算产业年增速超过30%，是全球增速最快的国家之一。据研究报告显示，2021年我国云计算市场规模已超2300亿元，预计2023年将突破3000亿元。国际分析机构Canalys发布的报告显示，2021年中国的基础设施云市场规模已达274亿美元，由阿里云、华为云、腾讯云和百度智能云组成的"中国四朵云"占据80%的中国云计算市场，稳居主导地位。

1.7　本章小节

云计算是一种基于互联网实现的计算方式和新型商业模式，其具体应用实现需要一整套的技术架构，本书将在下面的篇幅中逐一介绍。学习云计算需要具备一定的知识基础，包括了解计算机体系结构和工作原理，了解Windows和Linux操作系统，了解数据库、存储、网络的基础知识等。

1.8 习　题

1. 美国国家标准与技术研究院（NIST）是如何定义云计算的？ 2012年我国国务院政府工作报告附注中是如何定义云计算的？

2. 云计算的发展历史经历了哪些阶段？都有哪些重要技术发展的标志事件？

3. 云计算技术的特点和优势有哪些？

4. 虚拟化技术指的是什么？

5. 云计算技术的典型应用领域有哪些？试着列举其中几个典型的应用场景。

## 第 2 章

云计算架构及模式

2.1 课程思政

伴随着时代发展、技术进步，云计算架构和服务模式的应用也更加广泛，云技术已经从"是否要建设""怎么建设"逐步转变为"如何建设混合云架构"以及"如何管理多云"等层面。由此可见，混合云、多云已成为云计算的未来发展趋势。当前，在落实"三全育人"机制的背景下，高校结合自身特色引入"互联网+"平台建设，来实现教育资源的优化和共享。

2.1 课程思政

各高校加强互联互通，加强思政教育成果共享，借助互联网技术、云计算技术共建大学生思想政治教育公共平台。利用云计算架构及服务通过手机应用、网络平台等多种渠道，集思广益、实时更新思政教育成果，提高主体间的交互效率，焕发课程思政的新活力。

由于现阶段数字教育日益多样化，碎片化信息增多，高校以"业务上云，服务下沉"的建设思维模式，采用以公有云和私有云为基础的混合云建设数字平台，支撑高校的教学、科研、管理与服务。高校混合云平台有效结合第三方公有云与校内私有云，建设数字化校园基础平台，包括数据交换与共享、身份认证、应用网关、API网关、安全管理等。基于统一数据服务框架，搭建高校的数据治理能力平台，完善教务、办公、科研等管理系统，实现业务流程数据流程一体化，健全数据治理体系，以灵活、专业的信息化模式满足高校不断变化的需求。

2.2 云计算架构

云计算架构划分为基础设施即服务（Infrastructure as a Service，IaaS）、平台即服务（Platform-as-a-Service, PaaS）、软件即服务（Software-as-a-Service，SaaS）和数据即服务（Data-as-a-service，DaaS）4个层次，如图2-1所示。传统的IT架构下，用户购买服务器、存储及网络设备，自己进行虚拟化安装操作系统、中间件，部署应用程序及其运行环境，自己管理处理数据。而在云计算模式下，云服务商提供IaaS、PaaS、SaaS、DaaS基础服务，用户只需要自己管理部分资源。

IaaS主要基于服务器、存储及网络设备，利用虚拟化技术将硬件资源虚拟化成虚拟资源，按需地向用户提供的计算能力、存储能力或网络能力等IT基础设施类服务，即在基础设施层面提供的服务。

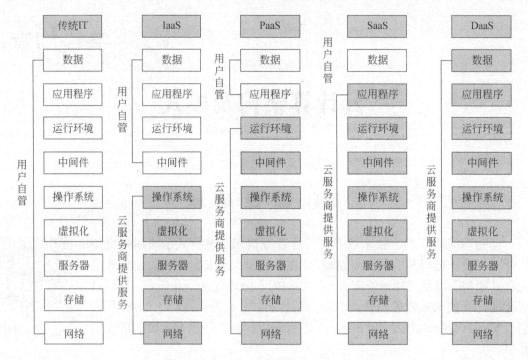

图2-1　云计算架构分类

PaaS主要提供中间件、开发工具及应用运行环境的功能，定位于通过互联网为用户提供一整套开发、运行和运营应用软件的支撑平台。程序员可在一台装有Windows或Linux操作系统的计算机上使用这些开发工具开发应用软件，基于应用运行环境部署应用程序。微软公司的Windows Azure和谷歌公司的GAE，是PaaS平台中最为知名的两个产品。

SaaS是一种通过互联网提供软件服务的软件应用模式。用户使用这种服务时，通过支付定量的费用给服务提供商，由服务商替用户承担在物理设备和管理软件以及相关的开发人员培养等方面的精力和时间的付出，而且负责整个系统的维护管理，使用户可节省资源专注于核心业务的发展。

DaaS是继IaaS、PaaS、SaaS之后又一个新的服务概念，是一种将多源数据进行加工后通过标准接口对外统一提供服务的能力，其根本作用是将企业的数据资产便捷地转化成业务能力（应对企业应用之间、系统之间数据即时交换、共享的需求）。

2.2.1　基础设施即服务（IaaS）

1. IaaS概述

美国国家标准与技术研究院（NIST）对IaaS的定义如下："消费者能够获得处理能力、存储、网络和其他基础计算资源，从而可以在其上部署和运行包括操作系统和应用在内的任意软件。消费者不对云基础设施进行管理或控制，但可以控制操作系统、存储、所部署的应用，或者对网络组件（如防火墙）的选择有部分控制权。"

2.2.1　基础设施
即服务

IaaS 基于互联网为用户提供按需使用的存储、计算、网络、安全等资源来部署和运行操作系统及各种应用程序,并可按使用时间或资源使用量产生费用,用户无须支付采购、维护物理设备和相关应用软件的费用,而是可以直接利用这些基础设施服务构建各种信息系统,既减少了构建基础设施的开销,同时减少了工作量、提高工作效率。灵活、高效的资源提供方式,以及按量付费的服务方式,使 IaaS 的服务得到广泛的应用。

IaaS 核心在于虚拟化技术,通过虚拟化技术可以将异构服务器统一虚拟化为虚拟资源池中的计算资源,将存储设备统一虚拟化为虚拟资源池中的存储资源,将网络设备统一虚拟化为虚拟资源池中的网络资源,并通过云计算资源管理系统将物理资源和虚拟资源进行有效的管理,提供云主机、块存储、私有网络等基础设施服务,如图 2-2 所示。当用户订购这些资源时,云服务提供商直接将订购的资源提供给用户。

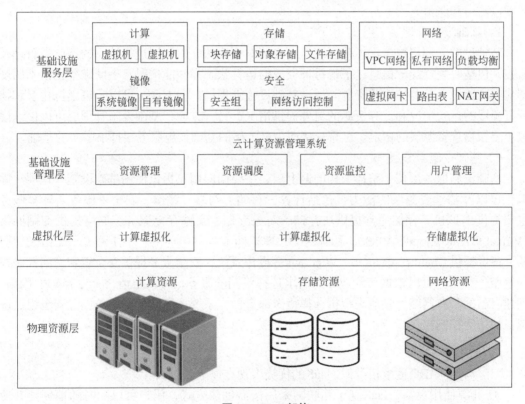

图 2-2　IaaS 架构

IaaS 架构从下到上分为四层:第一层为物理资源层,第二层为虚拟化层,第三层为基础设施管理层,第四层为基础设施服务层。虚拟化层将物理资源层资源进行虚拟化,通过基础设施管理层的管理调度,为用户提供基础设施服务。

1)物理资源层

物理资源层位于架构的最底层,主要包含数据中心中所有的IT基础设施硬件,如服务器、存储设备、网络交换机、物理防火墙、VPN网关、路由器等物理设备。在云计算数据中心中,物理资源层中的资源不是独立的物理设备个体,而是将所有的资源设备逻辑集中在"池"中,组成一个集中的物理资源池,这个资源池的物理资源可能是不同架构,如

x86、ARM、GPU、FPGA等。

2）虚拟化层

虚拟化层位于物理资源层之上，按照用户或者业务的需求，从池化资源中选择资源并打包，从而形成不同规模的计算资源，也就是常说的虚拟机。虚拟化层主要包含服务器虚拟化、存储器虚拟化和网络虚拟化等虚拟化技术。虚拟化技术是IaaS架构中的核心技术，是实现IaaS架构的基础。

服务器虚拟化能够将一台物理服务器虚拟成多台虚拟机，供多个用户同时使用，并通过虚拟机进行隔离封装来保证其安全性，从而达到改善资源利用率的目的。服务器虚拟化的实现依赖处理器虚拟化、内存虚拟化和I/O设备虚拟化等硬件资源虚拟化技术。存储虚拟化将各个分散的存储系统进行整合和统一管理，网络虚拟化能够为每台虚拟机提供专属的虚拟网络和路由。

3）基础设施管理层

基础设施管理层位于虚拟化层之上，主要对下面的虚拟化层进行统一的调度、管理及监控，包括收集资源的信息，了解每种资源的运行状态和性能情况，借助虚拟化技术调度创建不同资源，并监控这些资源。通过基础设施管理层，一方面，可以了解虚拟化层和物理资源层的运行情况和计算资源的对外提供情况；另一方面，基础设施管理层可以保证虚拟化层和物理资源层的稳定、可靠，从而为最上层的基础设施服务层打下坚实的基础。

4）基础设施服务层

基础设施服务层位于整体架构的最上层，主要面向用户提供使用基础设施管理层、虚拟化层以及物理资源层的能力，包括计算、存储、网络、镜像、安全等服务。计算服务主要提供虚拟机，存储通常提供块存储、对象存储、文件存储服务，网络提供专网网络（Virtual Private Cloud，VPC）、私有网络、虚拟网卡、负载均衡、NAT网关、路由表等服务，镜像提供Ubuntu、CentOS、Windows等操作系统，安全服务提供安全组和访问控制权限等服务。用户可以根据实际业务的需求选择不同的服务，可以申请一个专有VPC网络，创建自己的私有网络，创建虚拟机选择镜像部署操作系统，通过安全服务设置安全组、虚拟机的访问控制权。

2. IaaS 的优劣势

（1）与传统IDC运维相类似，IaaS的优势表现在以下几方面。

① 资源使用灵活：IaaS基于互联网采用按需创建方式，用户可以随时随地创建并使用自己所需的资源，不再自己构建设备并维护，可以通过自助服务门户灵活地获取所需的资源，在线进行使用、管理即可，使用完成可以随时销毁。

② 投入成本低：管理和维护本地部署的IT架构初期投资大、运维成本高，借助IaaS用户按需租用服务，降低企业资源建设和运维成本，云服务提供商也能充分利用设备资源，提高资源利用率，获得利益最大化。

③ 伸缩性强：IaaS只需几分钟就可以给用户提供一个新的计算资源，而传统的企业数据中心则需要数天甚至更长时间才能完成；IaaS可以根据用户需求来调整资源的大小。

④ 支持应用广泛：IaaS主要以虚拟机的形式为用户提供IT资源，可以支持各种类型的操作系统，因此IaaS可以支持的应用的范围非常广泛。

（2）IaaS的劣势表现在以下几方面。

① 运维运营成本方面：IaaS初期建设成本可能不高，但随着业务发展和用户对资源需求的逐步提高，需要升级服务器或扩大数据存储容量以满足需求，导致升级扩容成本高，且运维运营成本不断增高。

② 安全方面：安全问题是用户和提供商最关注的问题之一，由于IaaS采用资源共享和多租户模式，所以容易出现安全问题。尽管IaaS提供安全组、访问控制权限等安全措施，但一种功能并不能为IaaS环境提供完整的安全性，需要建立完善的安全保障方案。

3. IaaS平台供应商

在国外IaaS平台供应商中，AWS、Microsoft Azure、Google长期以来一直占据公有云IaaS市场主导地位。亚马逊（Amazon）是全球云计算领域无可争议的市场领导者，其在全球多个区域部署大量的数据中心，为企业提供安全、灵活、可靠且低成本的IT基础设施资源，从计算、存储和网络等基础设施，到机器学习、人工智能、数据湖以及物联网等服务，亚马逊均提供丰富的服务及功能。Microsoft Azure是微软基于云计算的操作系统，主要为开发者提供一个平台，帮助开发应用程序运行在云服务器、数据中心、Web和PC上，开发者可使用微软全球数据中心的存储、计算能力和网络基础服务。Google Cloud Platform是Google提供的公有云计算服务，包括计算、存储、网络、大数据、机器学习和物联网（IoT）以及云管理、安全和开发人员工具服务，软件开发人员、云管理员和其他企业IT专业人员可以通过公共互联网或专用网络连接访问服务。

在国内IaaS平台供应商中，阿里云是国内云计算市场占有率第一的云计算公司，其不仅提供云计算、存储、网络等基础的IaaS服务，还提供高性能计算、容器、资源编排、裸金属服务器等资源服务。阿里云将虚拟机、容器、高性能计算实例、裸金属服务器通过多维度的监控和管理技术实现不同数据中心的资源管理，并提供云计算、边缘计算、高性能计算、人工智能、大数据等服务。华为云、腾讯云等提供云计算IaaS服务，同样也提供云服务器、云硬盘、虚拟私有网络等基础的IaaS服务，提供多种镜像服务、GPU服务器，支持服务器弹性伸缩，并且支持全国不同地域数据中心资源的管理与监控，实现了高效的资源管理和调度。此外，云服务商还有百度云、京东云、浪潮云、青云等公司提供IaaS服务；运营商方面，中国电信天翼云、中国移动的移动云也提供类似的IaaS服务。

4. IaaS应用

IaaS云提供计算、存储、网络等各种IT资源服务。用户可自助申请各种配置的资源，云平台自动创建交付给用户，用户可基于这些资源开展软件的研发、部署、各种计算等服务。

（1）项目开发测试。云服务商可以快速配置好应用程序开发测试环境，让用户产品迅速进入测试与开发阶段，使应用程序尽早投入使用。IaaS帮助用户构建敏捷、灵活的应用程序开发-测试过程。

（2）Web应用运行。IaaS提供支持Web应用的全部基础资源和环境，包括存储、Web和应用程序服务器以及网络资源。企业可以在IaaS上快速部署Web应用，其中包括客户、商品信息管理，电商、物联网应用程序以及软件应用服务等。

（3）高性能计算。IaaS提供高性能计算服务器或集群，可开展大规模的并行计算，服务于地震研究、气候和天气预测、分子结构推测、基因检测、工业仿真等科学和工程计算项目。

2.2.2 平台即服务（PaaS）

2.2.2 平台即服务

1. PaaS概述

美国国家标准与技术研究院（NIST）对PaaS的定义如下："消费者能够使用提供商所支持的编程语言、库、服务和工具，将自己创建或获取的应用部署到云基础设施上。消费者不会对底层云基础设施进行管理或控制，包括网络、服务器、操作系统或存储等，但是可控制所部署的应用，并有可能控制配置应用的托管环境。"

PaaS提供用户应用程序运行的环境，如编程语言环境、软件开发工具、软件框架、中间件、数据库等服务提供给用户。PaaS通过互联网为用户提供一整套开发、运行和维护应用软件的支撑服务，即云平台PaaS服务自动为用户部署应用软件所需要的开发、测试和应用运行环境，用户直接使用这些服务即可开发、测试和部署应用软件。

容器云平台是目前比较主流的PaaS平台，基于当前主流的Docker容器技术，结合Kubernetes实现统一的容器编排和资源调度，具备应用托管和一键部署，资源动态调度，弹性可扩展，如图2-3所示。

图2-3　容器云平台

1）Docker层

底层基于云平台虚拟机或物理集群，基于Docker技术虚拟化成容器资源。Docker技术基于LXC具有轻量级虚拟化的特点，相比KVM启动快、资源占用小。

Docker是一个开源的应用容器引擎，Docker技术是轻量级的虚拟化方案，相较于传统虚拟机为执行整套操作系统建立的独立运行环境，容器技术围绕应用程序来建立运行环境并封装。容器之间会共用内核，不需等待操作系统开机，启动只需几秒，内存使用也只是MB级别，一般机器能支持上千个容器运行，用户迁移容器可以在短时间内完成。Docker

通过一个容器实现了对应用组件的封装、部署、运行等生命周期的管理。

2）Kubernetes层

Kubernetes是一个开源的云平台容器管理系统，主要提供容器的管理、调度和编排等功能，其使部署容器化的应用简单并且高效。应用可通过部署容器方式实现，每个容器之间互相隔离，每个容器有自己的文件存储系统，容器之间进程不会相互影响，能调度区分计算资源。由于容器与底层设施、机器文件系统是解耦的，所以它能在不同云、不同版本操作系统间进行迁移。容器占用资源少、部署快，每个应用都可以被打包成一个容器镜像，每个应用与容器间成一对一关系，不需要与其余的应用堆栈组合，也不依赖于生产环境基础结构，因此从研发到测试、生产能提供一致环境。

Kubernetes也是一个容器编排引擎，它支持自动化部署、大规模可伸缩、应用容器化管理。在生产环境中部署一个应用程序时，通常要部署该应用的多个实例以便对应用请求进行负载均衡。Kubernetes可以创建多个容器，每个容器中运行一个应用实例，然后通过内置的负载均衡策略，实现对这一组应用实例的管理、发现、访问，而这些细节都不需要运维人员去进行复杂的手工配置和处理。

3）服务层

PaaS服务层提供了软件研发和部署所需的中间件，可以进行软件的设计、程序的开发、应用的部署、测试等多项活动，这些中间件都是以服务的形式提供给客户。同IaaS类似，用户不必考虑硬件层面和系统层面，只需要租用PaaS服务即可，节省成本。中间件的种类非常丰富，可以是数据库、中间件、消息队列、大数据分析服务，用户可以根据需要租用中间件中的任一服务，也可以租用完整、成熟的系统。

PaaS也拥有云计算的特征，符合弹性的动态伸缩机制，用户可以根据企业需求增加或减少用户的数量、系统模块、计算能力等资源；与 IaaS一样，Paas也采用多租户机制，同一个系统或者数据库可以被多个用户租用，每个用户间逻辑隔离，数据不会相互影响和干扰。

2. PaaS的优劣势

（1）PaaS具有以下优势。

① 管理方便：PaaS提供给用户应用程序开发的系统软件与开发工具、应用部署运行环境。用户不需管理维护底层机房设备，而且数据存储、Web服务器、编程环境以及开发工具配置等也交由平台托管，简化了操作，极大提升资源利用率。

② 开发便捷：PaaS提供给用户开发应用所需的一套服务产品，构建出应用开发、测试、部署环境，并支持应用程序的持续集成、测试和部署，管理应用代码及版本，快速实现应用的交付，降低用户的资源成本、服务维护成本。

（2）与IaaS相比，PaaS具有一些劣势。

① PaaS将软件研发的平台作为服务提供给用户，用户使用此平台开发、运行、测试自己的应用程序，不能控制底层的基础设施，只能凭借平台服务这个工具管理应用运行。

② 由于软件运行环境不同，提供商不可能提供所有软件应用都能运行的环境。不同提供商在选择支持的环境配置会有侧重，这些应用在不同PaaS云平台开发运行的性能便不能灵活迁移。

3. PaaS提供商

PaaS为客户提供构建、部署和启动软件应用程序的资源，例如应用程序和工具、托管、数据库、云安全性和数据存储，这个领域有很多市场参与者。国外行业领先的PaaS服务提供商亚马逊网络公司（AWS）提供AWS Elastic Beanstalk，用于部署和扩展以各种Web语言开发的Web应用程序和服务，其中包括Java、.NET、PHP、Node.js、Python、Ruby、Go和Docker。亚马逊公司还提供Lambda用于无服务器计算，企业不需要设置专用服务器，其代码仅在触发器或特定条件下执行，并且企业只需为运行代码支付费用。微软Azure通过大量PaaS服务将Windows开发人员本地开发的软件系统相对快速、轻松地迁移到云端。Azure Functions是一种类似于AWS Lambda的事件驱动的按需计算体验，其代码由Azure、第三方服务或本地系统的触发器运行。AzStudio是一个将传统.NET应用程序迁移到云端的平台。Azure Web Apps用于在云端托管标准ASP.NET Web应用程序。Salesforce平台是一套用于构建自动化业务流程的应用程序的完整的工具，包含多个服务，用于使用Salesforce数据构建客户连接的应用程序。Google App Engine使企业能够在使用Python、Java、PHP和Go为Google应用程序提供支持的相同系统上构建和托管应用程序。谷歌公司提供SQL和NoSQL数据库、安全身份验证、扩展和应用程序和物联网服务。谷歌公司还提供Google Kubernetes引擎，允许客户在完全托管的Kubernetes环境和Google Cloud功能中轻松运行Docker容器，类似于Lambda，企业可以创建小型、单用途无服务器应用程序或响应云计算事件的功能，无须服务器或运行时环境。

国内PaaS行业产业链包括上游基础硬件和基础软件供应商，如优刻得、神州数码等；中游主要的PaaS服务商，如阿里云、华为云、百度云等，以及下游的产品运营服务商，如金蝶国际、明源云等。阿里云是国内最大的云服务提供商，提供大量的云数据库、中间件、开发与运维、大数据分析、人工智能等PaaS服务，为企业构建应用开发、测试、运维提供丰富的环境，提供大数据和人工智能平台在线进行数据分析与机器学习的模型训练。华为云提供软件开发平台、代码托管、持续部署发布软件流水线等开发运维服务，提供分布式消息服务、分布式缓存服务、高可用服务等应用中间件，提供各种云数据库及数据库生态工具及中间件，同样也提供大数据和人工智能分析与学习平台，为企业提供软件开发、测试、部署运维以及数据分析、模型训练的平台。百度云主要提供数据计算、数据搜索与分析、数据集成、数据可视化等智能大数据服务，以及AI开发平台等PaaS。

4. PaaS应用

云用户使用PaaS有两个原因：一是出于业务扩展与投入资本的考虑，用户部署更多的业务系统或者扩展现有业务系统需要各种服务部署系统运行环境；二是IT企业的用户进行应用程序开发、测试，需要快速构建且能够持续集成、测试、部署的环境，需要PaaS支撑。

PaaS最大的优势在于可以快速创建和部署新应用程序的环境，不用费时构建和维护服务器和数据库等基础设施，使开发应用程序速度更快，帮助企业快速将软件推向市场。PaaS可以很快地测试新语言、操作系统、数据库和其他开发技术，因为它们不用去支持基础设施。PaaS还可以让企业更容易更快速地更新工具。

企业若要将应用迁移至云，利用PaaS平台服务，用户可以快速创建应用开发环境，建立软件开发、测试、部署、交付的流水线，并可以不断集成部署，降低程序开发难度，缩短应用交付时间，解决产品开发过程耗时长、上市较慢的问题。此外，PaaS可节省软件应用环境管理与维护成本，其多租户、高可用性等特性实现应用程序和数据资源的共享，让开发人员集中于应用程序的交付和迁移，而不用在运营数据库等服务上耗费过多。PaaS云服务还可以应用于与大量第三方软件解决方案协作，用于增强应用程序的其他服务，如常见PaaS解决方案中包括数据库、日志、监控、安全、缓存、搜索、分析、电邮、支付等。此外，大数据、人工智能、物联网等PaaS，让PaaS应用到更多的领域，与大量第三方应用方案结合，形成大量的解决方案。

2.2.3 软件即服务（SaaS）

1. SaaS概述

美国国家标准与技术研究院（NIST）对SaaS的定义如下："消费者能够使用提供商运行在云基础设施上的应用，并可通过类似Web浏览器（如基于Web的电子邮件）等瘦客户端界面，在各种客户端设备上访问这

2.2.3　软件即服务

些应用。除了一些有限的特定于用户的应用配置的设置可能例外，消费者不会直接对底层云基础设施进行管理或控制，包括网络、服务器、操作系统、存储，甚至单个应用的功能。"

简单地说，SaaS是一种通过互联网提供软件服务的软件应用架构。在这种架构里，用户不需要花费大量成本投资于硬件资源、开发用软件环境和后续应用的管理，只需要支付一定的租用费用，就可以通过互联网接受服务，用户需要做的是如何应用软件并管理终端用户使用应用程序时产生的数据信息。应用软件由云服务提供商来安装、运维，运行问题由服务提供商负责解决。SaaS架构如图 2-4 所示。

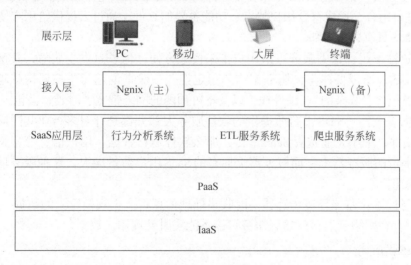

图2-4　SaaS架构

SaaS基于底层IaaS提供资源，利用PaaS层的服务支撑SaaS应用，如图2-4中的行为分析系统、爬虫服务系统等，同时上层可支持主备负载均衡服务，支持多种方式的展示。SaaS平台供应商可将应用软件统一部署在平台上，用户可通过互联网访问SaaS平台订购所需的应用软件服务，按订购的服务多少和时间长短向供应商支付费用。

SaaS应用具有如下特性。

（1）互联网特性：SaaS服务通过互联网浏览器为用户提供服务，使得SaaS应用具备典型互联网技术特点；SaaS极大地缩短了用户与SaaS提供商之间的时空距离，从而使得SaaS服务的营销、交付与传统软件相比有着很大的优势。

（2）多重租赁特性：SaaS服务通常基于一套标准软件系统为成百上千的不同客户（又称为租户）提供服务。这要求SaaS服务能够支持不同租户之间数据和配置的隔离，从而保证每个租户数据的安全与隐私，以及用户对诸如界面、业务逻辑、数据结构等的个性化需求。

（3）服务特性：SaaS使软件以互联网服务形式被用户使用，所以服务订购、服务使用计量、在线服务质量的保证和服务收费等问题需要考虑。

（4）可扩展特性：可扩展性意味着最大限度地提高系统的并发性，更有效地使用系统资源。比如应用优化资源锁的持久性，使用无状态的进程，为大型数据库分区。

2. SaaS的优劣势

（1）SaaS具有以下优势。

① 即租即用：无须下载，无须安装。SaaS通过Internet提供软件，用户省略下载和安装过程，通过租用的方式向服务提供商获取并使用软件。

② 无须维护：SaaS通过服务形式向消费者交付整个应用，服务提供商承担所有的基础设施、应用环境的建设与运营，同时提供软件的在线操作和数据存储，用户随时随地使用软件服务。

③ 使用方便：SaaS架构是通过互联网对云服务终端用户提供软件应用服务，用户付费将软件使用各种的准备工作交给服务商完成。

④ 服务灵活：云服务提供商开发由组件构成的通用软件包，根据不同用户的需求对功能模块进行组合，形成符合用户特点、功能各异的软件，通过云提供给用户使用。

（2）SaaS具有以下劣势。

① 稳定性不足：这类服务可给用户带来极大方便，但一旦发生故障，其带来的损失也是灾难级的，所以要注重云服务架构的稳定性。一般来说越简单的架构就越稳定，但SaaS云服务包含着复杂的软/硬件栈，以及不可预测的网络带宽、时延、丢包因素。

② 数据安全性：SaaS平台所提供的软件服务大部分都是针对多行业共同应用而开发的通用型软件，中小企业选择SaaS平台，那么软件运行数据、用户信息等相关内容都存储在SaaS平台的服务器上，而服务器上拥有的SaaS用户数量庞大，这种服务环境存在严重的安全隐患。

③ 实时性差：监控环境传感器实时收集处理信息将产生规模巨大的数据，SaaS云端与用户之间存在网络延迟，SaaS云服务可能不能实时处理用户数据。

3. SaaS供应商

国外SaaS软件提供商有上万家，Salesforce是全球最知名的SaaS公司，推出了基于客户关系管理（Customer Relationship Management, CRM）的概念。此后，它已扩展到平台开发、营销、机器学习（ML）、分析和社交网络。该公司被认为是市场上最具创新性的云软件解决方案提供商之一，其年度经常性收入大部分来自其云SaaS工具集。Adobe创意云通过基于云的SaaS业务订阅提供Photoshop以及其他音频和视频编辑工具。FreshBooks是一款基于云的会计SaaS产品，专为独资企业和小企业设计，用于向客户收取时间和服务费用，以及跟踪与客户相处的时间。Google Workspace是谷歌提供Gmail、存储和日历等服务的集合，增加了自定义电子邮件和全天候支持等功能。

目前国内SaaS市场主要包括三类参与方：传统软件厂商、互联网厂商，以及新兴的创新型SaaS厂商。许多传统软件厂商纷纷向SaaS服务转型，阿里、腾讯等互联网厂商提供面向不同行业的SaaS服务，如企业协同办公、智能客服、应用服务，创新型SaaS厂商提供典型的SaaS产品，大多提供标准化产品。SaaS平台有很多个分类，比如目前主流的国内HR提供商有北森、薪事力、道一云等。CRM（客户关系管理）软件SaaS服务提供商国内比较有名的是800客，ERP（企业资源计划管理）软件SaaS服务提供商如用友、鼎捷等；呼叫中心（Call Center，也称为联络中心）领域也有SaaS服务提供商，以租用的方式提供呼叫中心的运营服务，比如青牛、讯鸟、天润融通等。

4. SaaS服务应用

SaaS应用最常见的是企业资源计划、客户关系管理、协同OA、人力资源管理、财务控制、通信/即时通讯、网盘以及面向行业的SaaS服务等类型。

1）企业资源计划

企业资源计划（Enteprise Resource Planning, ERP）是指建立在信息技术基础上，以系统化的管理思想，为企业决策层及员工提供决策运行手段的管理平台。其主要功能是供应链管理、生产制造管理、库存控制等，主要细分领域是云供应链/SCM、进存销，核心用户是生产、销售、采购和财务人员，代表性产品有SAP、金蝶ERP、用友等。

2）客户关系管理（CRM）

CRM主要功能是销售线索的管理与转化、客户关系维护、商机推进、合同审核、回款管理和营销相关服务，主要细分领域是SFA/MA、自助建站/CMS、外勤管理等，代表性产品有百会CRM、销售易、畅捷通等。

3）协同办公自动化

办公自动化（Office Automation, OA）系统主要应用于任务管理、日程安排、协同办公、流程审批、财务分析等，其代表性产品有钉钉、Worktile、飞书等。

4）人力资源管理

人力资源管理（Human Resource Management, HRM）是指根据企业发展战略的要求，有计划地对人力资源进行合理配置。其主要功能是招聘、培训、员工关系、绩效考核、薪酬福利、继任管理等，核心用户是HR，代表性产品有51社保、薪人薪事、北森等。

5）通信/即时通讯

即时通讯（Instant Messaging, IM）用于办公环境下的即时通信、软电话、邮箱、会议系统、呼叫中心等。其主要细分领域为云客服、云视频会议、云呼叫中心，核心用户是全员和客服，代表性产品有网易七鱼、环信、智齿客服等。

6）网盘

网盘用于文件的存储、共享、预览、编辑、同步以及写作功能。其代表性产品有联想企业网盘、亿云方、坚果云等。

7）其他行业应用

SaaS应用面向不同行业提供不同服务，面向电力企业提供电力企业经营管理、电力安全生产与控制、经营决策智能分析等应用服务，面向制造业的支撑制造企业进行研发创新的工具类和平台类SaaS软件，其中包括CAD、CAE、CAPP、EDA等工具类SaaS软件和SaaS PDM/PLM软件等。

2.2.4 数据即服务（DaaS）

1. DaaS概述

2.2.4 数据即服务

DaaS是继 IaaS、PaaS、SaaS之后又一个新的服务概念，通过资源的集中化管理，为提升IT效率以及系统性能指明了方向。大数据时代，拥有足够的数据不再是当今公司的主要问题，对于数据的管理和数据的便捷消费成为企业面临的难题。尽管本地有本地部署和私有云、公有云等混合云架构的数据库，数据库类型包含供应商的 Oracle 数据库、微软的 MSSQL 和 IBM、MySQL 的数据平台以及 Hadoop 集群等，业务系统包含经销商管理系统、客户管理系统、财务系统等。但随着数据应用需求越来越多，企业内部数据分析、商务智能、业务使用以及企业外部的发票查询、服务订单查询等逐渐增多，而数据分散在不同业务系统和数据库，数据的获取主要依靠开发团队针对各个业务需求和所需的平台单独开发数据接口，就会出现以下问题：开发的效率和数据传输稳定性都取决于开发团队的能力，每次出现新的需求或前后台出现变化，都需要技术团队重新开发，导致成本增高；各自开发接口也会导致管理混乱，没有全局的权限管控，数据安全隐患众多。

DaaS将数据以服务的形式，向客户提供价值，参与到客户的业务中，它也是软件即服务的一种细分领域。同时 DaaS 拥有云计算的通用特点，包括以租代买，按需付费、按用付费。一个典型的 DaaS 架构如图 2-5 所示。

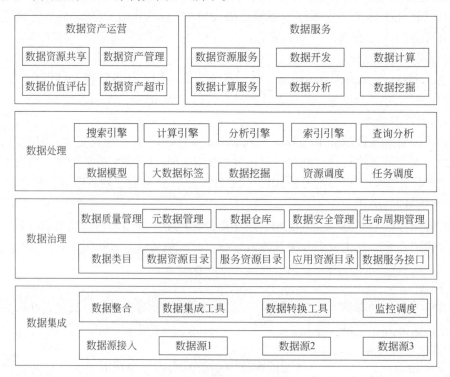

图 2-5　典型的 DaaS 架构

1）数据集成层

接入不同来源的数据，包括结构化数据、非结构化数据；并利用各种数据集成工具进行数据的集成整合，融合成应用可以服务或应用使用的数据。数据集成过程需要解决数据模式匹配、数据冗余、数据值冲突等问题，数据整合可通过逻辑合并或整合出应用所需数据，也可能需要重新构造才能和另一个应用匹配。

2）数据治理层

数据治理是对数据资产管理行使权力和控制的活动集合（规划、监控和执行），数据治理职能指导其他数据管理职能如何执行，最终保证数据的可用性、数据质量和数据安全。通过数据治理，建立数据资源目录、服务资源目录、应用资源目录、数据服务接口等类目，并对元数据、数据仓库的数据进行质量管理，对数据进行全生命周期管理和安全管理。

3）数据处理层

数据经过集成、治理后，进行数据处理，对数据打标签，建立数据模型，实施资源和任务调度对数据进行挖掘分析，并构建计算、分析、搜索、索引等引擎对数据进行查询分析，实现数据封装及快速查询检索。

4）数据服务层

最上层是数据服务层，主要将数据作为资产进行管理、价值评估建立数据资产超市对数据进行共享，对外出售数据；也对外提供多种形态的数据服务，包括数据资源服务、数据计算服务、数据开发、数据计算、数据分析及数据挖掘服务。

2. DaaS 的优劣势

大数据时代，数据来源广、数量多，DaaS 可以使企业专注于提供数据处理服务，企业可以将获取的数据通过"数据即服务"在市场竞争中占据优势，因此 DaaS 具有以下优势。

（1）敏捷性：由于数据经过整合，用户不用关注数据来源，就可利用处理后的数据用于产品，集合资源、数据、应用一体式开发，在处理数据时有更多的灵活性。相比自己进行的数据管理，企业能以最小成本高效获取数据。

（2）成本效益：大多数团队都执行从大数据系统到关系数据库的数据提取、转换、加载过程。要想实现低延迟读取，数据存在多个副本，数据量增加巨大。企业使用 DaaS 可以减少数据冗余且降低基础架构费用，减少在数据方面的软硬件和管理维护成本。

（3）数据质量：通过 DaaS 平台控制数据的访问，在提升数据质量方面有极大益处。因为更新单独发生在一处，当数据发生变动后，会更容易追踪数据变化，否则在保持数据一致性方面会耗费额外的时间与努力。

由于数据来源广和涉及面广，集中式 DaaS 服务也具有以下劣势。

（1）数据收集隐私性和规范性：数据收集是数据业务中关键的一步，但数据收集的过程中容易产生非法获取他人信息，侵犯个人、单位组织的数据隐私，数据的隐私性和规范性需要加强。

（2）数据安全性：数据即服务，归根结底是从大量数据中提炼精华为企业解决发展中的痛点问题，大数据时代，数据来源广、结构复杂，数据量剧增会导致治理难，DaaS 在数据服务应用也会越来越广，用户增多，安全问题越来越重要。

3. DaaS 服务提供商

传统 SaaS 产品主要针对工作流的标准化，解决客户的效率问题，但并不能解决客户最核心的数据量增长问题。SaaS 是数字化工具的改革，而 DaaS 是数字化改革的工具，其本质是以数据驱动为增长引擎，全面重构企业的商业流、数据流和工作流，让企业有数据可应用、靠数据来思考、用数据来决策，用数据的确定性帮助企业应对不确定性，从而发挥比较高的经营价值。

DaaS 产品比如有米云，所提供的服务能基于底层的营销数据，以数据驱动为增长引擎，打通企业的商业流、数据流和工作流，帮助企业实现效率提升和数据沉淀，利用好数据实现业绩增长。阿里将领域沉淀的数字化能力转化为智能产品及服务，提供企业级的数据湖、数据资源平台、大数据开发治理服务、数据可视化、数据中台、大数据专家服务等，为企业提供大量的 DaaS 服务。作为中国领先的 DaaS 服务商，华坤道威早在 2016 年就提出了 DaaS 这个概念，全面整合数据智能服务。从 SaaS 到 DaaS，多家电商巨头以及企业服务提供商都看准了这一痛点布局新业务。京东商智将数据工具升级为数据决策中心，布局数据诊断能力，满足品牌商家的多样化数据需求。苏宁线下零售数智化转型中通过数据化支撑，针对如小区内购、单位内购等特定群体单独做价格和品类促销。天九电商、斑马会员、兴长信达等企业服务提供商也已在开展数字工具业务，赋能中小微实体营销数字化转型。此外，国外 Snowflake、Denodo 和国内麦聪软件都是知名的 DaaS 提供商。

4. DaaS 应用

DaaS 可应用于众多领域，为用户提供公共数据的访问服务，用户可以通过 API 向 DaaS 调用任何时间、任意内容的数据。这些数据可能来自不同的组织，有些可能是引用其他组织分类好的数据集。目前一些常见的 DaaS 平台与数据库（湖）结合可以帮助企业构建下一代数据中台，主要包括元数据管理、数据治理、数据开发、数据 API 服务、数据超市等功能。

1）元数据管理

全面接入不同的数据源，并提供对元数据全文检索能力，提高数据使用效率；支持目录和标签管理，帮助用户快速标注数据，提高数据资产的能力，基于统一的元数据管理，实现数据资产统一管理。

2）数据治理

通过对不同数据源的接入和元数据管理后，针对数据检索探查数据表的可用性与可信度，评估数据质量，供用户作为管理数据的依据，优化数据管理流程。

3）数据 API 服务

提供数据 API 服务，使用户快速上手，把精力放到业务数据分析上，提高 IT 管理效率，使数据资产的管理形成闭环。

4）数据超市

数据超市目前已经是全球企业数字化建设的热点和目标，构建数据超市，打通数据产品化和数据消费"最后一公里"，提升数据消费能力，赋能业务数字化，以低成本、短周期、高效率的方式实现各类数字化应用。

2.3 云计算服务模式

云计算按照部署方式可以分成私有云（private cloud）、公有云（public cloud）、混合云（hybrid cloud），如图 2-6 所示。公有云面向社会公众提供开放式服务；私有云面向单独特定的组织提供服务；混合云其资源来自两个或两个以上不同类型的云。私有云资源不满足需求时，可将数据和应用迁移至公有云，混合云将私有云和公有云互联互通，可将资源、数据及应用在不同环境下迁移。每种类型的云可提供 IaaS、PaaS、SaaS、DaaS 中的一种或多种服务。

2.3　云计算服务模式

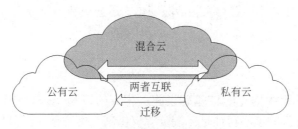

图 2-6　云部署模式

2.3.1　公有云

1. 公有云概述

公有云是云服务提供商部署 IT 基础设施并进行运营维护，将基础设施所承载的标准化、无差别的 IT 资源提供给公众客户的服务模式。公有云的核心特征是基础设施所有权属于云服务商，云端资源向社会大众开放，符合条件的任何个人或组织都可以租赁并使用云端资源，且无须进行底层设施的运维。公有云的优势是成本较低、无须维护、使用便捷且易于扩展，适应个人用户、互联网企业等大部分客户的需求。

公有云价格低廉、使用门槛低，其服务对象多是个人用户和中小型企业用户，用户只享受云资源使用权而没有所有权。公有云的最大意义是能够通过极低的成本，提供方便、高吸引力、独特的服务给最终用户，创造新的业务价值。公有云作为一个支撑平台，还能够整合上游的服务提供者和下游最终用户，打造新的价值链和生态系统。国内常见的公有云类型有：传统电信基础设施运营商，如天翼；政府领导的地方性的云计算平台；互联网厂商搭建的公有云平台，如阿里云、腾讯云；国内外少部分的 IDC 运营商或云计算企业建设的公有云。

2. 公有云的优势

（1）可扩展性：公有云用户可以根据需要灵活地购买资源，并快速获得，用户可根据后续需求变化，增减资源数量容量，可随时供给计算资源组合方案，可扩展性高。

（2）成本低：公共云面向大规模群体提供服务，帮助企业摆脱了因需求变动而过度购买设备成本高的问题，公有云服务商的产品成本低廉，企业只为需要的服务付款，节省大量基础设施建设成本。

（3）免维护：用户可随时随地获得公有云的服务，打破地域的限制，无须自己维护设备和相关应用服务，减少IT管理团队运营和运维的成本。

3. 公有云的劣势

（1）安全性不足：公有云海量资源、用户众多，会吸引黑客攻击。此外，公有云共享基础设施，多个用户可能使用同一个服务器进行业务处理，容易造成机密数据泄露，造成商业上的不当竞争，造成公共云的安全问题。

（2）性能超卖：公有云是面向公众租户，用户规模大、需求种类多，公共云绝大多数存在性能超卖问题，导致租户性能达不到购买需求。

（3）缺少灵活性：公共云提供商不会为用户定制服务方案，一般会根据标准来制订基础设施配置方案，这样就不能针对某些情况变化，迅速更新更符合消费者需求的资源配置。

2.3.2　私有云

1. 私有云概述

私有云是为单一组织构建的IT基础设施，相应的IT资源仅供该客户内部员工使用的产品交付模式。私有云的核心特征是云端资源仅供某一客户使用，其他客户无权访问。由于私有云模式下的基础设施与外部分离，因此数据的安全性、隐私性相比公有云更强，满足了政府机关、金融机构以及其他对数据安全要求较高的客户的需要。私有云一般部署在公司内部，公司自行管理云平台。数据安全上和服务质量上可控性更高。私有云的基础前提在于拥有一个基础设施并且可以对这些设施实现应用部署，私有云可以部署在企业数据中心的防火墙中，特点是专有资源。常见的私有云是VMware、OpenStack。

2. 私有云的优势

（1）数据安全：因为其服务对象是单独一个公司组织，最终用户在单一租户环境下享受云服务，不会存在与其他用户共用资源的情况。公司在各方面的控制都有着极高的自主性。这减少了用户关系紊乱致使管理不当导致的安全风险，从而提升了安全性。

（2）自主可控：私有云是专门为一个客户服务而构建的，这个用户（公司）是唯一可以访问它的指定实体，用户对应用数据和设备掌控能力增强，那么组织也更容易定制资源以满足特定的业务需求。

（3）SLA（服务质量）得到保证：因为私有云一般在防火墙之后，所以当公司员工访问那些基于私有云的应用时，它的SLA会非常稳定，不会受到网络不稳定的影响，服务质量得到保障。

（4）不影响现有IT管理的流程：流程是企业管理的核心，企业业务流程非常繁多，而且IT部门流程也不少，使用公有云会对IT部门流程产生很多冲击，比如数据管理和安全规定等方面。而在私有云，因为它一般在防火墙内，所以对IT部门流程冲击不大。

3. 私有云的劣势

（1）前期投入成本高：建立一个私有云可能包含基础设施费用以及后续的使用维护、管理资源，因此初期成本较高。

（2）云计算某些优势被限制：企业内部用户申请的资源总量取决于私有云内部基础设施的规模，且需要培养IT技术团队对基础设施进行管理与维护。此外，私有云的高度安全性可能导致物理位置较远的用户访问云的难度升高。

2.3.3　混合云

1. 混合云概述

混合云是两种云及更多种的云共同提供云计算资源的一种云。由于安全、管理效率、成本等多方面的原因，公有云并不适合存放一些核心数据，建立私有云又需要长期投入不断扩展，导致企业成本高。混合云结合了数据安全性和资源共享的考虑，解决了这一难题。用户可将敏感数据处理的云服务部署到私有云上，而将非敏感数据处理的资源部署到公有云上。

混合云中，多个云环境存在差异，并且私有云和公有云提供者之间在管理责任上是分离的，因此混合云的创建和维护可能会很复杂和具有相当的挑战性。

2. 混合云的优势

（1）操作灵活：混合云是公有云和私有云的结合，既有云的按需收费、可扩展的资源优点，又加强了数据安全，应用程序在多云环境中的迁移具有极大的灵活性。

（2）成本效益：混合云模式具有成本效益，因其所需资源来自多个云，单位组织可以根据需求灵活组合出功能更完善的云服务。

（3）降低成本：作为各个云之间的折中方案，私有云的性能短缺可以使用公有云弥补，减少开发成本，公有云长期使用的运营成本可使用私有云进行补偿。

3. 混合云的劣势

混合云结合不同类型的云，其设置更加复杂且难以维护。此外，由于混合云是不同的云平台、数据和应用程序的组合，因此整合是一项挑战，存在以下劣势。

（1）兼容性问题：企业内部部署的资源和公有云资源往往不同步，混合云服务容易卡顿、延迟问题严重，基础设施之间也会因复杂难以管理和维护。

（2）访问管理复杂：混合云安全要优化出用户对身份验证与授权管理模块的解决方案。

（3）数据处理问题：将信息根据重要性分别存放于公有云和私有云，中间的数据传输、放置、调用安全难以保证，混合云不能实现数据冗余，所以数据的安全性较低。

（4）服务质量问题：服务质量相对而言略差于私有云和公有云。

2.4　总　　结

本章主要对云计算架构与服务模式进行了介绍。云计算架构介绍IaaS、PaaS、SaaS、DaaS云服务的定义、优势与劣势、提供商、应用等方面。云服务模式则介绍公有云、私有云、混合云三种部署方式，说明三种不同类型的云的特点、优势和劣势，为云计算与其他技术协同使用打下坚实基础。

2.5 习　题

1. 请按照自己的理解简述云计算四种服务架构的作用。

2. 简述IaaS云架构的运行流程。

3. IaaS、PaaS、SaaS、DaaS四种服务架构之间存在什么联系？

4. 云的四种服务模型有什么局限性？现在有什么方法弥补服务的不足？

5. 云计算架构在应用中如何发挥作用？能否用日常生活中具体的应用举例说明？

6. 云部署方式基于不同的服务对象分为多种，请简略说明一下。

7. 根据云部署方式的特点，说明各种云服务模式适用于完成的功能。

8. 根据所学知识，从阿里、华为等知名IT公司挑选一个分析其云服务部署策略。

## 第 3 章

云计算关键技术

云计算是由一系列的技术和服务组成的整体，为了能够按需对用户提供资源和服务，需要有一整套的支撑和管理技术，云计算技术主要可以分为虚拟化技术、分布式技术、云计算管理技术和云原生技术，分别从资源虚拟化、资源调度、资源管理、业务架构等方面，经过完善的设计和组合，共同构成了云计算。

3.1 课程思政

数字化时代的海量数据导致算力需求激增，云计算作为数字化的基础设施迎来黄金发展机遇。工业和信息化部（以下简称工信部）云计算"十三五"规划中，将重点培育云计算的龙头企业，发挥其对产业的辐射作用，打造云计算产业链。在信息国产化的背景下，国产化设备代替进口设备已经成为我国的重要任务，是保障我国信息安全的重要手段。

3.1 课程思政

虚拟化作为云计算的发展基础，起到了至关重要的作用。虚拟化在一个服务器上同时运行多个操作系统，对物理实体资源进行抽象与隔离，最大限度地利用资源，简化了系统管理并带来了巨大的收益。虚拟化由云计算衍生，也能够支撑云计算。

最初，云的概念就是虚拟化，虚拟化让云计算的资源分配更加灵活。服务器虚拟化是虚拟化应用的基础，如今用户由购买服务器转向购买CPU、内存、磁盘等"资源"，信息安全的需求加快了设备国产化的步伐。

由于对信息安全的需求不断提高，大大提升了对国产设备的可管可控要求，随着工信部云计算"十三五"规划的进一步实施，国产化信息设备的速度将不断加快，云计算应用将爆发式增长。云计算的发展促进软件开发流程改革，DevOps理念清晰地规范了软件的全生命周期。同时，DevOps作为云原生三大核心技术之一，提供了一站式的应用开发、运维平台，缩短了软件开发周期，提升了软件的质量和效率。

2022年，中国信息通信研究院联合中国通信标准化协会以"开启分布式算力新时代"为主题举办"2022云边协同大会"，聚焦分布式云、边缘计算、云边端一体化、智能物联网等领域，响应国务院《"十四五"数字经济发展规划》中指出的"加强面向特定场景的边缘计算能力"要求，凝聚多方产业智慧，把握云边协同产业发展新机遇，开启分布式算力时代新征程，对国家产业创新发展不懈努力、勇于探索。

3.2 虚拟化技术

虚拟化技术可以说是云计算技术的根基，它实现了云计算物理资源到虚拟资源的管理。云计算的发展离不开虚拟化技术，虚拟化技术的演进也是云计算迅速发展的前提。

3.2.1 虚拟化技术简介

3.2 虚拟化技术

1. 概述与背景

虚拟化是一种资源管理技术，是对物理资源进行的抽象，其目的是扩大硬件容量、优化资源使用、简化管理成本，通过对物理计算机资源，例如，CPU、内存、存储、网络等资源进行抽象化和虚拟化，利用计算机指令经过转换、模拟等手段，提供可灵活分割、动态分配、比物理资源更多的计算机资源，通过逻辑表示对物理资源进行重新配置，按照逻辑角度重新划分后，虚拟出的资源不受原有资源的架构约束，不受地域或物理配置限制。

虚拟化技术从逻辑角度对资源重新整合，提升资源的利用率，使得资源的利用更加便捷灵活，在同一个服务器空间下，可以供多个用户同时使用，有效减少资源管理的时间成本；虚拟化技术能够实现对计算、存储、网络、应用程序的管理；对于最终用户来讲，不必关心具体使用了哪些硬件资源，只需从逻辑角度关心所使用的资源、系统或软件。这些系统和软件在运行时，与后台的物理平台无关。和传统的IT资源分配方式相比，虚拟化技术可以显著提高资源的利用率，并提供相互隔离、安全、高效的应用执行环境。通过这种方式，计算机资源可以被真正转化为社会基础设施，满足各行各业中灵活多变的应用需求。

为什么会产生虚拟化技术呢？它诞生的背景和原因又是怎样的呢，这还要从计算机发展的历史开始说起。在计算机技术发展的早期，使用的是没有操作系统的大型机，1956年，鲍勃·帕特里克在美国通用汽车的系统监督程序（system monitor）的基础上，为美国通用汽车和北美航空公司在IBM 704机器上设计了基本的输入/输出系统，即GM-NAA I/O，这是最早的计算机操作系统，也是此后IBM大型系统的祖先。对于大型机而言，一个大型计算机上只能安装一个操作系统，其上运行的任务数量有限，这对于昂贵的计算机硬件来讲是极大的资源浪费，因此急需要寻求一种在同一台计算机上运行多个操作系统实例、提高资源利用率的方法，自此开启了虚拟化技术的研究。

2. 发展历史

虚拟化技术的发展历程大致可以总结为以下三个阶段。

1）实验开篇阶段

在20世纪五六十年代，多道程序设计的讨论备受关注。多道程序可以允许 CPU 一次性读取多个程序到内存，程序依次执行，如果不出现I/O操作，CPU就不运行第二个程序。也就是说只有当第N个程序进行 I/O 操作或已经运行完毕时，第$N+1$个程序才能够得以执行。多道程序设计的特征包括：多道程序、宏观上并行、微观上串行，有效提高了CPU的运行效率，并充分发挥了其他计算机系统部件的并行性。即使在现在，多道程序设计的理念仍然是操作系统并发领域中的宝贵财富。

虽然多道程序的出现大幅提升了计算机的运行效率，但它有一个问题，即在程序切换时不会考虑分配给各个程序的时间是否均等，有可能第一个程序运行了很长时间，但因为没有结束或没有出现I/O操作，CPU就不会切换到第二个程序。起初多道程序设计还可以解决大多数用户的使用需求。直到有了新的需求：一台计算机要同时供多个用户使用，这时就有了分时（Time Sharing）的概念。

分时系统是一种多用户交互式操作系统，它将CPU占用切分为多个极短（1/100s）的时间片，每一段时间片都在执行不同的任务，这意味着系统可以将处理器时间分配给多个用户，每个用户都可以在独立的时间片内运行自己的程序。这样，每个用户都感觉像在独占计算机资源，但实际上系统正在交替地分配时间给各个用户，实现了多任务处理的效果。这种分时技术有效地利用了计算机资源，提高了系统的效率和可靠性。

需要注意的是，分时系统和多道程序设计虽然有相似之处，但它们的底层实现细节有所不同。分时系统主要是为了满足不同用户对程序的使用需求，而多道程序设计则是为了实现不同程序之间的交替运行。简而言之，分时系统是面向多用户的，旨在让多个用户能够同时使用同一台计算机；而多道程序设计则是面向多程序的，旨在提高计算机资源的利用率和系统性能。

1959年，牛津大学计算机教授克里斯托弗·斯特雷奇在纽约国际信息处理大会上发表了一篇名为《大型高速计算机中的时间共享》的学术报告。在这篇报告中，他首次提出了"虚拟化"的基本概念，并详细论述了虚拟化技术。斯特雷奇的这篇文章被认为是最早的虚拟化技术论述，它开启了虚拟化技术的发展历程。

2）大型机与小型机阶段

1960年，为了满足物理学领域的计算需求，美国启动了一项名为Atlas的超级计算机项目。该项目旨在开发一台具有强大计算能力的计算机，以解决当时面临的复杂科学计算问题。Atlas超级计算机在当时被认为是一台具有划时代意义的计算机，它的出现极大地推动了科学研究的进步和发展。在Atlas上，计算机科学家初步实现了兼容性分时系统，这也是硬件虚拟化的开端。

两年后的1962年，第一台Atlas超级计算机诞生，命名为Atlas 1。它实现了虚拟内存的概念，将虚拟内存称为一级存储；此外，它还实现了Supervisor资源管理组件，使用特殊指令或代码，通过Supervisor能够管理物理主机的资源。

几乎同时，IBM剑桥研发中心也投入大量时间和精力来开发强大的分时解决方案。1960年，IBM研发出7044大型数据处理机，是最早使用虚拟化技术的计算机之一；同年年中，IBM启动M44/44X项目的研究，在这个项目中，基于IBM 7044（M44）实现了多个虚拟化的概念，虚拟化技术的研究有了新的突破，包括部分硬件共享（Partial Hardware Sharing）、时间共享（Time Sharing）、内存分页（Memory Paging）以及实现了虚拟内存管理的VMM，是虚拟化技术首次从概念到应用，具有革命性的里程碑式意义。通过运用这些虚拟化技术，可以让应用程序运行在虚拟内存中，在一台物理主机上模拟出多个IBM 7044（X44）系统；在M44/44X项目中，研究人员首次提出了VM（Virtual Machine）和VMM（Virtual Machine Monitor）的概念，因此，IBM 7044（M44/X44）被认为是世界上第一个支持虚拟机的系统。

此后，IBM剑桥研发中心研发了具有标志性意义的分时虚拟机操作系统CP/CMS，它共有三个版本，即CP-40/CMS、CP-67/CMS、CP-370/CMS。1964年，IBM剑桥研发中心开始研发CP-40/CMS，并于1967年发布，这是CP/CMS的第一个版本，它开启了分时操作系统的发展之旅；同年，IBM发布了CP/CMS的第二个版本CP-67/CMS，它运行在IBM System/360-67上，这是一个带有虚拟内存硬件的32位操作系统。1967—1972年，CP-40逐步实现了完全虚拟化，通过分布式开放源码系统，CP-40可以为每个CP/CMS的用户提供一个模拟的、独立的计算机。也正是从这个时间开始，IBM的虚拟机家族稳步前进。

CP-40/CMS的工作原理就是通过在M44/44X项目中提出的虚拟机监视器（VMM），使应用程序在硬件资源之上可以运行独立操作系统软件的虚拟机（Virtual Machine）实例，每一个这样的虚拟机拥有基本的计算机的完整功能，并且使用者无法区分虚拟机与普通操作系统的区别。结果就是一台CP-40/CMS可以同时由多个用户进行复用，允许在一台主机上运行多个操作系统，让用户尽可能地充分利用昂贵的大型机资源。

虽然CP-40已经实现了完全虚拟化，但不能支持内存的虚拟化。为了实现内存的虚拟化，IBM采取了将硬件与软件整合的方法，1972年，IBM公司在著名的System/360系统上增加了硬件的虚拟内存功能，即升级后的IBM System/370，通过配置选项，实现了硬件虚拟内存。

大型计算机因为造价昂贵，只有大型企业或组织才用得起。随着硬件技术的发展，小型机逐渐兴起。1965年，世界上第一台真正意义的小型计算机PDP-8由DEC公司推出，为后来的个人计算机发展奠定了基础。大型机与小型机的区别并不是很明显，小型机是一种介于个人服务器和大型机之间的高性能计算机，1980年，IBM发布了第一台基于RISC（精简指令集计算机）架构的小型机。大型机的虚拟化技术也被应用到小型机上。

20世纪70年代，IBM一直在改进他们的技术，支持MVS与其他操作系统（比如UNIX）在VM/370上一起运行。1997年，同样是在大型机上创建虚拟化技术的这些人在IBM中端平台上创建了一个Hypervisor。IBM Hypervisor所基于的一个关键元素在于，虚拟化是系统固件本身的一部分的事实，这与其他基于Hypervisor的解决方案不同。这是因为操作系统（OS）、硬件和Hypervisor之间集成非常紧密，Hypervisor是介于OS与提供虚拟化功能的硬件之间的系统软件。1974—1998年，IBM凭借VM系列和VP/CSS持续了其在虚拟化技术领域的辉煌历史。

3）x86与微型机阶段

随着人们对于计算机使用需求的变化和计算机硬件技术的进步，小型机和PC开始进入大众视野，大型机在新兴市场上逐渐失去影响力。1978年，第一款16位微处理器8086发布，这是x86系列的鼻祖，它开创了一个属于x86架构的时代。x86服务器的诞生，为企业IT部门带来新的问题，运维成本、架构成本变高，基础架构利用率低，最终导致服务器的使用成本变高。而解决这些难题就是新时代赋予虚拟化技术的历史任务，但由于处理器架构的不同，在大型机上已经成熟的虚拟化技术却并不能为x86架构所用。20世纪八九十年代，研究x86架构虚拟化的公司如雨后春笋般涌现。

2001年，VMware公司推出了可以运行在Windows系统上的VMware Workstation，这是第一款基于x86服务器的虚拟化产品，一经上市就广受各大计算机用户好评，VMware一度成为虚拟机的代名词。接下来的几年内，运行在Linux上的虚拟化产品也相继出现。2006年，著名计算机生产商Intel和AMD都先后发布了自己的硬件虚拟化产品，通过从处理器层面支持虚拟化。随后几年，市场上出现越来越多的虚拟化解决方案。

2008年至今，虚拟化技术处于爆发式发展阶段，成为信息技术行业的主流，无论是服务器市场、桌面市场，还是嵌入式市场，处理器的频率和核心数目都出现了巨大的进步，从而带来了处理能力的迅速增长，使得虚拟化技术再次迅速发展起来，并从最初的裸机虚拟化技术开始，演化出主机虚拟化、混合虚拟化等更复杂的虚拟化模型，并在此基础上发展出了当下最热门的云虚拟化技术，极大地降低了IT成本，增强了系统的安全性、可靠性和扩展性。

3. 虚拟化技术的优缺点

针对资源的管理和升级虚拟化技术具有明显的优势，传统架构上一台计算机只允许有一个操作系统，难以移动或复制，受制于特定的硬件组件，生命周期通常较短，需要人工操作来升级硬件。而虚拟化架构下一台物理机上可以实现多个虚拟操作系统同时操作多个应用软件，将操作系统放在文件中，可以移动和复制，而不受物理硬件的影响；同时，在文件层能够实现各个操作系统之间的隔离，也就是虚拟机的相互隔离，大大降低了管理的难度，图3-1展示了虚拟化架构和传统架构的对比。

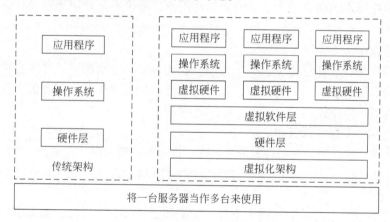

图3-1　虚拟化架构和传统架构的对比

1）虚拟化技术的优点

与传统架构相比，虚拟化架构的几个典型优点如下。

（1）更高的资源利用率

虚拟化技术能够实现物理资源的共享，将同一台物理上的服务器分割使用，或将多台服务器组合使用，获得更高的资源利用率。

（2）更低的管理成本

虚拟化技术能够减少对资源的管理成本，对上层来讲，应用的使用人员或维护人员不需要关注底层物理资源的状态，仅需关注应用或虚拟机的工作状态，可以降低很大一部分维护成本；另外，虚拟化管理工具的发展，极大实现了虚拟化管理的自动化，进一步降低了管理的人力成本和维护成本。

（3）更好的使用灵活性

虚拟化技术更多的是软件技术，对于硬件资源的依赖不多，可以随时对资源或程序进行调整，以满足不断变化的业务场景。

（4）更高的安全性

如前文所述，虚拟化技术可以通过文件或用户机制，实现对资源的隔离，能够更好地提高数据或业务的安全性。

（5）更高的可用性

虚拟化技术在软件上的灵活性，可以支持在业务不停机的前提下，实现对资源的管理，如资源删除、扩/缩容、升级或具备更高的可用性。

（6）更好的可扩展性

可根据用户使用的资源类型，为用户提供比实际物理资源小很多或大很多的虚拟资源，在原有物理资源不变化的情况下，即可以实现对不同数量/容量的动态扩展。

（7）更好的操作性

通过灵活的软件配置或接口，虚拟化资源可以提供更全面的协议或接口兼容性，更方便地与第三方系统或平台进行接入或整合，操作性要远好于物理资源。

2）虚拟化技术的缺点

虽然虚拟化技术的初衷是为了提升资源使用率，但也不是完美无瑕没有缺点，虚拟化存在以下问题。

（1）降低性能

虚拟化毕竟是在硬件层之上进行了封装，相比直接基于物理机，必然会损失一部分性能。从之前的经验来看，当一台物理机上并行运行多个虚拟机时，物理机资源的使用率越高，虚拟机性能下降越剧烈。

（2）无法完全发挥资源效率

虚拟化技术也是在建立在物理资源之上的，也需要占据一部分资源，一台物理机上部署虚拟化平台或软件后，需要消耗一部分资源，即物理资源无法将全部资源用于虚拟机上。

（3）可能扩大错误影响面

由于虚拟机都是创建在物理机之上的，如果物理机的硬件设备，如存储设备或内存设备出现故障，导致物理机无法使用，那么建立在物理机上的虚拟机则全部无法使用；另外还有一种情况，如果物理机硬盘损坏恰巧损坏了虚拟机镜像文件，则虚拟机就无法修复。

（4）实施配置复杂，管理复杂

对于IT运维管理员来说，硬件设备的数量有限、状态相对清晰，而虚拟化软件平台中的配置众多、涉及项目也繁杂，管理和维护虚拟化软件要比单纯维护硬件设备复杂很多。

（5）建设成本并不低

虽然后期的电力和管理费用比传统纯物理机要低，但前期建设一次性投入成本并不少。

虽然虚拟化存在上述缺点，但如果能认清楚虚拟化的使用场景，深入了解需求和使用习惯，做出对应的部署方案和运维策略，就可以避免绝大多数的问题，甚至将问题转化为优势，虚拟化仍然可以解决绝大多数的用户痛点。

3.2.2 虚拟化技术分类

按照不同的角度，虚拟化技术可以分为如下几种。

1. 按架构分类

1）裸金属架构

所谓裸金属架构，是指虚拟化软件直接运行在裸金属之上，而不是操作系统之上，它是在硬件上安装虚拟化软件，依赖虚拟化软件提供的内核对物理资源和虚拟机进行管理，这种架构能够最大限度地使用物理资源。

2）寄居架构

与裸金属架构不同的是，寄居架构是将虚拟化软件运行在操作系统之上，通过操作系统对物理资源进行间接管理。这种架构简单便于实现，但是宿主操作系统和应用程序会消耗很多资源，虚拟机无法完全使用硬件资源；且虚拟机的稳定性依赖于宿主操作系统的稳定性，如果宿主操作系统出现故障宕机，虚拟机（VM）也将无法运行。

2. 按运行平台分类

1）非x86平台

虽然x86平台目前非常流行，但最早的虚拟化并不是出现在x86平台上，而是IBM的大型机上，也就是非x86平台上，目前ARM平台、PowerPC平台、Itanium平台、Mainframe平台，都是非x86平台虚拟化的重要力量。

2）x86平台

x86平台的普及，衍生出了在x86架构上的虚拟化技术，但由于x86的设计结构，导致其在虚拟化方面的性能一直不是很高。近些年，x86处理器架构的硬件辅助虚拟化方案也逐步成熟，具有代表性的是 Intel公司的Intel-VT和AMD公司AMD-V。通过在CPU级别的扩展支持，为Guest OS模拟出虚拟的硬件设备，使Guest OS之间独立运行而感知不到宿主操作系统的存在。

3. 按硬件资源调用模式分类

1）全虚拟化

全虚拟化技术通过虚拟机监视器（VMM）将物理硬件资源抽象出来，VMM可与硬件直接交互，充当一个翻译者的角色，在VMM之上创建多个虚拟机，虚拟机的操作系统与VMM进行交互，VMM再与硬件进行交互（图3-2）。全虚拟化技术允许操作系统的完整上下文和状态保存在虚拟化层中。全虚拟化技术可以实现完全独立的虚拟环境，其中每个虚拟机都有自己的操作系统和应用程序。全虚拟化技术能够实现完全的操作系统隔离，每个虚拟机独立运行在不同的环境中，就像物理主机一样。全虚拟化技术具备更好的性能、更易管理、更高的安全性和更低的成本。

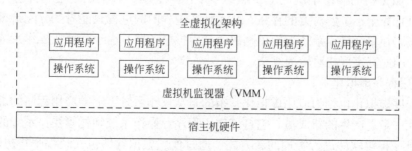

图3-2　全虚拟化架构

与前文所述的架构类型对应，全虚拟化软件层Hypervisor（VMM）有两种，一种是直接运行在物理硬件之上的裸金属虚拟化，如KVM；另一种是寄居架构，即运行在另一个操作系统上的。

2）半虚拟化

半虚拟化技术是在全虚拟化技术的基础上进行了修改（图3-3）。与全虚拟化技术不同，半虚拟化技术需要对操作系统进行修改，以使其能够直接访问虚拟化后的硬件资源，避免全虚拟化技术中的模拟访问开销。但是，由于需要对操作系统进行修改，因此其适用范围相对较小。而且如果客户操作系统中不能包含该API，就不能用这种方法（如Windows操作系统）。

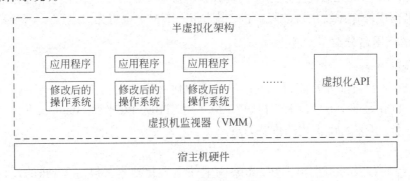

图3-3　半虚拟化架构

3）硬件辅助虚拟化

在全虚拟化技术中，有一种硬件辅助虚拟化，它利用硬件方面的支持，实现更高效和更灵活的虚拟化。硬件辅助虚拟化通常使用特权指令集和特殊寄存器，以便VMM能够直接控制硬件资源，从而实现更高效的虚拟化。Intel-VT和AMD-V是硬件辅助虚拟化技术的代表技术，实现了CPU、内存和I/O设备的硬件辅助虚拟化。

4. 从应用分类

1）操作系统级虚拟化

通过在操作系统层面上实现对多个虚拟机的支持，在同一个操作系统上运行多个应用程序或虚拟机，每个应用程序或虚拟机都有自己的运行空间，每个应用程序或虚拟机都可以运行不同的操作系统或应用程序，并且它们之间相互隔离，不会相互影响，通过操作系统上多个用户空间实现对硬件资源的共享和隔离的虚拟化技术，称之为操作系统级虚拟化。在一个服务器的操作系统之上，隔离多个用户空间，每个用户空间都是一个独立进程，不同进程完全不了解对方的存在，而运行在进程中的进程只能看到分配给该进程的资源，这实现了在单个操作系统上简单隔离每个虚拟服务器。由于需要在操作系统层面上实现虚拟化，因此其实现相对较为复杂。

2）应用程序虚拟化

应用程序虚拟化也称为应用虚拟化，指的是从操作系统之上的应用程序的虚拟化，是虚拟化家族中最近产生的新成员，它打破应用程序、操作系统和托管操作系统的硬件之间的联系，是一种对软件进行管理的新方式。通过使用虚拟软件包安装程序并初始化数据，而不是传统的安装流程，应用程序包就可以被快速激活或失效，或恢复默认设置。由于应用程序只运行在自己的资源空间内,这种使用方式大大降低了应用程序之间相互干扰的风险。

通过将应用程序封装在虚拟环境中,实现了应用程序与操作系统的解耦合。应用程序虚拟化技术可以使应用程序在不同的操作系统和环境中具有相同的运行效果和行为,并且可以避免不同应用程序之间的冲突。应用程序虚拟化提高了应用程序的兼容性,避免了程序之间的冲突,同时还增强了系统的安全性。

3)桌面虚拟化

桌面虚拟化技术是指用户通过远程访问,获得从服务器模拟的计算机终端(也称桌面)、桌面及其应用程序与访问客户端设备分离,桌面虚拟化依赖于应用程序虚拟化。桌面虚拟化的常用架构是虚拟桌面基础架构(VDI)。VDI 是桌面虚拟化的客户端-服务器模型的一种变体,它使用基于主机的虚拟机向联网的各类设备提供持化性和非持久化虚拟桌面。持久性虚拟桌面,即用户可在虚拟桌面中对应用程序和数据进行自定义,并将程序和数据保存下来以供将来使用。非持久性虚拟桌面基础架构是指用户在需要时即可访问的桌面,不过一旦用户从 VDI 注销,它将被重置为初始化状态,并不会为用户保存应用程序和数据。

桌面虚拟化技术使得桌面内容和操作系统独立于物理计算机存在。桌面虚拟化技术可以将桌面数据和应用程序存储在远程服务器上,用户可以通过网络访问自己的桌面,从而实现灵活的办公和数据安全。

3.2.3　虚拟化与云计算

现在,当谈到云计算或虚拟化,这两个词汇都离不开彼此。虚拟化技术是云计算的重要组成部分,它可以将计算资源和网络资源抽象成逻辑资源,从而使得云平台可以更加灵活地分配和调度资源。

云计算是一种基于互联网的计算模式,它通过将计算资源、存储资源和应用程序等服务通过互联网提供给用户,实现了计算资源的共享和动态分配。云计算利用了虚拟化技术,将物理设备上的资源抽象成逻辑资源,从而使用户可以更加灵活地使用和分配资源。

虚拟化和云计算是相互关联的技术,虚拟化技术是云计算实现资源共享和动态分配的重要手段之一,同时云计算也提供了更加广阔的应用场景和市场需求,促进了虚拟化技术的发展和应用。

3.2.4　虚拟化技术的发展趋势

虚拟化技术作为云计算的重要组成部分,正在得到越来越广泛的应用。未来,虚拟化技术将朝着以下几个方向发展:①更多的自动化和自适应。随着云计算和大数据的发展,虚拟化技术将更加注重自动化和自适应,以更好地满足不断增长的计算和存储需求。②更加灵活和动态的资源分配。随着云计算和移动互联网的发展,虚拟化技术将更加注重灵活和动态的资源分配,以更好地满足不同用户的需求。③更加安全和可靠的保障。随着云计算和数字化经济的发展,虚拟化技术将更加注重安全和可靠的保障,以更好地保护用户的数据和隐私。④更加高效和节能的管理。随着云计算和绿色计算的发展,虚拟化技术将更加注重高效和节能的管理,以更好地降低计算和存储的成本。

虚拟化技术将继续得到广泛的应用和发展,为云计算和数字化经济提供更加灵活、安全、高效和节能的计算和存储方案。

3.3 分布式技术

分布式技术是云计算的基础架构技术，云计算系统是一个庞大的信息处理系统，在这个系统中，需要大量的物理资源和应用程序，分布在不同的物理位置或网络位置，想要完成庞大复杂的资源、程序和数据的调用，就要用到分布式技术。

3.3 分布式技术

3.3.1 分布式技术简介

1. 概念与背景

高速运转的互联网上，每时每刻都在产生着海量的信息，针对这些数据的存储和处理，促成了分布式技术的产生，业务逻辑处理的复杂度等也是与时增强，虽然个人计算机（或服务器）的性能也随着技术的进步在逐渐强大，但要同时处理海量数据，单个节点的处理能力还是有很大的困难。而随着硬件资源的廉价化，寻求一种使用低端廉价的机器联合工作，能够将巨大的任务分解后处理，再将结果合并后返回，就成为一种必然选择，分布式技术也是基于这个场景产生的。通过将分散计算机通过网络的方式进行连接，形成一个可以统一调度、统一接口、统一操作界面的大型计算机系统，就能够达到利用更多的机器，处理更多的数据，从而解决更大型的计算、存储需求，处理更大并发的访问请求的目标。

分布式技术是一种基于网络的计算机技术，是一种计算机组成技术。分布式意味着在多个系统之间存在着数据、配置、资源、服务等内容的共享，采用分布式技术构建的系统称为分布式系统。在分布式系统中，物理资源或软件应用都可能位于不同的位置。分布式技术的重点在于分布式和网络通信，通过网络通信，将分布在不同位置、具备不同功能的物理节点组合而成。分布式技术可以将一个巨大的任务划分成多个子任务，通过网络分配到分布式系统的不同节点上进行，然后把各个节点的处理结果有机整合，最终产生所需要的结果。

分布式系统是由多个独立计算机组合而成的，这些计算机在硬件上是独立的，但在软件上它们看起来就像一个单个相关系统。这种系统可以提供更高的可用性和可扩展性，因为它们可以将工作负载分散到多个计算机上，并且可以在需要时添加或删除计算机。分布式系统通常基于网络通信和消息传递来实现，并且可以处理并发性和一致性等挑战。B/S架构的Web服务就是分布式技术应用的典型例子，B端（客户端）只要能够具备通过HTTP协议访问到S端（服务器端）的能力，就能够从服务器获得所需要的功能。

2. 分布式系统特点

分布式系统由若干个物理计算节点组成，借助软件系统实现管理，以保证整个系统的可用性和可靠性，分布式系统具有如下特点。

（1）分布性。分布式系统的计算节点在物理位置上是分布的，即并不一定会集中在某一个地方，有可能分布在不同的物理位置上，由各个分散在不同物理位置的节点通过软件进行连接，因此最主要的特点就是分布性。

（2）全局性。无论在物理位置上如何分散，分布式系统最终是一个整体的系统，因此必须具有一个全局的组成和通信机制；同时，还应当有全局的保护机制。系统中所有机器上有统一的系统调用集合，它们必须适应分布式的环境。在所有CPU上运行同样的内核，使协调工作更加容易。

（3）可扩展性。一个分布式系统由若干个计算节点构成，而针对这些节点，可以根据业务需要进行横向扩展，即可以针对节点进行增加或减少。

（4）数据一致性。作为一个整体系统，分布式系统的各个节点在数据上要始终保持一致性，否则无法保证数据的完整性和可用性。

（5）并行运行。在分布式系统中，不同节点承担不同的任务，因此各个节点在处理任务时可以并行进行。

（6）系统可用性。分散的计算节点最终组成一个整体系统，这个整体系统在处理业务或用户请求时，和普通系统一样具备可用性。

（7）系统自治性。分布式系统的各个节点能够自主地完成工作，管理自己节点上的物理资源、应用程序或数据，既能够自治地工作，也能够通过网络协同工作。

（8）开放性。分布式系统的各个节点、应用程序或服务是一个整体协同的系统，都遵守同样的协议或接口规范，具有更好地开放性。

（9）容错性。作为一个整体系统，分布式系统的各个节点可以保证在某一个节点出现问题时仍能够对外提供服务，具备良好的容错性。

3. 发展历程

分布式技术从诞生到现在已经过去了很长的时间，它的历史甚至可以追溯到最早的大型机阶段，20世纪60年代初，大型机计算机被认为是处理大规模数据的最佳解决方案，但它的价格非常昂贵。20世纪70年代初，人们开始使用分组交换和集群计算，尽管价格依然昂贵，但它被认为是大型机系统的替代方案。在这种组成结构中，通过网络将一组服务器进行连接，在其上运行操作系统或应用程序，使得各个节点可以并行运行。1967—1974年，随着ARPANET诞生，逐步形成了一个能够支持全球消息交换的早期网络，它允许跨越不同地理位置的远程机器上托管服务。这一阶段，TCP/IP协议在分组交换自治网络上支持数据报文和面向流的通信也应运而生，报文传输成为网络通信的主要方式。

随着互联网技术的演变，TCP/IP等新技术已开始将Internet转变为多个相互连接的网络，将本地网络连接到更广泛的Internet。因此，连接到网络的主机数量开始快速增长，因此HOSTS.TXT等集中式命名系统无法提供可扩展性。而基于图形界面的计算机被开发出来，为个人和家庭用户提供了新选择，为消费者提供了视频游戏和网页浏览等应用程序。

20世纪八九十年代，超文本传输协议（HTTP）和超文本标记语言（HTML）的创建导致了第一个Web浏览器、网站和Web服务器，它是由CERN的Tim Berners Lee开发的。TCP/IP的标准化为称为万维网（WWW）的互联网络提供了基础设施，导致连接到Internet的主机数量大幅增长。随着在独立机器上运行的基于PC的应用程序的数量开始增长，这些应用程序之间的通信变得极其复杂，并在应用程序与应用程序的交互方面增加了越来越大的挑战。随着支持基于TCP/IP的远程过程调用（RPC）的网络计算的出现，它被证明是一种被广泛接受的应用软件通信方式。在这个时代，服务器提供统一资源定位器描述的资源。在各种硬件平台、操作系统和不同网络上运行的软件应用程序在需要相互通信和共享数据时面临挑战。

1999年，美国大学生 Shawn Fanning 通过点对点的文件共享，实现了音乐共享服务 Napster，这是一种典型的分布式应用程序架构，无须中央协调器即可在对等点之间划分任务或工作负载，所有节点共同拥有平等的权利。随着网格计算的引入，多个任务可以由通过网络联合连接的计算机完成，利用数据网格即一组计算机通过使用中间件的方式，能够共同完成一组类似的任务。

1994—2000年，网络服务被引入服务模式中，通过建立独立的网络通信平台，完成基于 XML 协议的信息交换，这种独立的通信平台使用 Interne 完成应用程序（如 XML 服务器）到应用程序（如浏览器）交互。

进入21世纪，云计算的服务模式完成了集群技术、虚拟化和中间件的融合。通过云计算平台，用户只需要在 Internet 上就能够在线完成资源配置和应用程序部署，完全不需要依赖物理资源，云计算实现了向全球任何地方、任何人提供资源和服务的目标。而移动网络的迅速发展支持人们可以通过无线网络传输数据，我们不再需要将手机与交换机连接起来，移动计算中逐渐出现了物联网技术，利用传感器、处理能力、软件和其他技术，通过互联网与其他设备和系统连接和交换数据。

当移动计算和物联网服务产生的数据开始大幅增长时，实现对海量数据的实时收集和处理仍然是一个问题，把数据进行集中存储后再处理的成本逐渐增大，因此催生了边缘计算的诞生，通过边缘端设备实现数据就近处理，并通过互联网或广域网将边缘端与中心计算平台进行连接，既提升了边端业务的处理效率，又没有影响数据向中心平台同步。

在分布式系统发展大爆炸的时代，谷歌、亚马逊、阿里、腾讯、百度等国内外互联网公司变得异常庞大，它们开始想要构建跨越多个地理区域和多个数据中心的分布式系统。经历过虚拟机部署服务的过程后，最终催生了容器技术以及容器编排平台的产生，通过将所有的文件都打包到一个容器镜像中，并通过容器编排框架进行分发和启动，大大减少了平台部署的成本。

4. 分布式的典型应用场景

目前分布式系统已被广泛应用，用以解决复杂的业务场景。典型的应用场景有以下几种。

1）大并发请求业务

对于需要处理大并发的业务场景，通过分布式服务技术，对传统项目进行服务化拆分，达到服务独立解耦，单服务又可以横向扩容，可以根据业务的实际运行情况，对服务进行横向水平缩减/扩展。目前，主流互联网厂商都使用微服务的架构（一种分布式服务技术）应对高并发请求业务场景。

2）高性能计算场景

在气象气候、地质勘探、航空航天、工程计算、材料工程等领域，使用集群的高性能计算已成为必需的辅助工具。集群系统有极强的伸缩性，可通过在集群中增加或删减节点的方式，在不影响原有应用与计算任务的情况下，随时增加和降低系统的处理能力。根据不同的业务需要，这种场景下的节点数量可以从几个到几万个不等。

3）大数据场景

伴随着互联网技术及人工智能的发展，各种基于海量用户/数据/终端的大数据分析及人工智能业务模式不断涌现，针对数据的存储和处理，需要充分考虑数据的可用性和安全性。

为了解决海量数据的存储或处理，需要设计高效稳定的数据存储方案，同时对存储设备提出了大容量、高读写性能、高可靠性、低延时及可扩展性等需求。针对这样大规模视频数据应用场景，就需要一个技术先进、性能优越的存储系统作为后端数据存储的支撑。分布的存储系统很好地解决了对存储空间的统一管理，能够提供高效的数据检索能力、较好的吞吐性能和高度的可靠性，是海量数据存储极佳的解决方案。

3.3.2　分布式技术分类

按照资源或服务的不同，分布式系统可以分为如下几种。

1. 分布式计算

分布式计算是一种与集中式计算相对的计算方法。随着计算技术的进步，某些应用需要庞大的计算能力，如果采用集中式计算，将会消耗大量时间。而分布式计算将这种应用分解成小部分，分配给多台计算机进行处理。这些计算机可以通过网络连接起来，共享信息，进行同时运算，最终得到一个或多个任务的结果。这样做可以节约整体计算时间，大大提高计算效率。

分布式计算机系统是由多个软件组件组成的，这些软件组件位于多台计算机上，但以单个系统的形式运行。分布式系统中的计算机可以通过局域网连接而物理上靠近，也可以通过广域网连接而地理上相距遥远。分布式计算系统可以包括不同数量和类型的计算机配置，例如大型机、个人计算机、工作站和小型计算机等。分布式计算的目标是使这样的网络能够像单台计算机一样工作。

分布式计算面临的主要问题是如何将一个需要巨大计算量的任务分配给这些计算机节点，并将它们的计算结果综合起来得到最终的结果。根据任务分配和节点组成的方式，分布式计算可以细分为网格计算和并行计算两种。

1）网格计算

网格计算是将分布式计算机系统中的资源和计算能力组织起来，形成一个虚拟的计算机网络。在网格计算中，任务被分割成小的子任务，并通过分布式调度系统分配给不同的计算节点进行计算。每个计算节点独立运行子任务，并将计算结果反馈给调度系统。调度系统将这些计算结果综合，得到最终的结果。通过网格计算，可以充分利用分布式计算系统中各个节点的计算能力，提高整体计算效率。

网格计算具有以下特点。

（1）稀有资源可以共享。

（2）通过负载均衡可以实现对多个节点性能的最佳利用。

（3）可以把程序放在最适合运行它的计算机上。

网格计算是一种新型的计算模式，它的核心思想是共享稀有资源和平衡负载。如果我们说某项工作是通过网格计算完成的，那么意味着不仅是一台计算机参与了这项工作，而是一个由多台计算机组成的计算机网络。这种方式具有很强的数据处理能力，可以使计算任务能够更快、更高效地完成。

网格计算的实质是将多台计算机的资源组合起来使用，并确保系统的安全性。通过网格计算，可以将计算任务分配给不同的计算节点进行处理，从而实现负载的平衡，提高整个系统的运行效率。同时，网格计算还可以将分散的计算资源进行共享，使得这些稀有资源能够被充分利用，提高计算效果，通过组合与共享资源，确保系统安全，提高数据处理能力。

2）并行计算

并行计算是将分布式计算机系统中的计算节点组成一个并行计算集群，同时进行计算任务。在并行计算中，任务被分为多个子任务，并分配给不同的计算节点并行处理。每个计算节点独立运行自己的子任务，并将计算结果反馈给主控节点。主控节点负责将这些计算结果整合起来得到最终的结果。通过并行计算，可以将计算任务分解成多个并行的子任务，以提高计算速度和效率。并行计算研究的主要问题是对任务进行分析，将任务进行"并行化"设计，通过并行实现技术，完成并行计算任务。

并行计算是一种有效的方法，它可以提高计算机系统的计算速度和处理能力。它使用多个处理器来同时进行计算。比如在一个并行计算集群中，数据的处理被分配给多个处理器进行处理，然后将处理的结果返回给用户。这种方式可以更快地完成复杂的计算任务，提高计算效率，极大地提高了计算机的性能。

并行计算有以下特征。

（1）将工作分离成离散部分，有助于同时解决。

（2）随时并及时地执行多个程序指令。

（3）通过分解任务并组合处理结果，极大减少任务计算时间。

2. 分布式存储

分布式存储技术能够满足海量数据的存储需求，提供统一管理和访问的功能。分布式存储技术具有高扩展性、高可靠性、高性能和灵活性等优势。当用户需要存储或获取数据时，系统会自动将数据分散存储在不同的服务器上，这样可以避免单点故障和数据丢失的问题。它将数据拆分到多个物理服务器进行存储，并且通常跨越多个数据中心。它通常采用存储单元集群的形式，具有集群节点之间的数据同步和协调机制。此外，分布式存储技术还可以根据数据的使用频率和重要程度进行动态调整，以优化存储和访问性能。

1）分布式存储系统的特点

（1）可扩展性。分布式存储的主要动机是水平扩展，通过向集群添加更多存储节点来增加更多存储空间。分布式存储系统可以使用标准服务器，这使得存储成为一种软件应用程序，就像数据库、操作系统、虚拟化和所有其他应用程序一样，不再需要专门的模块来处理存储功能。使用标准服务器运行存储是一项重大突破——这意味着如果想要改变存储空间，只需将服务器接入存储网络，能够线性增加容量和性能。这也意味着用户可以拥有兼作存储和计算节点的超融合基础设施。

（2）冗余。分布式存储系统可以存储多个相同数据的副本，用于高可用性、备份和灾难恢复目的。即使分布式存储集群中的一个或多个节点出现故障，也能保持数据的可用性。同时，在集群节点之间分配数据并使客户端能够从多个节点无缝检索数据。跨多个集群节点复制相同数据项能够在客户端更新数据时保持数据一致性。

（3）低成本。使用分布式存储，甚至可以把基础设施成本降低达 90%，之所以如此，是因为分布式存储不再仅是存储——它对整个超融合系统产生积极影响，可以使用更便宜的标准服务器、驱动器和网络，且融合了存储和计算资源，从而提高了这些标准服务器的利用率。因此，数据中心需要更少的电力、冷却、空间等。管理分布式存储系统更简单，这意味着运行 IT 基础架构所需的人员更少。

（4）高性能。在分布式存储系统中，任何服务器都有 CPU、RAM、驱动器和网络接口，它们都表现为一组资源池。因此，每次添加服务器时，都会增加总资源池，从而提高整个系统的速度。在某些情况下，分布式存储可以提供比单个服务器更好的性能，例如，它可以将数据存储在更靠近消费者的地方，或者支持对大文件的大规模并行访问。

2）不同形式下的分布式存储系统

（1）按照架构分布式存储系统可以分为如下三种。

① 开放系统直连存储（DAS）

DAS 是将外部存储设备通过 SCSI（Small Computer System Interface，小型计算机系统接口）或 FC（Fibre Channel，光纤信道）接口直接连接服务器主机。通常，这种存储系统会用在对数据 I/O 读写要求不高的场景下，数据 I/O 和管理更多地依赖主机的操作系统（图 3-4）。

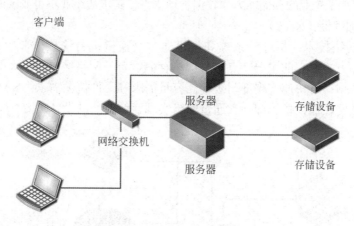

图 3-4　开放系统直连存储拓扑

开放系统直连存储也有缺点。一台服务器拥有的 SCSI 或 FC 接口是有限制的，也就是说，服务器主机可以连接的设备数量是有限制的，并且随着存储硬盘空间越来越人，阵列的硬盘数量越来越多，SCSI 或 FC 接口通道将会成为 I/O 瓶颈。另外，这种存储方式在管理性、扩展性上都有可能跟不上计算机的发展趋势，例如，服务器/计算机仅配备固定容量的 DAS 存储，如果容量不足、存储空间太小，就很难从内部进行弹性扩展，如果 SCSI 或 FC 接口的使用量已经达到上限，也很难从外部进行扩展；而如果一开始设置的存储空间太大，则会导致资源浪费。

② 存储区域网络（SAN）

SAN 是一种网状通道（FC）技术，它弥补了 DAS 在架构上的不足，通过 FC 交换机对存储阵列和服务器主机进行连接，建立数据存储的区域网络（图 3-5）。

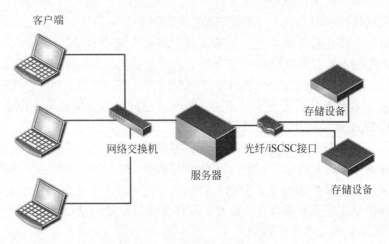

图3-5　存储区域网络拓扑

　　SAN的这种专用的网络架构可以提供更高的数据传输速度和更低的延迟，从而提升了系统的性能和响应速度。SAN还具有数据冗余和容灾备份的功能，可以确保数据的安全性和可靠性。当一个存储设备故障时，SAN可以自动切换到备用设备，保证业务的连续性。此外，SAN还支持对存储设备进行集中管理和监控，提供了更高的管理效率和可用性。总之，SAN的出现极大地提高了企业的存储能力和数据管理水平，是现代企业不可或缺的重要技术。

　　③ 网络附加存储（NAS）

　　NAS使用网络技术，将存储系统和主机通过交换机进行连接，形成存储专用网络，是一种文件存储方式。它的主要特点是集成了存储设备、网络接口和以太网技术，通过以太网直接访问数据，可快速实现部门级存储容量需求和文件传输需求。NAS可以简单地理解为方便的局域网存储设备，即一种通过网络实现存储目的的设备（图3-6）。

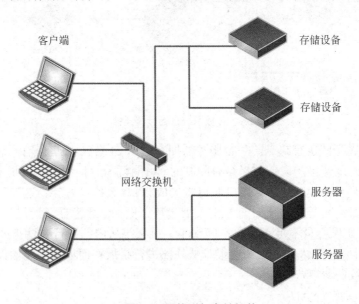

图3-6　网络附加存储拓扑

　　与DAS和SAN相比，NAS网络存储具有更高的独立性和良好的兼容性。它不仅拥有自己的操作系统，而且无须修改就可以在 UNIX / Windows 混合网络中使用。它兼容各种操作系统，并且具有良好的灵活性。

（2）按照存储协议分布式存储系统分为以下三种。

① 分布式块存储

分布式块存储是指在一个磁盘阵列中提供固定大小的块作为逻辑单元号的卷。块存储通常是指磁盘阵列、硬盘或虚拟硬盘。分布式块存储的使用方式与普通硬盘相同，但它提供了更高性能的替代方案。它可以作为物理机和虚拟机的长期存储设备使用。典型的分布式块存储方式有直接连接存储和存储区域网络。

② 分布式文件存储

分布式文件存储是将分布式技术与文件系统结合起来的存储形式。分布式文件系统允许将文件分布在多台机器上。用户可以像使用标准文件系统一样对文件进行创建、移动、删除和读写等操作。分布式文件系统的内部组织结构不再负责管理本地磁盘，而是通过网络传输到远端系统上。典型的分布式文件存储系统由分布式文件系统、分布式锁机制和分布式通信机制组成。

③ 对象存储

对象存储（Object Storage）是在 2006 年亚马逊推出 S3（Simple Storage Service）时提出的，此后各厂商推出各种产品，形态各异，但从应用场景上理解都大致相同。数据被封装为对象，并通过唯一的 ID 或哈希值来标识。对象存储采用无层级结构的离散单元来存储数据，每个对象都存放在一个叫作桶的空间中，并且所有对象都处于同一级别，没有上下级关系。对象存储的元数据与文件存储类似，但对象存储强调的是扩展元数据。每个对象都有唯一的标识符，可以让服务器或用户检索对象，而不需要知道数据的物理地址。对象存储在自动化和简化云计算环境中的数据存储方面具有优势。

3. 分布式服务

顾名思义，分布式服务是采用分布式技术提供的服务，每一个服务都可能由多个服务节点组成，分布式服务具备单节点服务不能提供的高并发和高性能服务能力，同时提高服务的可用性和可靠性。一个典型的分布式服务平台架构如图 3-7 所示。

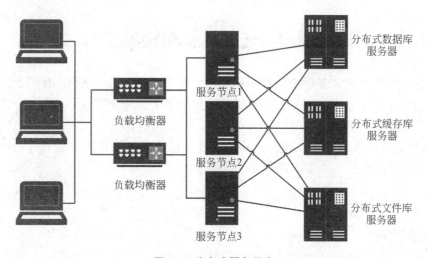

图 3-7　分布式服务平台

分布式服务平台不仅能够解决性能问题，还应该提供以下功能。

（1）保持服务在裸机、虚拟机和容器等节点部署时的一致性，且在服务节点或服务进程宕机时，能够有其他节点作为替补。

（2）能够进行服务编排和管理，支持对服务的持续集成和交付。

（3）服务能够更好地利用资源，具备更高的性能和更低网络延迟。

（4）保证服务的隔离性和安全性。

3.3.3　分布式技术与云计算

如前文所述，分布式技术是云计算的架构方式，而云计算是分布式技术的服务提供模式，要组成一个庞大的云计算平台，必然要有一个分布式系统的支持。当谈到云计算时，就必然离不开分布式技术。

如果说虚拟化是云计算的针对物理资源逻辑化的核心管理技术，那么分布式就是云计算将这些物理资源、逻辑资源、服务、应用等内容进行组织和架构的方式。一个云计算平台必然是分布式的，如果离开分布式技术，就无法对资源进行统一调度、对外提供统一服务，也无法保证云计算平台的高可用和高可靠性。

云计算是一种新的服务模式，它为分布式系统提供了更好的服务。通过云计算，用户可以轻松使用资源和服务，不需要关心这些资源是如何组织和调度的。云计算为分布式技术提供了更便捷、高效的服务模式。

3.3.4　分布式技术的发展趋势

今天的分布式技术已经由最早的数据共享需求发展到serverless（无服务）架构，它伴随着技术的发展与企业和个人的实际需求变化而演进。而随着云计算技术的发展，云服务简化了分布式系统开发的复杂性，让应用开发者只需关注开发，而把基础设施管理交给大型的云服务提供商。

最近的一两年，分布式技术更加不关心基础设施甚至软件架构，而将目光瞄准了更上层的服务、应用、数据，以分布式技术去组织服务和数据，成为未来行业发展的趋势。

3.4　云计算管理技术

云计算技术的发展，是虚拟化技术和分布式技术广泛应用的结果。现在，大部分从事信息技术的人对云计算都不感到陌生了。云计算技术是并行计算、分布式计算和网格计算的综合和发展，是一项变革性的技术。云计算是一个非常复杂的系统，对整个云平台进行敏捷高效的管理非常重要。云管理离不开监控、运维、部署等关键技术。

3.4　云计算管理技术

3.4.1　云计算管理技术概述

1. 概述与背景

云计算管理技术的主要目标是帮助用户更好地管理和控制云计算环境，确保系统的高效运作和服务的可靠性。在云计算平台管理方面，需要考虑以下几个方面的技术。

（1）资源管理和分配。云计算平台管理技术可以帮助用户统一管理以及分配硬件资源和软件资源，在需要时动态扩展。通过合理调度和分配资源，可以更好地满足用户对计算、存储和网络等资源的需求。

（2）监控和故障恢复。云计算平台需要实时监控各个服务器的运行状态和性能指标，并能够及时发现和恢复系统故障。监控技术可以帮助用户了解服务器资源的利用情况，及时发现问题并采取措施进行修复，提高系统的可靠性和性能稳定性。

（3）自动化管理。云计算管理技术通过自动化手段，如自动部署、自动配置和自动备份等，可以减少人工干预，提高管理效率，降低运维成本。自动化管理可以帮助用户更快地开通新业务和部署应用，提高系统的灵活性和响应速度。

（4）安全管理。云计算平台管理涉及大量的数据存储和传输，安全管理至关重要。云计算管理技术需要保障数据的机密性、完整性和可用性，采取一系列的安全措施，如数据加密、访问控制和防火墙等，提供可靠的安全保障。

云计算管理技术在实际应用中起着至关重要的作用，能够帮助用户更好地管理和控制云计算环境，提高系统的性能和可靠性。未来随着云计算的发展，云计算管理技术也将不断创新和提升，为用户提供更好的服务和体验。最近的十年间，从国外到国内，亚马逊、谷歌、IBM、微软、阿里、腾讯、华为都在推出自己的云计算平台，从公有云服务到私有云部署，以及最近几年的混合云模式，云计算可以说是爆炸性发展势头，为了满足这种发展势头下用户对云资源和服务的使用体验，也促成了云计算管理技术的急速发展。

2. 管理目标和技术特点

对于云计算平台的管理人员来说，最棘手的是无法跟踪或控制资源的状态。假设云计算管理人员在平台建设的初期没有进行完整的规划，没有制定可行且坚定执行的管理策略和权限控制，一旦对某个资源失去控制，这种情况将会在整个云平台中不受控制地快速增加，造成管理上的混乱，最终产生安全或使用问题。

云计算管理技术应达到以下三个目标。

（1）提供自助服务门户，帮助 IT 专业人员访问云资源、创建新资源、监控资源使用情况、监控资源费用、可灵活调整资源分配。

（2）基于完全自动化的工作流，保证运营团队无须人工干预即可管理云上资源实例。

（3）收集并分析平台及用户使用情况，提升云端工作负载和用户使用体验。

为了实现上述目标，云计算管理技术需要包括对资源的自动化配置调度、配置，制定并执行访问安全策略，对所有级别的管理对象进行监控，还要在管理的同时最大化减少时间、空间、金钱等成本的投入。云计算管理技术需要考虑云上的迁移，即制定迁移策略并确保数据和服务的可用性；云计算管理技术还要解决跨域、跨区、跨云用户的自助服务，以及资源编排和配置问题。

云计算管理平台要有一个统一的资源管理视图，以满足资源监控和服务需求。平台管理工具要能够实现对应用程序的全生命周期管理，并提供对资源及监控内容的定期审计。最后，云管理平台最好能够对第三方工具进行集成或调用，以减少在工具开发、使用方面的时间投入。

3.4.2 云计算管理技术构成

云计算管理技术包含监控运维管理、安全管理、自动化部署管理等方面。

1. 监控运维管理

1）云计算监控运维面临的挑战

监控和运维挑战是云计算平台管理人员面临的首要问题。在采用云计算技术之前，运维人员从未遇到过如此大规模的物理服务器、网络设备、存储设备、应用程序的同时运行，且云计算平台的一切资源都是虚拟化的，可以动态创建和销毁，这也就意味着运维人员不能像以往一样，认为云平台的内容是一成不变的。要改变静态管理的固有思维，主动迎接动态管理的挑战。和传统平台对比，云计算平台存在以下新特点和挑战。

（1）平台组成多源异构。云计算平台可能由不同厂商、不同类型的软件和硬件组合而成，这种多源异构平台在系统或软件兼容性上可能存在很多问题，这对运维人员是一个极大的挑战。

（2）需要满足海量数据需求。云计算平台，一般需要面对日益产生的海量数据，例如用户业务数据、系统运行日志、业务日志等，运维人员需要能够对这些海量数据进行监管和监控。

（3）对于虚拟资源的管理。在云计算平台中，计算、存储、网络资源分别是从服务器、存储设备、交换机/路由器等设备虚拟而来的，云环境下不仅需要管理物理设备，还需要管理虚拟化技术形成的逻辑虚拟设备；只有实现对虚拟设备的管理，才真正实现云集群服务器的网络运维管理。

（4）对安全的要求更高。云计算平台庞大且复杂，任何一个小的地方出现问题，都有可能带来安全问题。云计算平台所面临的安全挑战是前所未有的，云平台面临的恶意攻击也要比传统平台多很多，也存在更多的风险场景，因此，对云平台的安全运维要求更高。

总之，云计算监控运维管理非常重要且复杂，需要跟上现代分布式程序设计的步伐，随时调整监控运维策略，达到有效监控云平台的效果。只有通过科学的管理和监控手段，才能保证云计算平台的稳定运行和安全性。

2）如何做好云计算监控运维管理

云计算在监控运维管理中其所涵盖的范围非常广泛，运维人员需要对环境网络、软件、设备、日常操作和用户密码等多个方面进行管理。要做好云计算的监控和运维管理，一个功能完善、架构良好、指标清晰的监控运维系统必不可少，要能够立足于云端、以开展业务的视角，提供更加智能、自动化的运维管理范围。监控运维系统具备如下特点，方能够帮助监控运维人员更好地开展工作。

（1）良好的系统架构。要实现对一个庞大且复杂的对象进行监控和运维，要根据它的架构方式设计系统的架构。通过将多套系统进行集成，最大可能地让监控平台拥有工具和指标，实现对于超大系统细分项目的监控和运维；对于监控运维人员要有简单易懂的显示界面，且能够通过界面设置人员的权限、分组等内容。

（2）多平台、可扩展的系统。监控系统要能够支持对于多种硬件和软件资源的监控，能够实现对旧有设备和软件系统的监控，也能够方便地扩展监控新设备和新软件系统，云监控系统应具有更高的兼容性和更好的扩展性。

（3）清晰直观、可自定义的性能评估指标。要完成对云平台上各项运行指标的监控，首先要有一个直观且能够自定义的指标系统，能够对需要监控的资源、应用程序按照不同的类型和环境需要进行自定义配置，并能够清晰展示。

（4）基于云的运维服务。既然要对云进行运维，那么将对于运维系统的运维放在云端，将云计算IT运维服务的数据和应用程序集中到云端将减少运维人员大量的本地化工作。同时，基于云的IT运维管理服务模式不仅打破传统的本地运维的地域限制，还能及早发现故障隐患，从而可以建立起主动IT运维模式，减少运维总体工作量，降低运维成本。

（5）以开展业务的视角进行运维。通过从业务视角统一管理服务器、应用、网络状态，对业务及其下的软硬件资源进行高效的运维管理；在故障发生时，能够通过各种渠道获取告警通知，同时能够按照业务逻辑进行多层次管理，准确解决业务中出现的问题。

（6）更加智能化和自动化。随着云计算能力和规模的不断扩大，人工管理资源已经不再符合实际需求，因此对IT管理自动化能力提出了更高要求。运维系统要能够更加智能、自动化，能够从历史操作中积累运维经验，当事件发生或监控数据触发规则时，能够采用人工智能的方式进行决策，提供自动化解决方案并执行自动化运维流程，通过这一举措，减少运维人员的投入，以更加整合的方式管理运维信息。

（7）可视化的平台。云平台中，服务器、应用、数据、业务、网络等内容比传统平台要更加集中，一个页面中可能就有多种类型的资源或服务，只有通过综合的、可视化的展示界面，才能实时掌握云平台的整体架构和综合状况，实时观察到云上业务和资源的运行情况及实时性能。

2. 安全管理

1）云计算面临的安全挑战

虽然最近这些年，云计算厂商对其安全技术进行了提升并增强了网络层安全策略，但云安全漏洞事件仍会发生。云计算系统的计算资源使用方式和管理方式的变化，带来了新的安全风险和威胁。

（1）对管理员而言主要存在的风险和威胁。

① 虚拟管理层成为新的高危区域。云计算系统通过虚拟化技术为大量用户提供计算资源，虚拟管理层成为新增的高危区域。

② 恶意用户难以被追踪和隔离。资源按需自助分配使得恶意用户更易于在云计算系统中发起恶意攻击，并且难以对恶意用户进行追踪和隔离。

③ 云计算的开放性使云计算系统更容易受到外部攻击。用户通过网络接入云计算系统，开放的接口使得云计算系统更易于受到来自外部网络的攻击。

（2）对最终用户而言主要存在的风险和威胁。

① 数据存放在云端无法控制的风险。计算资源和数据完全由云计算服务提供商控制和管理，在数据层面存在云计算提供商管理员非法侵入用户系统的风险；释放计算资源或存储空间后，数据能否完全销毁的风险；以及数据处理存在法律、法规遵从风险。

② 资源多租户共享带来的数据泄露与攻击风险。多租户共享计算资源，存在的风险包括由于隔离措施不当造成的用户数据泄露风险；遭受处在相同物理环境下的恶意用户攻击的风险。

③ 网络接口开放性的安全风险。云计算环境下，用户通过网络操作和管理计算资源，鉴于网络接口的开放性，带来的风险也随之升高。

2）如何做好云安全管理

（1）尽可能地隔离。云基础设施提供商在建立云计算管理平台时，就尽可能对租户与租户之间进行隔离，这样即使某个租户的资源发生安全事件或被网络攻击，也不会传播到平台的其他租户。既要做到客户机操作系统和物理资源之间进行隔离，也要对逻辑层的资源、数据等内容进行充分隔离。

（2）增强API访问保护。为了减少开放API带来的安全风险，需要对API的访问和使用增加一层安全措施，例如只有经过授权的用户，方可进行接口访问操作。

（3）引入严格的身份验证机制。云计算服务提供商引入严格的身份验证机制是确保数据安全的必要措施，相应的安全措施和培训能够帮助企业用户更好地保护自己的数据，避免数据被窃取或篡改。

（4）强化管理和安全监管。增强对云计算管理平台的人员风险和运营管理的安全监管，云计算服务商应从内部对人员进行监管和教育，对企业全体员工进行法律法规教育，同时对云计算服务提供商内部进行安全监管。

（5）健全和完善信息安全法律规章。推动并加强立法讨论，逐步完善和健全数据安全管理法律和规章，保障用户信息安全。

（6）建立统一的云计算服务标准和框架。在云计算提供商之间，建立统一的服务标准和服务框架，减少不同厂商之间因数据标准和交互带来的安全风险。

3. 自动化部署管理

1）云计算自动化部署面临的挑战

近些年，Jenkins、Cobbler、Ansible等自动化部署工具逐步普及，极大减轻了系统部署、集成及维护人员的工作量，面向复杂系统时，通过多种工具的组合使用，也能够取得不错的部署效果，云计算平台诞生之初就已经利用自动化工具完成部署工作，但仍面临比普通平台更多的挑战。

（1）资源数量多，出错概率大。云平台的资源数量往往非常庞大，而云平台又是个分布式系统，一旦有内容没有部署成功，就会影响整个分布式系统的使用，部署内容的繁多，使云平台部署时经常出错。

（2）异构平台部署难度大。对于异构云平台，如果在部署方案的兼容性方面考虑不足，往往会带来很多问题。异构资源的类型不同，使用的部署工具、软件版本都可能有较大区别，甚至会出现相互冲突，面向异构平台的部署难度也就更大。

（3）部署流程长，维护困难。云平台涉及物理资源层、平台层、应用层等多个层面的部署，每一层部署时，都还涉及众多类型的资源和软件，因此，在部署出错时的排查难度也要更加困难。平台部署完成后，还要做好自动化部署日志的管理，否则一旦发生内容缺少等错误，将会很难排查。

2）如何做好自动化部署管理

（1）尽可能地提前规划。云平台涉及的物理资源、平台软件及应用软件无论是数量还是种类都非常庞大和复杂，自动化部署必须要尽可能地考虑所有资源及软件的型号，对于异构型平台，还要考虑兼容性，梳理云计算平台涉及的方方面面资源、软件和围绕平台的管理服务非常重要，要尽可能地提前进行规划。

（2）增强容错处理机制。云平台部署涉及内容广泛，部分部署流程较长，为了避免自动化部署时出现错误进入不可预判状态，必须要做好部署工作的容错机制，已完成的工作能够回滚，针对各类错误有准确的处理方法，尽可能详细地记录部署过程和部署指令。

（3）充分利用软件或硬件厂商提供的工具。很多软件或硬件厂商都能够针对自身产品提供自动化解决方案，在进行自动化部署时，使用这些厂商工具，能够更好地适配产品，减少部署出错概率。

（4）利用云部署云。目前形势下，云平台的管理工具软件数量要远超过非云平台，在对云平台进行部署时，应尽可能使用云平台已有资源，利用云部署云，利用云管理云，能够使得自动化部署管理更加高效。

3.4.3　云计算管理未来发展趋势

云计算管理技术是基于云、用于云的，因此，它的发展趋势与云计算本身的发展趋势具有一致性；同时，它们又有各自的特点。

未来的云计算管理技术会向着持续交付、云原生、容器化方向发展，会逐渐从原来的资源云化转变成业务云化，完成从云应用向云原生应用的转变，不需要考虑太多对底层资源的适配或操作，以更加合理的方式进行微服务应用设计和实现，也将更加方便地进行镜像操作，利用容器技术更加快速方便地部署云计算管理系统。

3.5　云原生技术

3.5.1　云原生技术概述

1. 云原生技术的定义

3.5　云原生技术

云原生（Cloud Native）概念是由 Pivotal 公司首次提出的，由 Pivotal 公司研发的 Cloud Foundry 平台是非常流行的云原生平台。在 2015 年，Pivotal 公司的 Matt Stine 在《迁移到云原生应用架构》一书中讨论了云原生架构产生的动机，并且提出了云原生架构的独特特征，包括 12 种因素的云原生应用设计模式、微服务、自服务敏捷基础设施、基于 API 的协作、抗脆弱性。2017 年，Pivotal 公司在其官网上将云原生技术定义为 DevOps、持续交付、微服务和容器这四大特征，这四大特征也成为云计算领域对云原生技术的基础印象。

在 2015 年，由 Google 公司和 Linux 基金会合作创建了云原生计算基金会（CNCF）。CNCF 致力于云原生架构应用的推广和普及工作，并培育和维护了一个开源云原生生态。起初 CNCF 定义的云原生技术主要包含了应用容器化、微服务架构和支持容器编排调度的应用三个方面。

随着云原生技术的不断发展，CNCF 起初对云原生的定义严重限制了云原生生态的发展，也不利于CNCF对所管理的开源项目的推广。因此，在2018年6月，CNCF给出了云原生定义V1.0（CNCF Cloud Native Definition V1.0）："云原生技术有利于各组织在公有云、私有云和混合云等新型动态环境中，构建和运行可弹性扩展的应用。云原生的代表技术包括容器、服务网格、微服务、不可变基础设施和声明式API。这些技术能够构建容错性好、易于管理和便于观察的松耦合系统。结合可靠的自动化手段，云原生技术使工程师能够轻松地对系统作出频繁和可预测的重大变更。"

从CNCF的云原生定义V1.0可以看出，在最初的云原生定义之上，新增了服务网格和声明式API，而且提到了需要依靠可靠的自动化手段。这些都为建立一个开源的、标准一致的云原生生态奠定了基础，这也是CNCF成立之初的宗旨之一。

2. 云原生架构的设计理念

根据CNCF最新的云原生定义，云原生技术主要包括容器、微服务架构、服务网格、不可变基础设施、声明式API、DevOps等重要设计理念。

1）容器：服务和应用最佳的载体

容器技术在产生之初，主要使用的是Namespace、Cgroups和UnionFS三项Linux操作系统的原有技术。其中Namespace主要用于资源隔离，解决进程可以用什么资源的问题；Cgroups技术主要用于资源控制，解决进程可以用多少资源的问题；UnionFS技术主要用于将其他文件系统联合挂载到一个挂载点的文件系统服务，解决了容器内部文件系统的写时复制特性。Docker容器因为其优秀的设计架构和丰富的生态，是目前最流行的容器运行时之一。

容器技术提供了一种服务和应用的打包方式。通过容器技术，可以将服务和应用运行所需要的依赖环境、依赖软件整体打包到容器镜像中。基于容器镜像启动服务和应用时，只需要传递必要的启动参数，就可以快速启动服务和应用。而且容器技术支持跨平台运行，拥有比虚拟机更高的运行效率和启动速度，因此成为云原生架构中微服务的最佳载体，也成为不可变基础设施的最佳实现方式。

2）微服务架构：服务之间高内聚低耦合交互的实现方式

微服务架构的理念提出后，各研究机构和互联网厂商都在该研究方向上提出了自己的微服务架构，并且将微服务架构应用到不同的领域，像华为的ServiceComb、Pivotal公司的Spring Cloud、阿里巴巴的Spring Cloud Alibaba等。目前各类微服务架构的性能、适用性和复杂性方面都各有特色，可以根据不同的应用场景选择不同的微服务架构。

微服务架构是了一种应用的构建方式。微服务架构将复杂应用拆分成多个可以独立开发、独立运行、独立部署的微服务，并且微服务之间通过HTTP/HTTPS、RestFulAPI、Websocket、AMQP等标准通信协议进行通信，实现了微服务与微服务之间"高内聚低耦合"的交互基础。与传统应用构建架构相比，微服务架构不要求整个应用使用相同的技术栈，每个微服务都可以独立开发、运行和部署，实现了系统解耦合持续集成，有清晰的服务边界，具备非常好的横向和纵向扩展能力，可以更灵活、更快速地响应业务需求。

3）服务网格：服务间通信的网络基础设施

服务网格是为了解决云原生架构发展过程中的服务治理、功能抽象等问题而产生的解决方案。服务网格是高性能轻量级的网络代理服务，提供了快速、可靠、安全的服务间通信基础设施。服务网格接收各类微服务、应用的请求，然后完成服务发现、匹配、负载均衡、请求转发等一系列后续操作。

服务网格主要的功能包括流量控制、请求分发策略、网络安全和可观测性。流量控制功能不仅可以实现对网络流量速率的控制，而且可以实现智能路由、超时重试、故障注入等各种控制能力；请求分发策略功能提供了请求的配额、黑白名单等控制策略；网络安全功能提供了权限认证、权限控制、通信加密等能力；可观测性不仅体现在各类监控数据的可视化界面上，而且对服务网格内的通信信息形成包括日志、告警、阈值数据等完整的监控追踪能力。

4）不可变基础设施：服务快速弹性伸缩和迁移的保障

传统的应用服务支撑基础设施，包括物理服务器、虚拟机等，在修改 bug、更新版本、调整配置等过程中，都需要管理员登录已有的基础设施，并完成以上操作。但是这种传统的可变基础设施的应用服务支撑架构中，基础设施之间不能保持一致性，且基础设施数量庞大的话，正确地修改和更新每一个基础设施将是一项非常困难的工作。因此，不可变基础设施的应用服务支撑架构应运而生，为复杂应用运行环境提供了更高的一致性和可靠性，为应用运行环境的修改和更新提供了一种更简单、快捷和结果可预测的方法。

基于不可变基础设施的理念，应用服务的支撑基础设施在启动之后，将不能更改配置、代码，如果想要对应用服务更新代码和修改 bug，需要对基础设施进行整体替换。这样保证了相同应用服务支撑基础设施的一致性，而在更新基础设施时，只需要整体替换旧基础设施，不需要进行复杂的基础设施内的操作。

不可变基础设施架构需要使用多种技术的配合实现，首先，通过容器技术提供了应用服务的运行支撑环境；其次，通过代码仓库和容器镜像仓库提供了更新代码、配置的快速注入和打包镜像机制；最后，配套持续集成技术，自动化地完成代码更新和基础设施的整体替换过程。同时，为了保证基础设施的无状态性，需要做到代码与数据分离，当新基础设施启动后，需要访问原来的业务数据，保持应用业务的不间断服务。

5）声明式 API：系统更加健壮的 API 方式

声明式 API 是相对于命令式 API 而言的更高级的 API 组织方式。命令式 API 会给计算机发出一系列指令，完成一系列的步骤，最终达到目标；而声明式 API 根据当前的状态，实时调整操作动作，最终达到目标。例如，启动一个用容器支撑的 Nginx 服务。命令式 API 会给计算机依次下发下载 Nginx 容器镜像、启动 Nginx 容器实例的指令，但是在执行这些指令的过程中可能会遇到各种问题，例如计算机没有容器环境、下载容器镜像失败、容器实例启动失败等，这些错误都需要用户去识别和解决，增加了系统出错的风险。而声明式 API 则直接将目标描述为"启动一个 Nginx 服务容器"，对于在启动 Nginx 容器过程中遇到的错误，都由云原生系统负责解决和处理，使系统更加友好，也更加健壮。

目前主流的容器编排系统 Kubernetes 采用的 API 就是声明式 API，在创建 Kubernetes 资源时，所有的资源都是基于 YAML 文件进行描述，并将 YAML 描述文件下发给 Kubernetes 系统，由 Kubernetes 系统完成具体的资源创建和更新操作，并解决在这个过程中出现的各种错误，用户最终得到的是在 YAML 文件中对所需要达到目标的描述。

6）DevOps：软件开发运营新模式

DevOps 是 Development 和 Operation 的总称。顾名思义，DevOps 涉及了软件设计开发和运营维护的整个过程，通过软件设计开发与运营维护的一体化管理，打破软件开发与运

营的屏障，让软件研发和运营团队从业务需求出发，更快、更好地响应业务需求。

DevOps是一套支撑软件设计、研发、测试、上线、运维等过程的方法论，通过这套方法论，在软件设计到上线运维过程中的每一个需求都能快速地被解决。团队的各岗位人员借助DevOps工具，可以保持沟通、密切合作，加快软件的构建、测试和发布过程，保障开发软件的稳定可靠。

3. 云原生技术的优缺点

云原生技术产生之初，就是为了解决云计算技术发展过程中出现的各种问题，因此它的优点如下。

（1）提供了应用程序快速开发、测试、发布的方法，且让软件研发团队可以持续更新应用功能。

（2）基于容器技术，能够更快捷地完成双向扩展，从而支撑更大规模的应用负载。

（3）基于不可变基础设施，应用的运营不需要考虑底层硬件的差异，降低了运维成本，减少了运营、运维管理工作量。

（4）微服务、服务网格和声明式API技术，提供了容错能力、故障隔离能力和自动恢复能力，使应用更加安全和健壮。

但是，云原生技术发展至今，由于其自身的架构原因，也存在诸多挑战。

（1）传统应用和服务改造成为云原生服务的成本非常大，阻碍了云原生技术的推广和应用。

（2）云原生应用在运行过程虽然有较多的容错和排错机制，但因微服务架构的复杂性，一旦出现的问题系统无法自动解决，运维人员的排错和解决错误的工作量将非常大。

因此，云原生技术既有优点也有缺点。但从长远来看，云原生技术作为一项先进的技术，必将拥有更广阔的应用空间和更优秀的推广价值。

3.5.2　云原生技术分类

CNCF自2016年开始，每年都会在CNCF年度报告中发布CNCF Landscape。CNCF Landscape是CNCF的一个非常重要的项目，包括了路线图和全景图。其中路线图给出了云原生技术在实际应用过程中的10个最佳实践流程，而全景图则给出了10个实践流程中可以使用的具体产品和软件。

CNCF Landscape路线图包括容器化（Containerization）、持续集成与持续交付（CI/CD）、编排和应用定义（Orchestration & Application Definition）、监控和分析（Observability & Analysis）、服务代理、发现和网格（Service Proxy、Discovery、Mesh）、网络和策略（Networking & Policy）、分布式数据库和存储（Distributed Database & Storage）、流和消息处理（Streaming & Messaging）、容器镜像库和运行时（Container Resistry & Runtime）、软件发布（Software Distribution），每一个步骤都有一系列可选用的技术和产品支撑。下面将依次介绍支撑这10个步骤的技术和产品。

1. 容器化技术

在3.1.2小节中介绍了容器化技术属于操作系统级虚拟化技术。作为服务和应用最佳的载体，容器可以打包代码及其代码运行所需的依赖项，以便服务和应用程序能够从一个计算环境快速、可靠地运行在另一个计算环境中。目前应用最广泛、社区热度最高的容器化技术是Docker。

Docker容器化技术主要涉及容器实例、容器镜像和镜像仓库技术，提供了标准、安全、轻量级的容器引擎。Docker容器技术架构如图3-8所示。

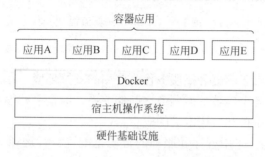

图3-8 Docker容器技术架构

通过容器技术架构图可以看出，Docker是运行在操作系统之上，这与虚拟机技术有本质的区别。同一台宿主机的Docker容器实例之间共享操作系统内核，这使得容器占用的系统资源要比虚拟机少，可以处理更多应用程序。容器的轻量、启动快等特点，决定了容器技术特别适合作为云原生的微服务载体；而容器对代码和运行环境的封装特点，使容器能够便捷地跨平台迁移运行，因此特别适合作为云原生的不可变基础设施理念。因此，容器技术成为云原生实施路线图中首个需要考虑的技术。

2. 持续集成与持续交付

持续集成与持续交付（CI/CD）是一种通过将自动化引入应用开发阶段来频繁向客户交付应用的方法。CI/CD的主要概念是持续集成、持续交付和持续部署。

在现代应用程序开发过程中，让多个开发人员并行开发同一应用程序的不同功能是提高开发效率的常用方式。持续集成（CI）可帮助开发人员更频繁地将最新的代码集成、测试和发布。当开发人员对应用程序更改后，将通过自动生成应用服务并运行不同级别的自动化测试（包括单元测试和集成测试）来验证这些更改，以确保新的更改不会破坏原有的功能。如果自动化测试工具发现新代码和原有代码之间存在冲突，通过CI工具可以更快速、准确地修改这些冲突。

在持续集成自动执行单元和集成测试后，持续交付（CD）会自动将经过验证的代码发布到代码仓库中，并且将最新的代码版本自动发布到不同的环境中（包括测试环境、生产环境等），从而完成持续交付的功能。通常依赖持续交付的功能，开发人员在更改完代码后的几分钟内即可在生产环境中生效，使得用户可以快速完成新功能体验和反馈。图3-9显示了CI/CD的主要流程。

CI/CD实践过程中常用的工具主要包括：①Gitlab——优秀的开源代码版本管理软件；②Jenkins——开源持续集成工具；③Docker——支撑应用服务运行的容器化技术；④Ansible——自动化配置、部署工具。在CNCF的全景图中，还列举了大量的开源软件可以支撑CI/CD。

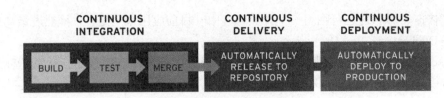

图3-9 CI/CD的主要流程

3. 编排和应用定义

云原生应用通常依赖于容器和微服务作为应用的支撑环境。在云原生架构下，虽然可以使用手动的方式管理各个容器、微服务之间的关系，但是手动很难完成如此复杂的应用程序管理，因此引入了编排和应用定义的概念。

编排是计算机系统、应用程序和服务的自动化配置、管理和运维。编排可以帮助IT团队更轻松地管理复杂任务和工作流。通过将编排技术与应用定义的结合，实现应用或服务的编排，可以自动化地协调、管理应用和服务之间的调用关系和通信请求，减少手动操作，提高系统效率。

应用编排的优势如下。

（1）节省时间和成本。将繁杂、重复的任务分配给计算机完成，减少手动执行这些任务所需的时间。

（2）减少人为错误。在完成固定流程或特定任务时，通过计算机执行任务会减少人为错误，保证应用程序良好运行状态。

（3）改进整体体验。不管是应用开发人员还是最终用户，都可以使用应用编排来改进开发和使用体验。

（4）形成标准化工作流。自动化编排和应用定义，形成了标准化的工作流，有利于明确任务的过程和目标，有助于提高效率。

目前，Kubernetes是应用最广泛的应用编排工具，将在5.1节详细讲解Kubernetes的概念和架构，并且在7.3节体验使用虚拟机搭建Kubernetes集群的实验。此外，Helm Charts也是常用的应用编排工具，且常应用于Kubernetes集群上运行的应用。

4. 监控和分析

在传统云平台中，由于需要使用监控系统完成对应用负载的监控和分析，进而完成资源弹性伸缩的决策，因此监控和分析功能是非常重要的基础功能。而在倡导自动化研发、测试、部署、服务的云原生架构中，监控和分析功能尤为重要。

通过监控和分析系统，能够帮助开发、运维人员快速定位问题并解决，可以将系统将要发生的问题进行提示和告警。通过将监控、分析系统贯穿于云原生架构的各个环节，可以增强系统的健壮性，减少系统问题的产生。

在云原生架构中，监控和分析应达到以下效果。

（1）监控数据趋势分析。通过长期收集的历史监控数据，分析系统当前及未来状态。

（2）告警。根据预设的告警阈值，完成多种途径的告警，实现对系统故障的快速处理或对系统资源的快速弹性伸缩。

（3）故障分析与定位。通过监控数据，可以迅速查找故障问题和故障点，有助于技术热暖的故障发现及处理。

（4）数据可视化。通过监控、分析系统获取和处理的数据，可以针对不同对象生成定制化的监控分析仪表盘。

目前用于云原生系统监控和分析的工具，在CNCF给出的全景图中有非常多。例如，可以使用ELK工具收集、分析、检索、展示日志数据；通过Prometheus工具收集、分析、分类存储监控数据；通过Jaeger工具完成监控复杂分布式系统中的事务并排除故障。

5. 服务代理、发现和网格

云原生架构下，应用和服务通过多个微服务支撑，微服务之间的调用关系非常复杂。根据前面章节的学习，微服务之间的通信一般使用API完成，这使得微服务的API地址管理也变得非常复杂。如果使用传统的方式管理微服务，一旦微服务的地址和运行时发生改变，需要人工修改对应微服务的API地址，在大规模微服务同时运行的场景下，基本是人工无法完成的操作。因此，需要通过服务代理、服务发现和服务网格等服务治理的功能来完成服务的自动化管理。

（1）服务代理：微服务之间通过服务代理进行相互通信，服务代理不仅完成流量转发和流量重定向的功能，而且会收集流量信息，主动完成流量分配、负载均衡、加密传输、信息缓存甚至是捕获风险信息，主动拦截终端存在危险或越权的流量转发。

（2）服务发现：持续追踪构成服务的各个微服务，确保微服务实例启动后可以被找到，并合并到微服务组合中。云原生架构的各个微服务是动态更新的，而且容器化的应用程序在整个生命周期中可能会被多次停止、更新和启动。当微服务被更新时，它会有一个新的地址，这就需要服务发现引擎动态更新和识别微服务的信息，确保微服务可以被找到并使用。

（3）服务网格：3.4.1小节讲到了服务网格是服务间通信的网络基础设施。通过服务网格可以在所有微服务中统一添加可靠的、可观测的和安全的服务网络管理功能，来完成对服务网络的详细洞察和问题诊断。

6. 网络和策略

云原生架构能够支持从微小规模到超大规模的应用程序或服务，所以对微服务直接的网络连接方式以及网络控制策略提出了更灵活的要求。为了能够更好地适配不同场景下的云原生架构，CNCF推荐使用CNI（Container Network Interface）兼容的网络解决方案，像Calico、Weave Net、Flannel等。

7. 分布式数据库和存储

在数据呈指数型增长、非结构化数据占比越来越高的背景下，数据生产、存储和处理的实时性、智能性和扩展性要求也越来越高，而且提出了离线、在线一体化处理需求。传统的计算存储架构下，计算和存储是紧密耦合在一起的，但这种存算架构已经无法满足当前的需求。

分布式数据库和存储架构，能够将数据与底层的云原生技术设施分离，实现了灵活、及时的资源伸缩，能够更快速响应数据读写的负载变化，不仅提高了系统的负载能力，也降低了访问低谷期的资源成本。而且，分布式数据库和存储系统集成了云原生架构的微服务特性，服务与服务之间是相互独立的，更新部分微服务不会影响整个存储系统的运行，提高了系统的容错性和稳定性。

8. 流和消息处理

在云原生架构下，微服务之间的通信不仅有实时通信，而且有非常多的异步通信或事件驱动的通信方式。如何构建高效、可扩展、事件驱动的通信方式将是云原生架构中服务间通信的重要目标。目前在云原生消息传递服务中，"发布/订阅"方式应用较为广泛。首先按消息主题创建不同的通道，消息生产者将不同主题的消息发送至不同的通道，消息消费者订阅不同通道的消息，从而获取不同主题的消息。

采用"发布/订阅"方式的消息传递，不仅支持一对多、多对一的异步通信，而且可以将消息或事件广播给所有消息消费者，减少了消息生产者依次发送消息的工作负担。不同于RestFul API传递消息时需要明确消息发送者和接收者的详细地址和信息，"发布/订阅"的消息传递不需要关注发送者和接收者的信息，实现了松耦合、可扩展的消息传递机制，这也非常符合云原生中微服务架构的核心设计理念。

常见的云原生消息传递协议包括AMQP、MQTT、STOMP等。常用的消息传递工具包括RabbitMQ、Kafka等。

9. 容器镜像库和运行时

要想更加优雅地使用容器，那么必须在容器实例、容器镜像之间增加一层容器镜像库。容器镜像库的使用可以让容器镜像与容器实例之间解耦，方便容器可以在大规模分布式环境下使用，而不需要考虑某一个节点上是否存在某一具体的镜像。

Docker自带的容器镜像库叫Registry，但是Registry的使用并不方便，且没有可视化的操作界面，因此用户操作起来需要精通Registry的命令。而VMware公司提供了开源的企业级Docker容器镜像库软件Harbor。Harbor不仅支持分布式的部署，而且提供了易用性非常高的可视化的操作界面，用户可以通过Web界面完成对镜像库的各种操作工作，是目前使用最广泛的容器镜像库之一（图3-10）。

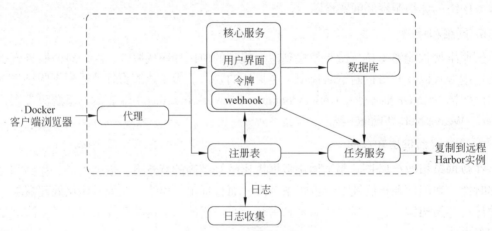

图3-10　Harbor镜像库架构

容器运行时目前处于百花齐放的阶段，市面上能够见到的容器运行时非常多，主要包括Docker、Containerd、Singularity等，而且每一种容器运行时适合于运行不同的应用。例如Docker比较适合做Web服务或者是PaaS服务的容器运行时，Singularity比较适合做高性能计算、并行计算等实时性及性能要求较高的任务。因此在选择构建云原生应用时，可以尝试使用不同容器运行时，从而达到异构容器运行时支撑异构应用的效果。

10. 软件发布

为保护用户与 Web 服务器之间的通信，一般使用 TLS 来进行加密通信。但是这种设计本身是有缺陷的，因为服务器的任何位图，都可能使通信出现问题。而使用 Notary 可以解决这一问题，使得软件的分发和更新更加安全。TUF 项目则是 Notary 所基于的项目，也是针对软件分发和更新的安全性的解决方案。

3.5.3　云原生技术的发展趋势

在当前市场变化和数字业务转型的背景下，各领域公司展现了基于云原生架构改造更新应用的极大兴趣。借助云基础架构和云原生应用程序，软件公司不仅可以按需获取所需的资源，还能够更轻松地将应用程序相互集成以及与第三方软件和服务进行集成。借助云原生应用程序，创建、拆卸和重新组装变得更加容易，从而节省资金和开发时间。因此，云原生架构的特点，可以更快地集成云提供商提供的高级"即插式服务"功能，并更快地启动与合作伙伴和客户的新协作。

据 Gartner Group 公司预测，云原生技术发展将具有以下四大趋势。

（1）无服务器计算和容器，通过功能即服务（FaaS），人们可以得到更加统一化的公共服务，像数据库服务、身份认证服务等，无须使用具体的服务器资源。

（2）多云管理和分布式云，允许同时使用多个云提供商的基础设施，通过调度不同运营商的资源，实现性能优先、成本优先、效率优先等资源治理手段。

（3）可组合应用，通过现代化的软件应用设计和组织模型，将允许在特定业务需求中快速创建和删除正在使用的功能，做到灵活组合应用的功能。

（4）低代码和无代码，低代码、无代码的软件和应用更多得到应用。业务专家无须过多关注代码层面的事情，而只需要关注设计符合业务场景的功能即可。

3.6　总　结

云计算技术已经高速发展了十几年的时间，目前很多的云计算关键技术已经趋于成熟，例如在本章讲到的虚拟化技术、分布式技术、云计算管理技术等。同时，云计算技术又在不断出现新的技术栈，例如 3.4 节讲到的云原生技术。本章由浅及深地讲述了云计算关键技术，为读者从技术层面理解、认识和掌握云计算提供了帮助。

3.6　总结

3.7　习　题

1. 虚拟化技术可以从哪些方面进行分类？
2. 硬件虚拟化技术中，客户机和宿主机的指令集是如何工作的？

3. 简述三种分布式存储架构及它们的区别。

4. 简述分布式服务。

5. 简述无服务和微服务架构的区别和联系。

6. 构成云计算平台需要哪些关键技术？

7. 列举 Devops 的常用工具。

8. 个人用户应如何保证自己在云端的数据和资源安全？

9. 云原生技术的分类有哪些？

10. CNCF 发布的路线图中，包含了哪些步骤？

第二篇

云计算主流平台

## 第 4 章

OpenStack平台简介

4.1 课程思政

随着国产化的逐步推进，中外企合作模式需要打破传统，不仅是设立代理机制，而是要将核心技术、研发掌握在自己手中，针对国内用户需求，提供本地化、定制化、完备的服务方案。

4.1 课程思政

2020年我国兴起"新基建"的数字基础设施建设热潮，汇聚了云计算、大数据、人工智能等新型数字技术，其范围包括大数据中心、人工智能、5G等领域。新基建推动了传统技术设施向新型基础设施的转变。

随着新基建的大力推进，我国IT企业整合各种异构计算并打通与云计算、大数据、人工智能等平台的协同。要根据用户的需求，利用开源技术来建设开放、融合、智能的操作系统，为政府和企业的数字化转型打下坚实的基础。新基建以OpenStack为核心构建数据中心操作系统，提升虚拟、裸机、容器的统一管理。

为满足市场的数字化转型需求，云计算作为新基建中的重要组成部分需加速部署，中国联通在openEuler操作系统上适配OpenStack云平台，提升产品性能，积极建设国产化云平台。目前，国产服务器产品性能不断提高，中国联通将大规模建设云资源池，并基于OpenStack开发自己的服务器操作系统，形成基于开源项目自主化闭环生态的产品链。同时，针对不同需求，增强操作系统的自主适配能力，建设从操作系统到云平台的完整技术栈，丰富硬件架构和自主可控力。

操作系统国产化是面向我国政企用户需求的必经之路，为新基建树立了标杆，更为"十四五"的政企数字化转型奠定了基础。

4.2 OpenStack平台概述

1. OpenStack产生的背景

得益于虚拟化技术、分布式技术和云计算管理技术的发展，各大厂商纷纷推出了自己的云计算产品，其中最有代表性的是2006年亚马逊（Amazon）推出的弹性计算云（Elastic Compute Cloud，EC2），EC2配置界面简单，使用起来更方便，且支持资源灵活取用。

4.2 OpenStack 平台简介

2006年8月9日，谷歌首席执行官埃里克·施密特在搜索引擎大会上首次提出了"云计算"（Cloud Computing）的概念。云计算进入了高速发展阶段。到2010年，同样致力于提供云主机和云储存服务的Rackspace公司，为了避免和亚马逊这样的巨头公司的激烈竞争，同时希望有更多的伙伴加入其合作阵营，将其云存储服务的技术开源，并与NASA（美国国家航空航天局）合作，共同创立了OpenStack开源云平台。最初，OpenStack只包含两个主要模块：Nova 和Swift，Nova是由NASA开发的虚拟服务器部署和业务计算模块，它可以提供类似于Amazon EC2的功能，用于创建和管理虚拟机实例，支持弹性伸缩、灵活部署和调整资源。Swift是由Rackspace开发的分布式云存储模块，可以用于存储和检索大量的非结构化数据，具有高可靠性、可扩展性和低延迟的特点。这两个模块可以一起使用，也可以单独使用。OpenStack在发展过程中得到了Rackspace和NASA的大力支持，同时也得到了其他重量级公司如Dell、Citrix、Cisco、Canonical等的贡献和支持。

OpenStack的发展速度非常快，吸引了全球范围内的开发者和用户参与其中。它不断推出新的功能和模块，为企业提供了灵活、可靠、安全的云计算解决方案。通过OpenStack，企业可以建立自己的私有云环境，也可以将其用作公共云服务的基础设施。

此后，云计算的发展大致分为自主研发和入驻OpenStack两条路线。亚马逊、微软、谷歌和国内战略部署较早的阿里都选择了自主研发；同时美国很多全球IT企业包括IBM、英特尔等，以及国内的华为云、腾讯云都一度选择了使用OpenStack平台，OpenStack的影响力可见一斑。

2. 什么是OpenStack

OpenStack是一个以Apache许可证授权的自由软件和代码项目。它是一个云计算管理平台，可以基于物理资源来构建和管理私有云和公有云。构成OpenStack平台的工具被称为"项目"，这些项目包括计算、网络、存储、身份认证和镜像服务等核心云计算服务。发展至今，OpenStack已从最早的几个核心项目发展到接近50个子项目，这些项目可以按照用户实际需求选择性部署，也可以将所有项目一起部署，为用户构建符合自身业务要求的独特的云平台。

OpenStack几乎支持所有类型的云环境，并提供了部署简单、可大规模扩展、丰富和标准统一的云计算管理平台。它既是一个社区，也是一个开源软件项目，提供了开放源码软件和部署云的操作平台或工具集。它极大简化了云平台的部署过程，可以让企业或个人拥有自己的云云平台，提供可扩展和灵活的云计算解决方案。其中，最为重要的是提供基础设施即服务（IaaS）的解决方案。

3. 发展历程

2010年10月，OpenStack发布了自己的第一个版本：Austin，从Austin开始，OpenStack就开始快速发展，并逐渐增加了更多的模块和功能。其中，对象存储模块Swift能够帮助用户存储和管理大量的数据，而计算模块Nova则能够管理和控制云计算资源。除了Swift和Nova，还有一个简单的控制台，允许用户通过Web管理计算和存储，一个部分实现的镜像（Image）文件管理模块，但这个模块并未正式发布。在后续的版本中，OpenStack逐步完善了云平台管理的功能模块，先后发布了针对镜像、用户认证、控制台、块存储、网络、监控等核心功能模块，并将前沿技术和支持逐步融入这些模块中。除了这些核心项目，OpenStack 还有一些孵化项目，这些项目除了对核心功能进行补充以外，还提供了许多核心模块的替代方案。截至目前，OpenStack 已经拥有 50 多个项目，支持的功能也已经扩展到对容器、容器编排、主机编排等方面。

4. 工作原理

OpenStack 提供了一整套工具集，为云平台提供虚拟计算、存储、网络、镜像等服务。除了 IaaS 的功能外，OpenStack 还提供了编排、故障管理、服务管理等其他服务，以确保用户应用程序的高可用性。

OpenStack 平台由多个项目组件互相关联，这些组件合作完成具体的工作。它控制整个数据中心，提供多样化的计算、存储和网络资源，并管理资源池。通过各种互补的服务，提供 IaaS 的解决方案。

用户可以通过基于 Web 的仪表板、命令行工具或统一标准的接口服务来管理 OpenStack，对资源进行配置，同时平台还为管理员提供了单独的管理权限，能够对整个平台进行控制。

5. OpenStack 的平台特点

OpenStack 帮助云服务提供商和企业完成自己公有云或私有云平台的搭建，发展至今势头不减。作者对目前市面上国内外较为流行的开源云平台进行了对比，在表 4-1 中列出了各平台主要的特点。

表 4-1　开源云平台对比

平台名称	OpenStack	Cloudstack	eucalyptus	opennubula.org
平台概述	使用 Python 语言开发，有完整的资源管理模块，目前发展的项目已超过 50 个	Java 语言开发，利用框架+插件的方式，实现对不同虚拟技术的支持	使用 C/C++ 和 Java 开发，模块化设计、可升级或替换工作组件	采用分层架构，每层各司其职，负责的工作分工明确，系统设计非常优雅
支持的虚拟机技术	VMware/Xen KVM、Hyper-V	VMware/Xen/Oracle KVM、Hyper-V	VMware/Xen KVM	VMware/Xen KVM
平台特点	相比其他开源 IaaS 平台，OpenStack 拥有数量庞大的用户和开发者社区，构建了自己的生态，使用企业数量较多，不过平台配置相对复杂，技术门槛较高	提供友好的用户界面和较为丰富的功能，用户体验比其他开源平台更好	能够完整兼容亚马逊云 API，已经拥有亚马逊云的用户，可以使用 eucalyptus 增强自身的环境能力	社区规模较小，使用人群也不是很广泛，与开发者和使用者交流难度较大

OpenStack 能够拥有数量庞大的用户和开发者，除了云计算本身业务处于上升趋势之外，更多的还是由于平台自身的技术优势。OpenStack 的技术特点主要体现在以下几个方面。

（1）可控制性。OpenStack 是开源的，这意味着使用 OpenStack 搭建云平台的用户不必一定依赖于其他厂商，而且可以根据自己的需求进行定制和管理，拥有更大的灵活性和掌控能力。同时，开源的平台还能降低成本，因为可以避免购买昂贵的专有软件和设备，虽然不见得所有公司都会自己构建和维护一个开源的私有云平台，但是如果企业拥有自己的技术人员想要使用开源项目构建自己的云平台，OpenStack 是不二之选，它能够让企业对自己的基础设施拥有完全控制权。

（2）兼容性。OpenStack的兼容性也使得不同的云服务商可以轻松地集成OpenStack，从而形成一个强大的生态系统。企业可以选择不同的服务商，根据自身需求选择最合适的服务商，而不用担心数据迁移或应用兼容的问题。区别于某些商业云服务平台，OpenStack上的用户可以将自己的数据或应用导出，再导入到其他云平台中，打破了商业公有云无法迁移或导出数据的格局。

（3）灵活性。OpenStack的支持对云平台集群规模进行动态增减，用户可以根据自己的需要对平台规模进行配置，平台本身提供了完整的API文档和SDK，支持进行二次开发，可以基于现有功能进行扩展，在配置和使用上都非常灵活。

（4）形成了行业标准。OpenStack的用户遍布了全球的多个国家，分布在全球1000多家企业，很多行业内的知名公司参与到了OpenStack的项目中，为OpenStack社区和项目贡献力量，OpenStack逐步成为一个行业标准。

4.3　OpenStack设计理念

虚拟化技术将不同硬件的CPU和内存、存储从硬件资源中抽象出来，而OpenStack则进一步对这些虚拟资源进行抽象，形成一套可以使用统一规范的程序应用接口（API）管理的逻辑，以云计算管理工具的方式提供给管理员和用户与管理逻辑直接交互。为了实现这个目的，OpenStack需要遵循某些原则，以达到对资源的调度、构建和扩展，OpenStack的设计思想可以大致总结为如下几条。

4.3　OpenStack
设计理念

（1）弹性。弹性灵活是OpenStack设计的主要目标，OpenStack使用可以组合的组件方式完成它的工作，除了核心服务的组件外，它有很多可选的组件，这些可以选择安装的组件，使用户完全可以根据自身需要安装组件，形成自己独特的云计算平台。

（2）可扩展性。OpenStack的任何项目和组件都应该能够支持扩展，为了形成一个开放的、不断扩充的生态系统，OpenStack的组件支持使用插件的方式进行功能的扩充，任何想要新增的功能都可以通过插件的方式进行开发，只要满足OpenStack的接入规范，就能够通过配置方式加入到服务中，也可以随时从服务中移除。在OpenStack的代码中，存在着数百个插件。

（3）异步性。OpenStack设计的第三条准则是"一切都是异步的"。OpenStack是一套非常庞大的云计算管理平台，任何一个组件或环节的工作出现问题，都可能对下一步产生影响，如果一个程序中存在需要等待的同步程序，这对于任何使用OpenStack用户来说都是不可接受的。因此，在程序设计时务必要做到异步执行，异步执行应优先使用内存资源而不是CPU资源，因为这样带来的问题是比较少的。

（4）水平扩展。上文已经描述的可扩展性指的是可以对功能进行扩展，除此之外，还应支持水平扩展（或称横向扩展）。横向扩展是代码在部署时，可以不需要做太多规划就能够部署到更多的服务器上。当服务器的数量逐渐增加时，横向扩展会到来很多问题，因此在程序设计时就应做好横向扩展规划。

（5）分布式原则。上文提到过，云计算平台必然是分布式的，因此OpenStack在整套系统上也要支持分布式原则。在OpenStack中一切都是分布式的，平台要保证数据和程序逻辑能够在分布式原则下协同运行，而不需要网络调用，就能大大改善平台性能和可扩展性。

（6）做好充分的测试。对于像OpenStack这样一个庞大的系统而言，项目提交的代码，必须要经过充分的测试，如果没有经过一系列全面的测试，任何内容都不应该进入代码库，未经测试就提交的代码、补丁文件或特性改进将不能被认可或接受。

（7）简单的想法，往往需要复杂的程序执行。在OpenStack的实现过程中，有很多简单的设计原则，但往往这些简单的方法，需要复杂的流程和程序来完成最终的执行。例如，如果用户使用Swift作为分布式对象存储系统，用户只需要向Swift传递数据，而不需要关注它具体的存放位置。为了完成这种简单的逻辑，Swift将数据与用来存储数据的实际介质分离开，使其拥有全新的特性，将Swift当成一种公用资源来用。

这些设计理念对于OpenStack的项目和插件的设计、研发起到了非常关键的作用。设计程序时，应充分考虑程序可扩展性，并在项目提交前进行充分测试，同时还要保证大规模分布式部署时程序的性能。这些原则将帮助软件开发人员向OpenStack提交优秀的代码。

4.4 OpenStack架构及组件

OpenStack从一个只有存储和计算功能的项目，逐渐发展成一个能够对计算、存储、镜像、网络等资源进行控制，具备完整的监控、可视化管理等功能的云计算管理平台，正是由于社区支持以可插拔组件的方式，对功能进行扩展。

4.4 OpenStack
架构与组件

4.4.1 OpenStack的架构

在详细介绍OpenStack组件之前，我们先来看一看它的组织方式，即系统架构，如图4-1所示。

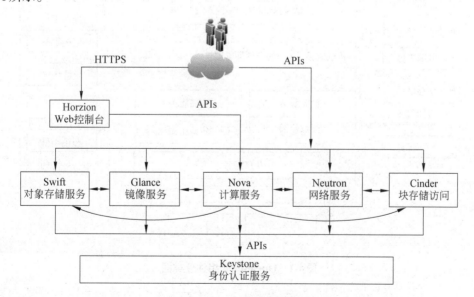

图4-1 OpenStack系统架构

图4-1展示了OpenStack组件之间的工作关系，OpenStack是通过独立组件相互配合共同工作的，用户访问服务或各服务之间内部访问，都需要经过身份认证服务进行授权，各个服务之间通过API接口进行交互，因此每个服务都至少有一个API进程，用来监听API请求，处理其他组件的请求或将请求转发到其他组件。API共两类，一类是普通用户交互接口，另一类是管理员特权接口。除了Identity服务外，其他服务组件都是由多个进程完成工作的，也有可能是同一个服务组件内的不同进程通信通过AMQP消息进行的，通过RPC远程调用，完成消息的交换。OpenStack所有服务组件的状态和中间数据存储在数据库中，每个服务组件都有一个独立的数库。在部署OpenStack时，用户可以根据自己的需求选择适合的消息队列和数据库服务，以获得更好的性能和可靠性。消息队列包括RabbitMQ、Redis等，它们用于在OpenStack组件之间传递信息和命令，提高系统的并发性和可靠性。数据库服务包括MySQL、MariaDB和SQLite等，用于存储OpenStack组件的配置信息和运行数据。

用户有几种方式可以访问OpenStack：第一种是基于Web的用户界面，也就是Horizon Dashboard组件，它可以让用户通过网页来操作和管理OpenStack。第二种是命令行客户端OpenStack Client，用户可以在命令行输入指令来操作OpenStack。第三种方式是使用浏览器插件或者一些工具，比如curl发送API请求，可以通过代码的方式与OpenStack进行交互。如果第三方应用程序想要调用OpenStack的功能，可以使用SDK。无论通过哪种方法访问，最终都会通过REST API的方式调用到具体功能。

4.4.2　OpenStack的组件介绍

OpenStack目前已经发展到拥有50多个组件，这些组件包括OpenStack的组件、客户端工具、部署工具以及配置工具，组件分类如图4-2所示。

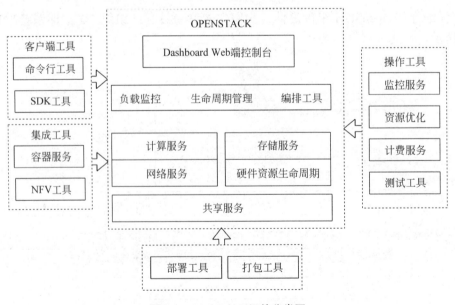

图4-2　OpenStack 组件分类图

1. OpenStack 全部服务组件

如图 4-2 所示，OpenStack 服务部分共有 30 个，包含计算、存储、网络、认证、服务编排等 10 个类型，每个类型分类介绍如下。

1）计算管理

（1）Nova：OpenStack 最开始发布的服务之一，在最早的版本 Austin 中就已经发布，它提供对计算资源（包括裸机、虚拟机和容器）的大规模管理，支持对资源进行水平扩展、按需提供和自助访问。这是 OpenStack 最核心的组件之一，也将在后文详细介绍。

（2）Zun：随着容器技术的火热发展，OpenStack 也将对容器的支持纳入计划，在 Pike 版本中增加了 Zun，并在 Queens 版本中首次发布，通过 OpenStack API 的方式提供对容器的管理服务。Zun 项目在设立时的目标是提供统一的 API 用于启动和管理容器，并计划支持多种容器技术，例如 Docker、RKT、clear container 等，不过目前只支持 Docker。Zun 旨在通过与 Neutron、Cinder、Keystone 以及其他核心 OpenStack 服务集成以实现对容器技术的快速普及。通过这种方式，OpenStack 的原有网络、存储以及身份验证工具将全部适用于容器体系，从而确保容器能够满足安全与合规性要求。

2）硬件生命周期管理

（1）Ironic：提供了对裸金属服务器的管理，能够支持 OpenStack 直接调度物理服务器。在 OpenStack 目前的体系结构中，Ironic 还是通过 Nova 来调用的，模拟 Nova 的一个虚拟化驱动，实现基于 Ironic 的虚拟化驱动。

（2）Cyborg：原名叫 Nomad，后改名为 Cyborg，这是 OpenStack 为了实现硬件计算加速而设立的项目，它提供通用的硬件加速管理框架，可以支持对加密卡、GPU、FPGA、NVMe/NOF SSDs、DPDK/SPDK 等设备的管理。通过 Cyborg，运维者可以列出、识别和发现加速器，连接和分离加速器实例，安装和卸载驱动。它也可以单独使用或与 Nova 或 Ironic 结合使用。Cyborg 可以通过 Nova 计算控制器或 Ironic 裸机控制器来配置和取消配置这些设备。

3）存储管理

（1）Swift：OpenStack 提供的分布式对象存储系统，可以横向扩展以存储海量数据。它采用了容器、对象和元数据的概念，通过哈希算法将数据分散到不同的存储节点上。它提供了对象存储管理，用于永久类型的静态数据的长期存储，具备强大的扩展性、冗余和持久性，这也是 OpenStack 的核心服务之一。

（2）Cinder：OpenStack 中的一个核心项目，它提供了卷管理功能，为虚拟机实例提供持久性存储空间，可用于管理卷以及和 OpenStack 计算服务交互，为实例提供卷、快照、卷类型等功能，在云计算平台上管理虚拟机实例的存储空间，提供块存储管理功能，以及卷、快照、卷类型等各种功能。

（3）Manila：全称 File Share Service（文件共享即服务），是 OpenStack 大帐篷模式下的子项目之一，用来提供云上的文件共享，支持 CIFS 协议和 NFS 协议。

4）网络管理

（1）Neutron：一个负责提供网络服务的组件，它基于 SDN（软件定义网络）的思想，同时充分利用 Linux 系统的各种网络相关的技术，实现了网络虚拟化下的资源管理。

（2）Octavia：从Neutron LBaaS（负载均衡即服务）项目中分离出来，主要功能是通过管理一系列虚拟机、容器或裸机服务器来完成负载均衡。负载均衡可以让网络流量在多个服务器之间平均分配，提高系统的稳定性和性能。

（3）Designate: OpenStack的DNS（域名系统）服务组件，它能够支持多租户DNSaaS（域名系统即服务）服务。它提供了一个带有集成Keystone身份验证的REST API。它可以配置为根据Nova和Neutron操作自动生成记录。Designate支持多种DNS服务器，包括Bind 9和PowerDNS 4等。

5）共享服务

（1）Keystone：身份验证服务，在OpenStack框架中起着非常重要的作用。它负责验证用户的身份、管理用户的访问权限，并生成服务规则和服务令牌。通过Keystone，用户可以在OpenStack平台上安全地访问不同的服务和资源。

（2）Placement：以API方式提供云资源库存和使用情况跟踪服务，以帮助其他服务有效地管理和分配它们的资源。

（3）Glance：镜像服务，主要功能包括发现、注册和检索虚拟机镜像。Glance提供RESTful API接口，支持查询虚拟机镜像及元数据。同时，Glance服务支持将镜像进行上传和存储，镜像可以存储在不同存储系统，如文件系统或对象存储系统。

6）编排服务

（1）Heat：基于文本文件形式的模板为云应用程序编排基础设施资源，可以将对云应用的编排转换成像书写代码一样简单。Heat提供了一个OpenStack原生的ReST API和一个与CloudFormation兼容的查询API，还提供与OpenStack Telemetry服务集成的自动扩展服务，因此用户可以将扩展组件作为资源包含在模板中。

（2）Senlin：OpenStack的集群管理服务，负责创建和操作由其他OpenStack服务组件公开的同类对象集群，即对OpenStack自身的服务组件进行管理，使相似对象集合的编排更加容易。

（3）Mistral：由Mirantis开发，贡献给OpenStack社区的工作流组件。大多数计算机业务流程由多个不同的步骤组成，这些步骤需要在分布式环境中以特定顺序执行。Mistral支持将此类过程描述为一组任务和任务关系编排成工作流（基于YAML的语言），并对工作流的状态进行管理，同时负责任务的执行顺序、并行性、同步性和高可用性。

（4）Zaqar：面向Web和移动开发人员的多租户云消息传递服务组件，为在OpenStack内构建可伸缩、可靠和高性能的云应用提供了通道。Zaqar拥有完整的RESTful API，使用生产者/消费者、发布者/订阅者等模式来传输消息。通过使用不同的通信模式，开发人员可以在他们的SaaS和移动应用程序上的各种组件之间发送消息。

（5）Blazar：提供资源预留服务。通过Blazar，用户能够在特定时间段内预留特定类型或特定数量的资源以供使用。

（6）Aodh：从监控服务ceilometer分离出来的项目，支持创建自定义的规则，针对ceilometer收集的监控数据或告警事件进行报警的功能。

7）工作负载设置

（1）Magnum：OpenStack的Nova和Heat通过插件的形式支持了Docker容器虚拟化及容器编排，但由于本身框架的限制，无法支持资源的调度和网络功能。Magnum项目使

OpenStack 能够直接调度 Docker Swarm、Kubernetes 和 Apache Mesos 等容器编排引擎。它使用 Heat 编排 Docker 或 Kubernetes 的操作系统镜像，并在集群中运行镜像。

（2）Sahara：Apache Hadoop 是目前被广泛使用的主流大数据处理计算框架，Sahara 项目旨在使用用户能够在 OpenStack 平台上便于创建和管理 Hadoop 以及其他计算框架集群，实现类似 AWS 的 EMR（Amazon Elastic MapReduce service）服务。用户只需要提供简单的参数，如版本信息、集群拓扑、节点硬件信息等，利用 Sahara 服务能够在数分钟时间内快速地部署 Hadoop、Spark、Storm 集群。Sahara 还支持节点的弹性扩展，能够方便地按需增加或者减少计算节点，实现弹性数据计算服务。它特别适合开发人员或者 QA 在 OpenStack 平台上快速部署大数据处理计算集群。

（3）Trove：提供数据库即服务（DBaaS），支持关系和非关系数据库引擎，项目的目标是在大数据分析越来越盛行的背景下，实现对数据库的可靠便捷管理，同时支持弹性伸缩、容灾备份和高可用高可靠。

8）应用程序管理

（1）Masakari：通过自动恢复失败的实例为 OpenStack 提供实例高可用性服务。Masakari 可以从故障事件中恢复基于 KVM 的虚拟机（VM），例如 VM 进程停机、配置进程停机和 nova-compute 主机故障。Masakari 还提供 API 服务来管理和控制自动救援机制。

（2）Murano：为用户、应用程序开发人员和云管理员提供发布各种云应用程序的应用目录。用户可以使用配置文件来一键构建可靠的应用程序环境，完成在 OpenStack 的资源申请、架构搭建和应用部署等复杂操作。

（3）Freezer：一个分布式备份和恢复服务组件，帮助用户进行自动化的数据备份和恢复。它专注于块和文件的增量备份、恢复、作业同步，同时支持对象的备份，例如普通文件以及目录备份、数据库、虚机、卷存储、Glance 镜像等。

9）API 代理服务

EC2API：为 OpenStack Nova 提供与 EC2 兼容的 API，它实现了 Nova 的 EC2 API 中现在没有的 VPC API，用户可以使用 EC2API 创建一个独立的服务，该服务不仅包含 VPC API，还包含 Nova 中现有的其他 EC2 API。

10）Web 控制台

（1）Horizon：OpenStack 仪表盘项目，为 OpenStack 服务提供基于 Web 的用户界面，通过和 OpenStack API 进行交互，可以实现绝大多数 OpenStack 的管理任务，如实例、镜像、网络、存储卷等。

（2）Skyline：一个经过 UI 和 UE 优化的 OpenStack 控制台，它完整实现了 Nova 计算、Cinder 块存储、Manila 文件存储、Swift 对象存储、Glance 镜像管理、Neutron 网络、Keystone 认证等基础模块功能。

2. OpenStack 核心服务组件

OpenStack 是一个正在开发中的云计算平台项目，它涵盖了网络、虚拟化、操作系统、服务器等各个方面。为了管理这个庞大的项目，OpenStack 将其分解为核心项目、孵化项目、支持项目和相关项目。每个项目都有自己的委员会和项目技术主管。核心项目是 OpenStack 中最重要和最成熟的项目，它们具有广泛的使用和社区支持。孵化项目是正在发展中的项目，它们处于试验阶段，根据发展的成熟度和重要性，有可能会转变为核心项目。支持项目为核心项目提供额外的功能和服务，以满足特定需求。相关项目是与OpenStack相关但不是直接属于核心项目或孵化项目的项目。

图4-3是常见的OpenStack部署架构核心服务组件，其中框图1中是全局组件，框图2中是核心组件，其他部分是辅助组件。

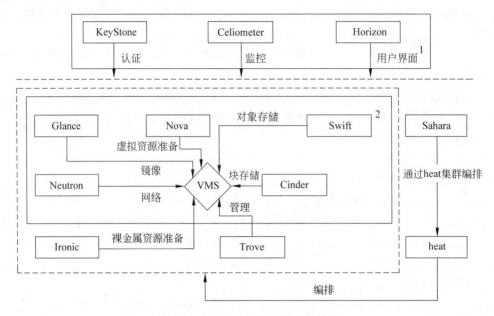

图4-3　OpenStack 核心服务组件图

1）仪表盘服务 Horizon

前文也提到过，Horizon是OpenStack中各种服务的Web管理门户，作为OpenStack的仪表盘项目，它大大简化了用户对服务的操作，在Horizon中可以实现对虚拟机、网络、存储等内容的操作与管理。

图4-4展示了Horizon工作方式，Horizon对接了各个服务的API接口，用户通过浏览器访问 Horizon 页面，Horizon将用户操作转换成API请求，发送给各个服务组件的API服务，各服务处理API请求后，通过消息队列的方式将处理状态返回给用户。

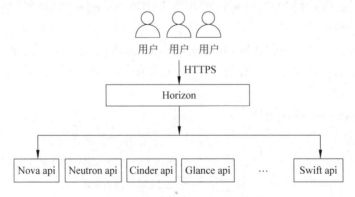

图4-4　用户通过Horizon请求流程

2）监控服务 Ceilometer

Ceilometer 的主要作用是为上层计费、监控和其他服务提供统一的资源使用记录，并提供收集到的数据。Ceilometer 由消息收集服务、Agent 服务、消息通知服务、数据库、消息队列、API 接口、消息告警等服务模块组成。

3）身份认证服务 Keystone

Keystone 就像一个服务总线，或者整个 OpenStack 框架的注册表。其他服务通过 Keystone 注册服务端点（服务访问的 URL）。服务到服务的调用必须经过 Keystone 验证才能获取目标，使用服务来查找所需的服务。Keystone 为其他 OpenStack 服务提供身份验证、服务规则和服务令牌，并管理域、项目、用户、组、角色等。Keystone 有以下基本概念。

（1）User：使用 OpenStack 云服务的人、系统或服务，用户可以进行登录操作，可以使用获取到的令牌（Token）访问云资源。用户在 Domain（域）内下全局唯一，可以被直接分配到一个特定的 project（项目）中，每个用户都可以作为一个独立的 API 访问者。

（2）Project：用于对资源或服务对象进行分组或隔离，一个项目可以与账户、组或租户绑定。

（3）Domain：可以理解为是一个命名空间，它代表了用户、组或项目的边界，域内的实体无法复制。这意味着每个实体在域内都有唯一的身份，用户可以被授予域管理员角色，并且域管理员可以在域内创建项目、用户和组。

（4）Group：一个域内部分用户的集合。它可以让管理员快捷地对多个用户赋予相同的角色。例如，管理员可以将某个角色赋给组，组内的所有用户都会拥有这个角色。

（5）Role：一堆 ACL 集合，用于权限的划分，角色在域内是唯一的。Keystone 默认提供三个角色：admin、member、reader。如果用户被赋予了 admin 角色，那么他还会拥有 member、reader 角色；如果用户被赋予了 member 角色，也就意味着他还拥有 reader 角色。

- admin 角色在相应范围内（system、domian、project）拥有最高权限。
- reader 角色在相应范围内提供资源的只读权限。
- member 介于以上两种角色之间，更多地应用于其他服务，在相应范围内提供查询、创建功能。

（6）Service：OpenStack 的服务组件，上文提到的所有组件如 Nova、Swift、Glance 都是一个服务，每个服务可以具备一个或多个终端，可以供用户访问资源或执行操作。

（7）Endpoint：用户可以通过地址该地址进行访问，通常是 URL。Endpoint 分为以下三类。

- admin url：管理员用户访问服务的地址，默认端口是 35357。
- internal url：OpenStack 内部服务通信的地址，默认端口是 5000。
- public url：外部用户访问的地址，默认端口是 5000。

（8）Region：OpenStack 部署的总体架构，每个 Region 上都是一套独立的 OpenStack 服务，拥有完整的计算、存储、网络等服务，多个域名之间共用一套 Keystone。当用户通过页面访问 OpenStack 时，Keystone 会将检测到的多个 Region 显示给用户，用户可以选择某一个域。

（9）Authentication：确认用户身份的过程。Keystone 验证用户传递的凭据，例如用户名/密码、用户名/API密钥。通过验证后，Keystone为用户颁发。用于后续请求访问资源的令牌。

（10）Credentials：认证过程中用于验证用户身份的重要信息，比如用户名和密码或用户名和API key。

（11）Token：一个由字母和数字组成的文本字符串，用户可以通过Token访问OpenStack的API和资源。Token需要经过用户提供身份凭证，经过Authentication过程后发放，Token具有一定的有效期。以用户申请创建云主机为例，用户通过自己的身份凭证在命令行或Horizon的方式登录，Kyestone通过验证后，会给用户发放一个令牌（Token），用户凭借这个Token，再向Nova发送创建云主机的指令，Nova收到请求时，会凭借user的Token向Keystone认证，确认用户身份的合法性及权限，认证通过后，Nova会进行下一步操作，过程中，会依次请求Glance镜像服务和Neutron网络访问，Nova需要将用户的Token再传递给Glance和Neutron，Glance和Neutron也会将拿到的用户Token向Kyestone认证，只有经过认证后才会分别返回镜像和网络资源，经过Nova服务的调度，为用户创建云主机。

4）计算服务Nova

计算服务是OpenStack的核心服务模块，负责管理和维护云计算环境中的计算资源，管理跨云环境中虚拟机的生命周期；根据用户需求，增加单个用户或群组的虚拟机实例数量，提供虚拟服务；负责创建、启动、关闭、暂停、挂起、节流、迁移、重启、销毁虚拟机，以及配置CPU、内存等信息规格。Nova还负责调度其他服务和组件（Glance、Cinder、Neutron等），为计算服务提供网络和存储支持。Nova主要包含以下子服务模块。

（1）nova-api：外部访问Nova的API接口服务。可以接收外部的请求，并通过消息队列把这些请求发送给其他的服务组件。同时，它还兼容EC2 API，这意味着我们可以使用EC2的管理工具来对Nova进行日常管理。

（2）nova-scheduler：负责对虚拟机创建节点进行决策和调度。虚拟机创建的过程需要经过两个步骤。首先是过滤，通过过滤我们可以找出可以创建虚拟机的主机。然后是计算权值，根据权重大小来分配虚拟机，通常是根据资源可用空间进行排序。

（3）nova-compute：运行在计算节点上，负责虚拟机的生命周期管理。也就是说，帮助用户创建、开机、关机、挂起和删除虚拟机实例。

（4）nova-conductor：计算节点访问数据的中间件。简单来说，它帮助nova-compute访问数据库。通过使用nova-conductor，可以避免直接从nova-compute访问数据库，这样既提高了数据的安全性，又增加了访问的便捷性。

（5）nova-api-metadata：提供了针对虚拟机实例的元数据服务。通过消息队列，它可以帮助我们存储虚拟机的元数据，并提供RESTful API来查询这些数据。

（6）nova-placement-api：用来跟踪每个计算提供者的仓库和使用情况。通过它，用户可以清楚地知道每个计算节点的资源情况。

（7）nova-consoleauth：实现用户访问虚拟机控制台的身份验证功能，与Keystone的Token类似，nova-consoleauth提供了访问控制台的Token。

（8）消息队列服务：在守护进程之间传递消息的模块，遵循基于AMQP消息队列协议。可以使用RabbitMQ或者ZeroMQ来实现这个服务。

5）网络服务Neutron

Neutron不仅可以支持各种网络类型和服务，还可以通过插件支持其他主流的网络技术，如OpenvSwitch、Linux Bridge等。它为OpenStack提供了强大的网络虚拟化功能，使得虚拟机在云平台上能够高效地进行网络通信和互联。

（1）Neutron的基本概念

① 网络：一个隔离的二层广播域。用户可以根据需求，选择使用不同类型的Network，例如Local、Flat、VLAN、VxLAN和GRE。

② 子网：一个IPv4或者IPv6地址段，每个subnet需要定义IP地址的范围和掩码虚拟机的IP从subnet中分配，云主机的IP地址从子网中分配。

网络与子网是一对多关系，一个网络可以有多个子网，但一个子网只能属于某个网络，同一个网络下子网的IP地址段是不同的，不能重叠。

（2）Neutron的功能

Neutron为整个OpenStack环境提供了强大的网络支持，包括二层交换、三层路由、负载均衡、防火墙和VPN等功能。通过灵活的配置，用户可以选择适合自己需求的开源或商业软件来实现这些功能，保障虚拟机和网络的安全性和可靠性。

（1）二层交换（Switching）：虚拟机与虚拟交换机之间的数据交换方式。Neutron可以通过Linux Bridge和Open vSwitch创建虚拟交换机，支持传统的VLAN网络和基于隧道技术的Overlay网络。其中，VxLAN和GRE是常见的隧道技术，可以实现虚拟机之间的跨网络通信。

（2）三层路由（Routing）：可以在虚拟机上配置不同网段的IP地址，通过Neutron的虚拟路由器（router）来实现虚拟机之间跨网段的通信。这样，不同网段的虚拟机就可以互相访问和通信了。通过使用三层路由，可以更灵活地搭建虚拟网络，使得不同的虚拟机可以在不同的网段中运行，并且能够互相通信。这对于构建大规模的虚拟网络以及满足各种应用需求非常重要。

（3）负载均衡（Load Balancing）：将工作任务平均分配给多台服务器来提高系统性能和稳定性的技术，帮助用户实现负载均衡，提高系统的性能和稳定性。通过使用负载均衡作为服务（LBaaS），可以有效地将任务负载分发到多个虚拟机上，充分利用资源，并提高系统的可用性，满足用户的需求。在OpenStack的Grizzly版本中，首次引入了LBaaS，它提供了把任务负载分发到多个虚拟机的能力。LBaaS支持多种负载均衡产品和方案，并以插件的形式集成到Neutron网络服务中，目前默认的插件是HAProxy。

（4）支持虚拟防火墙（Virtual Firewall）：允许用户在虚拟机所在的网络中部署一个防火墙实例，用于对网络流量进行深入检查和过滤。虚拟防火墙可以根据网络策略和安全需求进行配置，有效地阻止潜在的攻击和威胁。

• 安全组：通过iptables限制进出虚拟机的网络数据包。

• 虚拟防火墙：通过iptables限制进出虚拟路由器的网络包。

OpenStack中的SDN组件架构也属于可插拔类型。通过各种插件可以管控不同种类的交换机、路由器、防火墙、负载均衡器并实现防火墙等许多功能。通过软件定义的网络，可以对整个云计算设施进行更为精细的掌控。

6）块存储服务 Cinder

Cinder 是一个用于管理虚拟机实例存储的工具，管理存储卷的整个生命周期。Cinder 采用插件驱动架构，使得创建和管理块设备变得更加简单。用户可以使用 Cinder 来创建和删除存储卷，在虚拟机实例上挂载和卸载存储卷等操作。通过使用 Cinder，用户可以更加方便地创建、管理和备份虚拟机的数据。Cinder 由四个模块组成，分别是 cinder-api、cinder-volume、cinder-scheduler 和 cinder-backup。

（1）cinder-api：主要功能是接收和处理外部发来的 API 请求。当外界有 API 请求时，cinder-api 会通过消息队列服务发送消息给 cinder-volume 模块，让它执行相应的操作。这样，就能够实现外界对存储服务的管理和操作。

（2）cinder-volume：存储节点上运行的一个组件，它的主要作用是管理存储空间。它负责执行与卷管理相关的任务，并与卷提供者进行协调工作。在 OpenStack 中，所有关于卷的操作最终都由 cinder-volume 来完成。但需要注意的是，cinder-volume 本身并不直接管理实际的存储设备，而是与卷提供者一起来管理。通过 cinder-volume 和卷提供者的协作，我们可以实现对卷生命周期的管理。也就是说，cinder-volume 充当了一个桥梁的角色，它将 OpenStack 的卷操作请求转发给卷提供者来执行。卷提供者可以是各种各样的存储设备，比如 SAN、NAS 等。cinder-volume 负责与这些卷提供者进行通信，并委托它们来管理实际的存储设备。

（3）cinder-scheduler：存储节点选择工具，它通过调度算法来确定最适合的存储节点来创建 volume。它的功能类似于 nova-scheduler。它能够根据存储节点的性能、可靠性以及可用性等因素，选择最佳的节点来创建 volume。这样可以确保 volume 能够被高效、稳定地创建，并满足用户的需求。

（4）cinder-backup：一个用于备份 Cinder 卷到其他存储系统上的服务。和 cinder-volume 服务一样，它可以与驱动框架和各种存储提供者进行交互。通过 cinder-backup 可以将重要的数据备份到其他存储系统，以防止数据丢失或故障，这对于保护数据的安全性和完整性非常重要。

（5）volume provider：为了能够在 OpenStack 中使用这些存储系统，Cinder 定义了一个统一的 driver 接口，每个 volume provider 只需按照这些接口的规范进行实现，就可以 driver 的形式被 Cinder 使用。Cinder 可以与各种 volume provider 进行交互，管理存储资源的创建、删除、扩容等操作。无论是使用 LVM、NFS、Ceph 还是 Gluster FS，用户都可以通过 Cinder 来统一管理这些存储系统，而无须关注底层存储系统的具体细节。

7）对象存储服务 Swift

Swift 是一个具有冗余和高容错特性的大规模可扩展系统，它实现了对象存储系统，能够支持海量数据的储存和检索。它为 Glance 提供了镜像存储，为 Cinder 提供了卷备份服务。Swift 由多个组件组成，包括 Ring、Proxy Server、Storage Server（Account Server、Container Server、Object Server）等。

（1）Ring：Swift 系统的核心组件之一，它负责存储集群环境中的元数据信息，以便在需要时快速定位数据存储位置。

（2）Proxy Server：Swift 系统的入口点，它接收客户端的请求，并将其转发给适当的存储节点。Proxy Server 还负责处理认证和授权等操作。

（3）Storage Server：Swift系统的存储节点，它负责实际存储对象数据。Storage Server包括三个子组件：Account Server、Container Server和Object Server。Account Server用于管理账户信息；Container Server用于管理容器（类似文件夹）；Object Server用于管理具体的对象。

Swift的冗余和高容错机制确保了数据的可靠性和稳定性。当某个节点出现故障时，系统会自动将数据从其他节点复制到新的可用节点，以保证数据的完整性。这种设计使得Swift系统具有高可用性和可靠性，适用于大规模的存储和检索需求。

8）镜像服务Glance

Glance是一个为虚拟机创建提供镜像服务的工具。它提供了一套虚拟机镜像的查找和检索系统，可以支持多种虚拟机镜像格式，例如AKI、AMI、ARI、ISO、QCOW2、Raw、VDI、VHD和VMDK等。除此之外，Glance还提供了一些基本功能，例如上传镜像、删除镜像和编辑镜像的基本信息。用户可以通过RESTful API来查询虚拟机镜像的元数据或者获取完整的镜像信息。

Glance不仅可以将镜像保存在简单的文件存储中，还可以保存在对象存储中，比如Swift。这意味着用户可以根据实际需求选择不同的后端存储方式。

Glance由几个主要组件构成，包括Glance-API（用于处理镜像的上传和检索请求）、Glance-Registry（维护镜像的元数据）和Image Store（用于保存和管理镜像）。这些组件共同工作，为用户提供了一个完整的虚拟机镜像服务。

（1）Glance-API：与其他服务组件类似，主要用来响应各种REST请求然后将请求转发给后端工作模块完成镜像的上传、删除、查询等操作。

（2）Glance-Registry：镜像注册服务，运行在控制节点上，用于提供镜像元数据的REST接口。主要工作是存储或者获取镜像的元数据，例如 image 的大小和类型，与MySQL数据库进行交互。负责处理和存取镜像的元数据。

（3）Image Store：和存储系统（如简单文件存储或对象存储）进行交互的接口层，提供镜像存储和查询的接口。

镜像的元数据会保存到数据库中，而镜像文件并不会直接存放在Glance中，而是存放在存储后端中。Glance支持多种存储后端。如本地文件系统、GridFS、Ceph RBD、Amazon S3、Sheepdog、OpenStack Block Storage（Cinder）、OpenStack Object Storage（Swift）、VMware ESX，可以在Glance的配置文件中进行配置。

Glance 可以支持qcow2、raw、vmad格式的镜像。

4.5 OpenStack 典型应用

OpenStack的最典型应用场景是搭建私有云和公有云，目前，全球数以千计的企业用户正在使用 OpenStack作为生产环境，有更多的个人用户也使用OpenStack搭建自己的云平台。作为IaaS资源供给层，OpenStack还能在以下场景中应用。

1. 裸金属服务

使用Ironic组件能够让用户像管理虚拟机一样管理裸机，为容器和高

4.5 **OpenStack**
典型应用

性能计算提供裸机服务，OpenStack可以支持自动化创建部署到终止生命的全周期管理，能够作为Nova的驱动程序向用户提供多租户网络的类似于云的裸机基础架构，同时Ironic还能够作为各种裸机基础设施的驱动程序。

2. 边缘计算和物联网应用

作为一个云基础设施平台，OpenStack可以为边缘计算和物联网提供服务支撑，得益于服务模块的插件化结构，非常适合使用某些模块为边缘计算提供服务，例如使用Nova和Ironic部署边缘端虚拟机、容器、裸金属管理器，使用Glance管理虚拟机和容器镜像，使用Cinder或Swift提供边缘存储服务，以及通过heat做边缘平台间的编排。目前社区也正朝着为边缘计算和物联网提供服务努力。

3. 虚拟化网络

OpenStack的另一个重要作用，是为电信运营商提供虚拟化网络（NFV），NFV指的是将诸如路由器和防火墙等专用网络设备替换为软件虚拟化的网络设备。

OpenStack可以为新的NFV业务提供快速开发和部署的能力。它能够根据实际的业务需求自动进行部署，并且具备弹性伸缩和故障隔离的功能，能大量节约成本和风险，OpenStack的Tacker子项目能够配置、监视NFV以及管理NFV的生命周期。

这些特点使得OpenStack成为NFV运营商的首选架构和平台。近年来，OpenStack在NFV方面的用户数量和规模都在逐步增加。

4. 科学与高性能计算

进行科学研究和高性能计算是OpenStack最早和最普遍的应用之一，OpenStack为高性能计算（HPC）和高吞吐量计算（HPC）提供了可行的解决方案，它的基础架构满足了HPC和HPC对大规模、高并发、弹性灵活的需求，OpenStack为无线电遥测、生物信息学、天文学、癌症和基因组研究等领域提供了安全、可定制、自助服务的计算能力、海量数据存储和访问能力。

5. 容器应用

虽然OpenStack被广泛称为私有云平台，但它与全球数十家公有云提供相同的开放基础架构，能够提供完整的逻辑或虚拟机服务、存储和网络。因此在OpenStack上运行Kubernetes或容器运行时（如Docker）可以实现容器技术的无缝对接。

4.6 总 结

作为全球最著名的开源云计算平台，OpenStack已经成为业界的标杆，使用OpenStack构建企业私有云和公有云的组织和个人不计其数。随着社区的逐步完善和项目的迭代，OpenStack的功能越来越全面，社区组织也更健全，虽然面临着容器技术的发展挑战，最近几年，OpenStack发展的增速逐渐减慢，不过这依然不能阻挡其在云计算方面的贡献和发展势头。

4.6 总结

4.7 习　题

1. OpenStack有哪些组件？

2. OpenStack和Kubenetes的区别是什么？

3. 作为对象存储系统，Swift有哪些优缺点？

4. 要使用OpenStack构建一个云平台，至少应该包含哪些组件？

第 **5** 章

Kubernetes 平台简介

5.1 课程思政

全面云时代的到来，需要强大的基础设施平台提供算力支持，为满足国产虚拟化云平台、容器云平台的架构需求，需要打造高性能通用处理器。2021年，工信部发言人表示现阶段云网服务效率低，缺乏统一的、灵活的资源调度；云网独立建设，信息不互通，相互调用接口困难，业务发展成本较高；云网数据难以共享、资源管理困难，协同性差；云网规模大、技术复杂，安全难以保障。

5.1 课程思政

为了解决上述问题，秉承"网为基础，云为核心，网随云动，云网一体"的原则，推动云网融合发展，推进云网一体化建设，以实现对云端和网络边缘相关资源的合理、智能、高效分配和部署。同时，也需要开放云网融合环境，采用开源技术，降低成本、解除硬件限制，Kubernetes作为轻量化的容器化软件有利于催化云原生架构的实现。

根据信通院2021年发布的《云计算白皮书》显示，云原生技术生态持续完善，进入黄金发展期，随着云原生底层核心技术的不断完善，衍生出大量的应用技术，用户需求显著提升，进一步加速了云原生技术市场的繁荣。目前云原生技术已广泛应用于政务、医疗、教育、金融、工业等领域，对国产化平台建设具有指导意义，不仅提供了新的技术路线，更为云网融合基础设施建设提供了自主可控的解决方案。

Kubernetes是目前企业中选择最广泛的容器编排技术，在CNCF 2021年云原生开发现状年度报告中给出的数据，目前受访的企业及组织中，96%表示他们正在应用或正在评估Kubernetes技术，Kubernetes已经成为与企业IT战略及云原生应用程序关联度最高的平台。Kubernetes使运维工作不再局限于基础架构，更重视私有云上运行的业务本身。Kubernetes的功能也将从数据中心、云端延伸至边缘端，使企业在任何基础设施上都能够成功部署Kubernetes。

5.2 Kubernetes 平台概述

1. Kubernetes 是什么

Kubernetes，又称为k8s（因为其首字母为k，首尾字母之间有8个字符，最后一个字母为s，所以简称k8s）或者简称为"kube"。它是Google公司开源的一个容器（Container）编排与调度管理框架，该项目最初是Google内部面向容器的集群管理系统，现在是由云原生计算基金会（Cloud Native Computing Foundation，CNCF）托管的开源平台，由Google、AWS、Microsoft、IBM、Intel、Cisco和Red Hat等主要参与者支持，其目标是通过创建一组新的通用容器技术来推进云原生技术和服务的开发。

5.2 Kubernetes
平台概述

　　Kubernetes是一个跨多主机的容器编排平台，它使用共享网络将多个主机（物理服务器或虚拟机）构建成统一的集群。集群中的一个或多个主机作为Kubernetes的Master（主节点）运行，负责管理整个集群系统，是集群的控制中心，余下的所有主机作为Worker Node（工作节点）运行，工作节点使用本地和外部资源接收请求并以Pod（容器集合）形式运行工作负载。作为领先的容器编排引擎，Kubernetes提供了一个抽象层，使其可以在物理或虚拟环境中部署容器应用程序，提供以容器为中心的基础架构。

2. Kubernetes产生的背景

　　众所周知，新技术驱动是IT行业蓬勃发展的关键。近十几年来，IT领域出现了云计算、微服务、容器、云原生和、DevOps等新技术和新概念。技术的革新对IT应用模型的发展起到至关重要的推动作用，开发模式从瀑布式到敏捷式再到精益式，甚至是与QA和Operations统一的DevOps，应用程序架构从单体模型到分层模型再到微服务，部署及打包方式从面向物理机到虚拟机再到容器，应用程序的基础架构从机房自建到机房托管再到云计算等，这些变革使得应用效率大大提升，同时实现了以更低的成本交付更高质量的产品。

　　一方面，以Docker为代表的容器技术的出现，终结了DevOps中交付和部署环节中因环境、配置及程序本身的不同而造成的动辄几种甚至几十种部署配置的问题，将它们统一在了容器镜像之上。目前，越来越多的企业或组织开始选择以镜像文件作为交付载体。容器镜像之内直接包含了应用程序及其依赖的系统环境、库、应用源码等，从而能够在容器引擎上直接运行。于是，运维工程师无须再关注开发应用程序的编程语言、环境配置等，甚至连业务逻辑本身也不必过多关注，而只需要掌握容器管理的单一工具链即可。

　　另一方面，这些新技术虽然降低了部署的复杂度，但以容器格式运行的应用程序间的协同以及大规模容器应用的治理却成为一个新的亟待解决的问题，这种需求在微服务架构中表现得尤为明显。微服务通过将传统的巨大单体应用拆分为众多目标单一的小型应用以解耦程序的核心功能，各微服务可独立部署和扩展。随之而来的问题便是如何为应用程序提供一个一致的环境，并合理、高效地将各微服务实例及副本编排运行在一组主机之上，这也正是以Kubernetes为代表的容器编排工具出现的原因。

3. Kubernetes的发展历程

　　2003—2004年，Google内部开始研发Borg系统，起初这是一个小规模的项目，仅有几个人合作开发。Borg优秀的理念让Google逐渐重视起来，经过数十年的打磨，现在Borg已是一个大规模的内部集群管理系统。

　　2013年左右，Google继Borg之后发布了Omega集群管理系统，这是一个适用于大型计算集群的灵活、可扩展的调度程序。

2014年左右，Google发布了Borg系统的开源版本Kubernetes。同年，Microsoft、IBM和Red Hat等加入Kubernetes社区。

2015年左右，Google在美国的OSCON 2015大会上正式发布Kubernetes 1.0。

2017年左右，大量互联网巨头纷纷表示支持Kubernetes。在这一年，Google和IBM发布微服务框架Istio，其提供了一种无缝连接、管理和保护不同微服务网格的方法。Amazon宣布推出弹性容器服务，为用户提供了在AWS平台上部署、管理和扩容容器化应用程序的功能，其中包括了对Kubernetes的支持。同年年底，Kubernetes 1.9发布。

2018年左右，越来越多的开发人员加入Kubernetes项目社区，全球举办了500多场沙龙，国内出现了大量基于Kubernetes的创业公司。

2020年左右，Kubernetes项目已经成为贡献者仅次于Linux项目的第二大开源项目。Kubernetes已经成为业界广泛接受的容器编排标准，众多厂商纷纷选择Kubernetes作为首选的容器编排方案。

4. Kubernetes与竞品的分析

Docker、Singularity和Podman这样的容器化解决方案为应用容器化和持续发布应用程序代码提供了极大的灵活性。但是如果要部署复杂的应用程序，实现基础设施的自动化，我们还需要一个好的容器编排工具

Kubernetes、Docker Swarm（Swarm）和Mesos是行业内备受瞩目的开源容器解决方案，它们都有自己独特的优势和特点。其中，Kubernetes更适合用于应用粒度划分精细、应用逻辑业务复杂、应用规模庞大的场景。

采用Kubernetes作为容器编排工具的核心优势在于为应用程序开发人员提供了强大的工具，用于编排无状态的Docker容器，而无须直接与底层基础设施进行交互。同时，Kubernetes还为应用程序提供了标准的部署接口和模板，使其能够在跨云环境下进行部署。Kubernetes提供了强大的自动化和微服务管理机制，可以显著降低系统运维的难度和成本。与Marathon和Mesos相比，Kubernetes的模块划分更为细致且功能更丰富。这种模块之间的松耦合性使得定制化变得更加方便。另外，Kubernetes社区非常活跃，用户能够快速获得帮助，解决问题并改进平台的缺陷。这为使用Kubernetes的公司和个人提供了便利和支持。

三种技术方案的比较如表5-1所示。

表5-1　Kubernetes、Mesos和Swarm的比较

对比方面	Kubernetes	Mesos	Swarm
定位	致力于大规模容器集群管理。该方案从服务的角度定义微服务化的容器应用，考虑了众多生产环境中的需求，例如代理（Proxy）和服务域名系统（Service DNS），并且无须经过二次开发即可直接投入生产环境使用	Mesos是一个分布式系统内核，旨在将多种类型的主机组织在一起，形成一个逻辑计算机。它专注于资源的管理和任务调度，但并非针对容器管理而设计。在Mesos上运行的应用程序需要特定的框架来支持，例如安装Marathon来支持Docker，以及使用不同的框架来安装Spark和Hadoop	是目前Docker社区原生支持的集群工具，它通过扩展Docker API，力图让用户像使用单机Docker API一样驱动整个集群

续表

对比方面	Kubernetes	Mesos	Swarm
容器支撑	天生针对容器和应用的云化，通过微服务的理念对容器进行服务化包装	支持Docker容器。为了在Mesos上支持Docker，必须安装Marathon框架。Marathon框架专注于对应用层资源的管理，而其他方面则由框架完成	原生支持Docker，使用标准的Docker API，任何使用Docker API与Docker进行通信的工具都可以无缝地和Swarm协同工作
资源的控制	本身具备资源管控能力，可以控制容器对资源的调用	将所有的主机虚拟化成为一个统一的资源池（包含CPU、内存等）。具备资源的分配和动态调配能力	在Swarm集群下可以设置参数或编辑模板对应用进行资源限制
是否支持资源分区	具备通过Namespace和Node进行集群分区的能力，可以实现对主机、CPU和内存的精细控制	支持资源分区，可以定义CPU、内存、磁盘等	通过将集群分成具有不同属性的集群来创建逻辑集群分区
开发成本	原生集成了Service Proxy和Service DNS，以提供更强大的功能和便利性	要实现生产应用，需要增加很多的功能，例如HA Proxy Service DNS等，需要自己实现集群扩展和Proxy的集成。二次开发成本高，需要专业的实施团队	由于对外提供完全标准的Docker API，所以只需要理解Docker命令，用户就可以使用Swarm集群。团队不需要有足够丰富的Linux和分布式经验

5.3 Kubernetes设计理念

　　Kubernetes的设计理念是提供一个便捷有效的平台，使用户能够在物理机和虚拟机集群上启动、调度、运行容器。Kubernetes是一个支持弹性运行的分布式系统框架，是一种支撑其他平台的平台型基础设施，可以为用户在生产环境中提供依托容器实施的基础架构。Kubernetes的本质在于实现操作任务自动化，包括应用扩展、故障转移和部署模式等，因而它能代替用户执行大部分烦琐的操作任务，减轻用户负担，降低出错的概率。

5.3 Kubernetes
设计理念

简言之，Kubernetes整合并抽象了底层的硬件和系统环境等基础设施，对外提供了一个统一的资源池供终端用户通过API进行调用。Kubernetes的设计特性主要有以下几点。

1. 自动装箱

　　构建于容器之上，基于资源依赖及其他约束自动完成容器部署且不影响其可用性，并在同一节点通过调度机制混合运行关键型应用和非关键型应用的工作负载，以提升资源利用率。

2. 自我修复（自愈）

　　支持容器故障后自动重启、节点故障后重新调度容器到其他可用节点、健康状态检查失败后关闭容器并重新创建等自我修复机制。

3. 水平扩展

支持通过简单命令或UI手动水平扩展，以及基于CPU等资源负载率的自动水平扩展机制。

4. 服务发现和负载均衡

Kubernetes通过其附加组件之一的KubeDNS（或CoreDNS）为系统内置了服务发现功能，它会为每个Service配置DNS名称，并允许集群内的客户端直接使用此名称发出访问请求，而Service通过iptables或ipvs内置了负载均衡机制。

5. 自动发布和回滚

Kubernetes支持"灰度"更新应用程序或其配置信息，它会监控更新过程中应用程序的健康状态，以确保不会同时终止所有实例，而此过程中一旦有故障发生，它会立即自动执行回滚操作。

6. 密钥和配置管理

Kubernetes的ConfigMap功能实现了配置数据与Docker镜像的解耦，使得二者相互独立。这意味着用户只需在需要时修改配置，而无须重新构建Docker镜像，这为应用开发部署提供了极大的便利。此外，对于应用所依赖的一些敏感数据，如用户名和密码、令牌、密钥等信息，Kubernetes专门提供了Secret对象使依赖解耦，既便利了应用的快速开发和交付，又提供了一定程度上的安全保障。

7. 存储编排

Kubernetes的Pod对象具备按需自动挂载不同类型存储系统的能力，这使Pod对象能够灵活地根据用户需求进行存储挂载，存储系统包括节点本地私有存储、公有云服务商的云存储（如AWS、阿里云等），以及网络存储系统，例如NFS、Ceph、Cinder和Gluster等。

8. 批量处理执行

除了服务型应用，Kubernetes还支持批处理作业、CI（持续集成），以及容器故障后恢复。

5.4 Kubernetes架构与原理

5.4.1 Kubernetes的基本概念

Kubernetes中的绝大多数概念，例如Node、Pod、Service、Volume和Deployment等，都可以被视为一种资源对象。几乎所有的资源对象都可以通过Kubernetes提供的kubectl工具或调用API执行增加、删除、修改、查询等操作，并将其保存在etcd中进行持久化存储。以下是对Kubernetes中常见的资源对象进行介绍。

5.4 Kubernetes
架构与原理

1. Master

Kubernetes中的Master指的是整个Kubernetes集群的主控节点，在每个集群中都至少要包含一个 Master 节点来对集群管理控制，Master 节点会接收集群中绝大多数的控制命令，并具体执行这些命令，第 7 章云计算关键技术实践中执行的所有命令基本都是在 Master 上运行的。通常情况下，Master 会占据一个独立的服务器，高可用的 Kubernetes 集群建议使用 3 台服务器部署。Master 在 Kubernetes 中有重要的地位，它是整个集群的"首脑"，如果它宕机或不可用，那么对集群内容器应用的管理都将失效。

在 Master 上运行着如下关键进程:Kubernetes API Server（kube-apiserver）、Kubernetes Controller Manager（kube-controller-manager）和 Kubernetes Scheduler（kube-scheduler）。另外，在 Master 上通常还需要部署 etcd 服务，用于保存 Kubernetes 里的所有资源对象的数据。

2. Node

在 Kubernetes 集群中除了 Master 主控节点之外的节点称为 Node 节点。Node 节点可以是物理主机或虚拟机，并承载着 Kubernetes 集群中的工作负载。每个 Node 节点会被 Master 以容器的形式分配一些工作负载。当某个 Node 节点发生故障时，Master 会自动将其上的工作负载迁移至其他可用节点。

在每个 Node 节点上运行着以下关键进程：kubelet、kube-proxy 和容器引擎。只要节点上正确安装、配置和启动了这些关键进程，就可以将 Node 节点动态地添加到 Kubernetes 集群中。默认情况下，kubelet 会向 Master 注册自身，这也是 Kubernetes 推荐的 Node 管理方式。一旦 Node 节点纳入集群管理范围，kubelet 进程将定期向 Master 报告节点的状态，包括操作系统、容器版本、CPU 和内存使用情况，以及当前正在运行的 Pod 等信息。这样，Master 就能了解每个 Node 节点的资源使用情况，并实施高效的资源调度策略。

如果某个 Node 节点在规定时间内未上报信息，Master 将判定其为"失联"，将该 Node 节点的状态标记为"不可用"（Not Ready），然后触发自动流程进行工作负载的转移，将失联 Node 节点上的所有 Pod 重新启动到其他可用的节点上。

3. Pod

容器组（Pod）是 Kubernetes 中最重要的基本概念，也是容器调度的最小单位。每个 Pod 都包含一个特殊的根容器，称为 Pause 容器。Pause 容器是 Kubernetes 平台的一部分，通过将业务容器的生命周期状态反馈给 Kubernetes 平台，它成为 Pod 的根容器。Pod 可以包含多个业务容器，而这些容器共享 Pause 容器的 IP 地址和挂载的 Volume。这种设计简化了密切关联的业务容器之间的通信，并解决了文件共享问题。

Pod 可以分为两种类型：普通 Pod 和静态 Pod（Static Pod）。静态 Pod 是一种特殊类型的 Pod，它不存储在 Kubernetes 的 etcd 存储中，而是以确定的文件形式存储在特定的 Node 上，并且只在该 Node 上启动和运行。普通 Pod 一旦创建，就会存储在 etcd 中，并由 Kubernetes Master 进行调度，并绑定到特定的 Node 上。随后，该 Pod 将由相应 Node 上的 kubelet 进程实例化为一组相关的容器（如 Docker 容器）并启动。默认情况下，如果 Pod 中的某个容器停止运行，Kubernetes 会自动检测到该问题并重新启动整个 Pod（即重新启动 Pod 中的所有容器）。如果 Pod 所在的 Node 发生故障，Kubernetes 会将该 Node 上的所有 Pod 重新调度到其他可用的节点上。

Pod 还可以设置计算资源的限额，例如 CPU 和内存。这些限额使用 Request 和 Limits

进行配置。Request表示对资源的最小申请量，系统必须满足该请求。如果系统没有足够的资源可用，创建Pod时将进入Pending状态，直到有足够的资源分配给Pod。Limits表示资源的最大使用量，容器分配的资源不能超过此限制。如果容器尝试超过限制，Kubernetes可能会强制终止并重新启动Pod。通常，我们会将Request设置为容器平时工作负载的较小值，以满足其资源需求。而Limits则设置为峰值负载情况下资源占用的最大值。

4. Label

标签（Label）是Kubernetes中对资源对象进行标识的核心概念。通过为Node、Pod、Service、Replication Controller等资源对象添加一个或多个键值对形式的标签，可以对它们进行多维度的分组和管理。标签的键和值由用户自定义。使用标签可以方便地对资源进行配置、调度、分配和部署等管理操作。

标签类似于我们所熟悉的"标签"概念。给特定的资源对象定义标签，就相当于给它贴上了一个标签。然后用户可以使用标签选择器（Label Selector）来对资源对象进行条件筛选和查询。在Kubernetes中，标签具有以下重要的使用场景。

（1）副本控制器（Replication Controller）使用在资源对象上定义的标签选择器来筛选要监控的Pod副本数量，以保证Pod副本数量始终符合预期设置。

（2）kube-proxy进程使用Service的标签选择器来选择与之匹配的Pod，并自动建立请求转发路由表，实现Service的智能负载均衡。

（3）通过为某些Node定义特定的标签，并在Pod定义中使用Node Selector来进行标签调度策略，kube-scheduler进程可以实现Pod的定向调度。

标签和标签选择器共同构成了Kubernetes系统中的核心应用模型，使得被管理对象可以根据标签进行精细的分组和管理，同时实现整个集群的高可用性。

5. Replication Controller

复制控制器（Replication Controller，RC）是Kubernetes平台资源控制的核心概念，它的主要作用是确保集群中的Pod副本数始终与用户设定的副本数保持一致。RC的定义文件包括以下内容：指定期望的Pod副本数量、用于筛选目标Pod的标签选择器以及在副本数量低于预期时用于创建Pod的Pod模板。

在用户定义并提交一个RC到Kubernetes集群后，通知Master上的Controller Manager组件，它会定期检查系统中当前存活的目标Pod，并确保目标Pod实例的数量等于RC的期望值。如果Pod副本数不足，系统会创建新的Pod；反之，如果副本数过多，系统会自动删除一些Pod。通过使用RC，Kubernetes实现了用户应用集群的高可用性，并极大地减少了系统运维人员在传统环境中需要手动完成的许多运维工作，如主机监控脚本、应用监控脚本和故障恢复脚本等。

虽然RC大大提高了运维人员的工作效率，但在Kubernetes 1.3版本之后，由于Replication Controller与Kubernetes代码中的同名模块Replication Controller存在混淆，因此将其升级为一个新的概念——Replica Set（简称RS）。RS与RC的唯一区别在于，RS支持基于集合的标签选择器，而RC仅支持基于等式的标签选择器。这使得Replica Set的功能更为强大。

6. Deployment

为了更好地解决 Pod 编排问题，Kubernetes 引入了一种名为 Deployment 的资源类型。Deployment 通过使用 Replica Set 来实现，无论是从 Deployment 的作用目的、YAML 定义，还是从具体的命令行操作来看，我们都可以将其视为 Replication Controller（RC）的升级版本，两者之间的相似程度超过 90%。Deployment 相较于 RC 的一个最大升级是我们可以随时了解当前 Pod 部署的进度。实际上，由于一个 Pod 的创建、调度、节点绑定和容器启动等完整过程需要一定的时间，因此我们期望系统启动 N 个 Pod 副本的目标状态实际上是个连续变化的 "部署过程" 所导致的状态。

Deployment 典型的使用场景有如下几个。

（1）创建 Deployment 对象，根据预设的容器副本数，创建 Pod。

（2）监控 Deployment，查询 Pod 副本是否满足预期。

（3）业务升级时，更新 Deployment 创建新的业务容器。

（4）更新后的 Deployment 出错或无法达到期望，回滚到上个版本的 Deployment。

（5）扩容 Deployment 以应对高负载。

（6）查看 Deployment 的状态，以此作为发布是否成功的指标。

（7）清理旧版本不再需要的 Replica Set。

7. StatefulSet

在 Kubernetes 中，Pod 的管理对象包括 RC、Deployment、DaemonSet 和 Job，这些对象主要用于管理无状态的服务。但现实中有很多服务是有状态的，例如 MySQL 集群、MongoDB 集群、Zookeeper 集群等，这些应用集群有以下几个共同点。

① 节点身份 ID 固定，使用这个 ID，集群内部的成员可以相互发现并通信。

② 集群规模较固定，不能随便改动。

③ 集群节点有状态，需要支持数据持久化存储的功能。

④ 如果集群中的磁盘损坏，则集群里的某个节点无法正常运行，集群功能受损。

如果继续使用 RC 或 Deployment 来实现上述有状态的集群，就会发现集群需求的第一点是无法满足的，因为通过 RC 和 Deployment 部署 Pod 的名称是随机产生的，Pod 的 IP 地址也是在运行期才确定且可能有变动的，我们无法事先为每个 Pod 都确定唯一不变的 ID。另外，为了能够在其他节点上恢复某个失败的节点，这种集群中的 Pod 需要挂接某种共享存。为了解决上述问题，Kubernetes 在 1.5 版本开始引入了 Statefulset 这个新的资源对象，Statefulset 从本质上来说，可以看作 Deployment 或 RC 的一个特殊变种，它有如下特性。

（1）Statefulset 中的每个 Pod 都有唯一且稳定的网络标识，使用该标识可以使集群内部完成稳定的通信。假设 Statefulset 的名称为 hadoop，那么第 1 个 Pod 叫 hadoop-0，第 2 个叫 hadoop-1，以此类推。

（2）Statefulset 所控制的一组 Pod 容器的启动和停止是有顺序的，当执行到第 m 个 Pod 时，前 m-1 个 Pod 已经是就绪态。

（3）Statefulset 中使用持久化存储卷（PV 或 PVC）确保了数据的持久化存储。在使用时，即使删除 Pod，Statefulset 相关存储卷的数据默认不会删除。

8. Service

服务（Service）是Kubernetes中的核心资源对象，它定义了一个服务的访问入口地址，通过该入口可以访问与其绑定的一组Pod。在Kubernetes集群中，每个启动的Service实际上可以看作是微服务架构中的一个微服务。之前介绍的Pod、Replication Controller（RC）等资源对象为解释Kubernetes Service提供了前提和基础。图5-1展示了Pod、RC和Service之间的逻辑关系。

从图5-1中可以看出，Service定义了用户访问后端业务的入口地址，通过该入口地址，就可以访问背后为其提供服务的Pod容器组。Service与Pod之间使用标签进行关联绑定，使用RC是为了保证容器的副本数达到配置文件中的期望数。

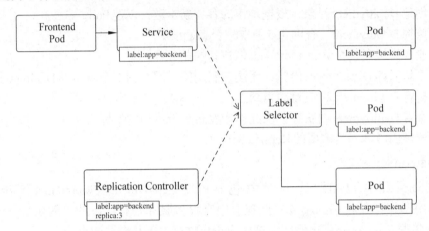

图5-1 Pod、RC与Service之间的逻辑关系

从图中不难看出，多个Pod组成了一个对外服务的Pod集群，通常情况下每一个Pod对外提供服务都以"Pod IP+端口号"的形式对外提供服务。图中的服务由多个Pod支撑，常规的做法是部署一个负载均衡服务器，对外提供统一的访问地址，由负载均衡服务器决定具体哪个Pod提供服务。后端Pod有多个支撑，由于每一个Pod都有自己的独立IP地址，Kubernetes也采用了类似的做法。在Node节点上运行的Kube-proxy就是一个智能的负载均衡器。它在内部实现服务的负载均衡和会话保持机制，可以将Service的请求转发到后端的某个Pod实例上。Kubernetes在负载均衡器架构的基础上又进行了新的革新，Kubernetes为Service分配全局唯一的虚拟IP地址。由于负载均衡器在集群的每个Node上，每个服务都具有唯一的IP地址，这时Service调用后端Pod容器就变成了简单的TCP/IP的通信问题。

当Pod销毁和重建时，Pod的入口地址（Endpoint地址）会发生变化，因为新Pod的IP地址与之前旧Pod不同。但一旦创建了Service，Kubernetes会自动为其分配一个可用的Cluster IP，并且在Service的整个生命周期内，Cluster IP不会发生改变。因此，服务发现的问题可以轻松解决，只需将Service的名称与其Cluster IP地址进行DNS域名映射即可完美解决服务发现的问题。

9. Job

批处理任务是启动多个计算进程去并行或串行地处理用户的请求。Kubernetes为支持批处理类型的应用在1.2版本引入Kubernetes Job，这种新的资源对象会定义并启动一个批处理任务Job。在集群中Job控制着一组Pod容器。它也是一种特殊的Pod副本自动控制器，同时Job控制Pod副本与RC等控制器的工作机制有以下重要差别。

（1）Job所控制的Pod副本是短暂运行的，可以将其视为一组容器（如Docker），其中的每个容器都仅运行一次。当Job控制的所有Pod副本都运行结束时，对应的Job也就结束了。Job在实现方式上与RC等副本控制器不同，Job创建的Pod副本无法自动重启，对应Pod副本的RestartPoliy都被设置为Never。因此，当对应的Pod副本都执行完成时，相应的Job也就完成了控制使命，即Job生成的Pod在Kubernetes中是短暂存在的。Kubernetes在1.5版本之后又提供了类似crontab的定时任务——CronJob，解决了某些批处理任务需要定时反复执行的问题。

（2）Job所控制的Pod副本的工作模式支持多实例并行计算，以TensorFlow框架为例，可以将一个机器学习的计算任务分布到10台机器上，在每台机器上都运行一个worker执行计算任务，这个场景很适合通过Job生成10个Pod副本同时启动运算。

10. Volume

Volume（存储卷）是在Pod中可被多个容器访问的共享存储卷。尽管Kubernetes的Volume与Docker的Volume有相似的用途和目的，但它们并不完全等同。首先，从定义层级上看，Kubernetes的Volume是在Pod级别上定义的，Docker中的Volume仅定义在Docker容器级别。其次，Kubernetes中Volume的生命周期与容器的生命周期无关，与Pod的生命周期保持一致。这意味保存在Volume中的用户数据不会因Pod中容器的停止或关闭而消失。

最后，Kubernetes支持多种类型的Volume，例如GlusterFS、Ceph等先进的分布式文件系统。下面介绍常见的Volume类型。

1）emptyDir

一个emptyDir Volume是在Pod分配到Node时创建的。从它的名称就可以看出，它的初始内容为空，并且无须指定宿主机上对应的目录文件，因为这是Kubernetes自动分配的一个目录，当Pod从Node上移除时，emptyDir中的数据也会被永久删除。emptyDir的一些用途如下。

（1）临时空间，例如用于某些应用程序运行时所需的临时目录，且无须永久保留。

（2）长时间任务的中间过程CheckPoint的临时保存目录。

（3）一个容器需要从另一个容器中获取数据的目录（多容器共享目录）。

2）hostPath

hostPath为在Pod上挂载宿主机上的文件或目录，通常可以用于以下几个方面。

（1）容器应用程序生成的日志文件需要永久保存时，可以使用宿主机的高速文件系统进行存储。

（2）需要访问宿主机上Dokcer引擎内部数据结构的容器应用时，可以通过定义hostPath为宿主机/var/lib/docker目录，使容器内部应用可以直接访问Docker的文件系统。

在使用hostPath类型的Volume时，需要注意以下几点。

① 在不同的Node上具有相同配置的Pod，可能会因为宿主机上的目录和文件不同而

导致对 Volume 上目录和文件的访问结果不一致。

② 如果使用了资源配额管理，则 Kubernetes 无法将 hostPath 在宿主机上使用的资源纳入管理。

3）其他类型的 Volume

（1）NFS：使用 NFS 共享存储挂载到 Pod 中。

（2）Iscsi：使用 iSCSI 存储设备上的目录挂载到 Pod 中。

（3）glusterfs：使用开源 GlusterFS 网络文件系统的目录挂载到 Pod 中。

（4）rbd：使用 Ceph 块设备共享存储（Rados Block Device）挂载到 Pod 中。

（5）secret：一个 Secret Volume 用于为 Pod 提供加密的信息，可以将定义在 Kubernetes 中的 Secret 直接挂载为文件让 Pod 访问。Secret Volume 是通过 TMFS（内存文件系统）实现的，这种类型的 Volume 总是不会被持久化的。

11. Persistent Volume

之前提到的 Volume 是被定义在 Pod 上的，属于计算资源的一部分，而实际上，网络存储是相对独立于计算资源而存在的一种实体资源。比如在使用虚拟机的情况下，我们通常会先定义一个网络存储，然后从中划出一个"网盘"并挂接到虚拟机上，Persistent Volume（PV）和与之相关联的 Persistent Volume Claim（PVC）也起到了类似的作用。

PV 可以被理解成 Kubernetes 集群中的某个网络存储对应的一块存储，它与 Volume 类似，但有以下区别。

（1）PV 不属于任何节点，但可以在所有节点访问，它只能作为网络存储。

（2）PV 与 Pod 是互相独立的，并没有功能上的包含关系。

（3）PV 目前支持的类型包括 gcePersistentDisk、AWSElasticBlockStore、AzureFile、CephFS、NFS、GlusterFS 等。

PV 的 accessModes 属性目前有以下几个类型。

（1）ReadWriteOnce：具有读写权限，可以被单个节点以读写模式挂载，其他节点无法进行挂载。

（2）ReadOnlyMany：具有只读权限，可以只读模式被多个节点同时挂载，但无法进行写操作。

（3）ReadWriteMany：具有读写权限，可以读写模式被多个节点同时挂载，允许进行读写操作。

PV 是有状态的对象，它的状态有以下几种。

（1）Available：空闲状态。

（2）Bound：已经绑定到某个 PVC 上。

（3）Released：对应的 PVC 已经被删除，但资源还没有被集群收回。

（4）Failed：PV 自动回收失败。

12. Namespace

Namespace（命名空间）是 Kubernetes 系统中用于对资源进行隔离和组织的重要概念。它提供了一种逻辑上将集群内资源对象分组的方式，使不同的项目、团队或用户组能够在同一个集群中共享资源并进行独立管理。

Namespace为资源对象的名称提供了一个作用域，使得同一个Namespace内的资源具有唯一性。使用Namespace可以实现多租户的资源隔离，将集群内的资源对象分配到不同的Namespace中，从而实现不同分组之间的隔离。这样可以使得团队或项目中的多个用户能够在共享集群资源的同时进行分组管理。

在团队或项目中具有大量用户时，可以使用Namespace进行区分和隔离。对于少量用户的集群，可能不需要使用Namespace，但如果需要为它们提供特殊性质或进行资源配额管理时，可以考虑使用Namespace。

5.4.2 Kubernetes的系统架构

Kubernetes的系统架构如图5-2所示，Kubernetes遵从主从分布式架构。图中所示的Kubernetes系统由一个Master节点和多个Node节点构成。当然为了防止Master节点宕机导致系统工作异常，可以通过部署高可用Master节点来解决该问题。Master节点中包含API Server、Controller Manager、Scheduler和Etcd等核心组件。Node节点中包含Kubelet、Kube-proxy和Container runtime等组件。

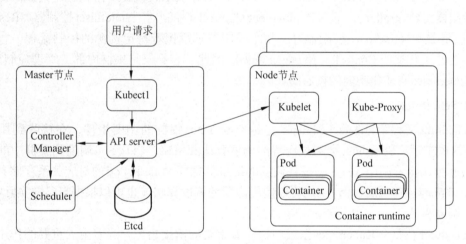

图5-2　Kubernetes 系统架构

1. Kubectl

Kubectl是Kubernetes官方提供的命令行（Command Line Interface，CLI）工具，用户通过Kubectl以命令行对Kubernetes API Server进行操作，通信协议使用HTTP/JDON。

Kubectl发送相应的HTTP请求，请求由Kubernetes API Server接收、处理并将结果反馈给Kubectl。Kubectl接收到响应并展示结果。至此，Kubectl与Kube-apiserver的一次请求周期结束。

2. API Server

API Server又称为Kube-apiserver，它作为集群内组件之间的数据通信和交互枢纽，提供了安全可靠的API入口服务，以便外部用户能够访问集群。该组件提供了HTTP Rest接口的关键服务进程，它能对Kubernetes中所有资源对象进行增加、删除、修改、查找等操作，并将操作的结果校验更新到Etcd。

Kube-apiserver属于核心组件，对于整个集群至关重要，它具有以下重要特征。

（1）将Kubernetes系统中的所有资源对象都封装成RESTful风格的API接口进行管理。

（2）可进行集群状态管理和数据管理，是唯一与Etcd集群交互的组件。

（3）拥有丰富的集群安全访问机制，以及认证、授权及准入控制器。

（4）提供了集群各组件的通信和交互功能。

3. Controller Manager

Controller Manager又称为kube-controller-manager，它是Kubernetes中的自动化控制中心，负责管理所有资源对象，可将其比作资源对象的"总管家"。它负责管理Kubernetes集群中的Pod、Node、Namespace和Service等对象资源。Controller Manager通过API Server提供的List-Watch接口实时监控集群中特定资源的状态变化，当发生各种故障导致某资源对象的状态发生变化时，Controller Manager会尝试将其状态调整为期望的状态。加入集群中的某个Node节点无法正常工作时，Controller Manager自动对问题节点发现和修复，保障集群部署的服务工作状态正常。

Controller Manager为确保Kubernetes系统的实际状态收敛到所需状态，其默认提供了一些控制器（Controller），例如Deployment Controller控制器、Statefulset控制器、Resource Quota控制器和Namespace控制器等。每个控制器都承担着特定资源的控制流程，管理这些控制器的工作交给Controller Manager来做。因此，它不仅是集群内部的管理控制中心，也是Kubernetes自动化功能的核心所在。

4. Scheduler

Scheduler又称为kube-scheduler，它是Kubernetes集群的调度组件，在接收到用户创建Pod的请求后，Scheduler会通过内置的调度算法和策略，将该Pod调度到集群中的某个节点上运行，接着调用API Server将调度的结果信息即Node和Pod的对应关系存储到Etcd中。Scheduler具有可插拔性，用户可以使用内置的调度算法，也可以根据自己的实际需求，自定义调度算法。

Scheduler在整个Kubernetes系统中扮演着重要的衔接角色，起着至关重要的作用。对上层Controller Manager而言，它接收来自上层创建的Pod，并将Pod创建任务按照次序放入PodQueue待调度队列中。调度队列有两种实现方式，分别是先进先出队列（FIFO）和优先级队列（Priority Queue），若使用FIFO则按照先进先出的原则依次对队列中的Pod进行调度。Scheduler会使用默认的调度算法和策略，根据节点的CPU利用率、内存利用率等功能指标。在NodeList节点列表中选择最适合调度待定Pod的Node节点。Scheduler每次只能调度一个Pod资源，为每一个Pod资源找到最合适节点的过程就是一个调度周期。对下层而言，一旦选择了最合适的Node节点，该节点上的Kubelet进程将调用API Server监听Node同Pod的绑定关系，以获取相应Pod的资源清单。然后，根据待调度Pod的资源清单，Kubelet会下载Image镜像并启动容器。

在整个Scheduler调度过程中主要包含以下四个对象：PodQueue集群待调度队列、Nodelist集群可用节点列表、调度算法和策略以及最适合Pod的Node节点。简而言之，整个调度过程就是Scheduler根据内置或者扩展的调度算法，将未调度的Pod资源对象调度到最合适的工作节点。Scheduler调度流程如图5-3所示。

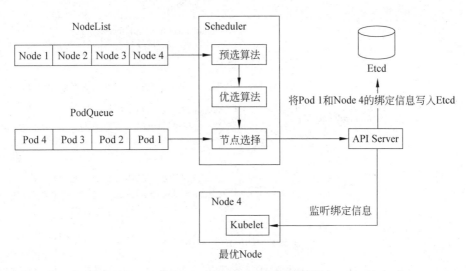

图5-3　Scheduler调度流程

5. Etcd

Etcd是Kubernetes的分布式持久化存储组件，它是云原生的基石，Kubernetes里所有关于资源对象的数据都被保存在Etcd中。在Kubernetes平台中部署Etcd集群可以保证存储系统的高可用性和容灾备份。Etcd集群的部署节点可以是Master也可以是Node，集群节点个数设置为奇数个，当Etcd集群中出现不一致数据时，集群内部进行数据投票决策正确的数据。通过使用Etcd，Kubernetes成为高度自动化的资源控制系统，具有自动控制和自动纠错的高级功能。该功能通过监控和对比Etcd存储库中保存的资源期望值与当前环境中的资源实际值之间的差异来实现。

6. Kubelet

Kubelet组件运行在每个Kubernetes节点上，用于管理节点。它负责接收Master节点通过API Server分配到本节点的具体任务，如Pod对应用的容器创建、启动、停止等任务。Kubelet进程在启动时会在Kube-apiserver注册节点的自身信息，并与Master紧密协作。一旦Node节点加入Kubernetes集群后，Kubelet会定期向API Server报告节点的信息，以实现节点管理、Pod管理和资源监控等机制。这样，Kubelet与Master之间建立了持续的通信，确保集群的正常运行。

Kubelet组件会定期监控所在节点的资源使用状态并上报给Kube-apiserver组件，这些资源数据可以帮助Kube-scheduler调度器为Pod资源对象预选节点。Kubelet也会对所有节点的镜像和容器做清理工作，保证节点上的镜像不会占满磁盘空间、删除的容器释放相关资源。

Kubelet组件实现了三种开放接口，如图5-4所示。

（1）Container Runtime Interface：CRI（容器运行时接口），提供容器运行时通用插件接口服务。CRI定义了容器和镜像服务的接口。CRI将Kubelet组件与容器运行时进行解耦，将原来完全面向Pod级别的内部接口拆分成面向Sandbox和Container的gRPC接口，并将镜像管理和容器管理分离给不同的服务。

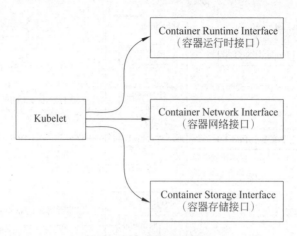

图5-4　Kubelet开放接口

（2）Container Network Interface：CNI（容器网络接口），提供网络通用插件接口服务，CNI定义了Kubernetes网络插件的基础。

（3）Container Storage Interface：CSI（容器存储接口），CSI定义了容器存储卷标准规范，容器创建时通过CSI插件配置存储卷

7. Kube-Proxy

Kube-Proxy是实现Kubernents Service通信与负载均衡的重要组件。Kube-Proxy运行在每一个Node节点上，它能实现反向代理与服务发现功能，它能将API Server对某个Service的操作请求根据一定的负载均衡策略转发到对应的Pod实例上。

Kube-Proxy组件作为节点的网络代理运行在集群的每个节点上。它能配置iptables等规则为一组Pod容器提供流量转发和负载均衡的功能。

5.4.3　Kubernetes的基础原理

1. 网络原理

在实际的业务场景中，业务的架构一般十分复杂，需要非常多的业务组件协同工作。为了支持业务应用组件的通信，Kubernetes网络的设计主要致力于解决以下问题。

1）容器到容器的通信

一个Pod内的所有容器都在同一台宿主机上，共享主机的Linux协议栈，一个Pod内的容器使用一个网络命名空间。所以网络中各种操作就像在同一台机器上是一样的。这样使得相同宿主机下Pod内容器之间的通信简单、高效和安全。接下来以Docker为例，介绍Kubernetes中Pod之间如何利用Docker网络模型进行通信。

如图5-5所示，节点Node1上运行着一个Pod

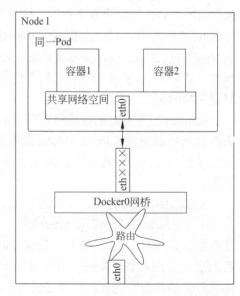

图5-5　Kubernetes的Pod网络模型

实例。在图中容器1和容器2共享一个网络的命名空间，共享一个命名空间的结果就是它们好像在一台机器上运行，它们打开的端口不会有冲突，可以直接使用Linux的本地IPC进行通信（如消息队列或者管道）。其实，这和传统的一组普通程序运行的环境是完全一样的，传统程序不需要针对网络做特别的修改就可以移植了，它们之间的互相访问只需要使用Localhost就可以。例如，如果容器1运行的是Redies，那么容器2使用localhost:6879就能直接访问这个运行在容器1上的Redies了。

2）同一Node内的Pod之间的通信

如图5-6所示，Pod 1和Pod 2都是通过Veth连接到同一个Docker 0网桥上的，它们的IP地址IP 1、IP 2都是从Docker 0的网段上动态获取的，它们和网桥本身的IP 3是同一网段的。另外，在Pod 1和Pod 2的Linux协议栈上，默认路由都是Docker 0的地址，也就是说所有非本地地址的网络数据都会被默认发送到Docker 0网桥上，由Docker 0网桥直接中转。

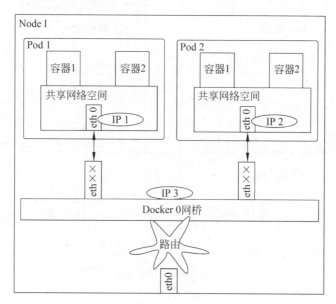

图5-6　相同Node下Pod间网络模型

综上，由于它们都关联在同一个Docker 0网桥上，地址段相同，所以它们之间是能直接通信的。

3）不同Node上Pod之间的通信

Pod的地址与Docker 0处于相同的网络段，而Docker 0的网络段与宿主机的网卡IP段是不同的。此外，不同节点之间的通信只能通过宿主机的物理网卡来进行。因此，要实现不同节点上的Pod容器之间的通信，就需要利用宿主机的IP地址进行寻址和通信。若要支持不同Node上Pod之间的通信，首先要满足以下两个条件：

（1）在整个Kubernetes集群中对Pod的IP分配进行规划，不能有冲突；

（2）将Pod的IP和所有Node的IP关联起来，通过这个关联让Pod可以互相访问。

根据条件（1），我们要在部署Kubernetes时对Docker 0的IP地址进行规划，保证每个Node上的Docker 0地址都没有冲突。我们可以在规划后手工配置到每个Node上，或者做一个分配规则，由安装的程序自己去分配占用。例如，Kubernetes的网络增强开源软件

Calico就能管理资源池的分配。

根据条件（2）的要求，Pod中的数据在发出时，需要有一个机制能知道对方Pod的IP地址挂载哪个具体的Node上。也就是说要先找到Node对应宿主机的IP地址，将数据发送到这个宿主机的网卡，然后在宿主机上将相应的数据转发到具体的Docker 0上。一旦数据到达宿主机Node，则那个Node内部的Docker 0便知道如何将数据发送到Pod。

如图5-7所示，IP 1对应的是Pod 1，IP 2对应Pod 2。Pod 1在访问Pod 2时，首先要将数据从源Node 1的eth 0发出去，找到并到达Node 2的eth 0。即先是从IP 3到IP 4的递送，之后才是从IP 4到IP 2的递送。

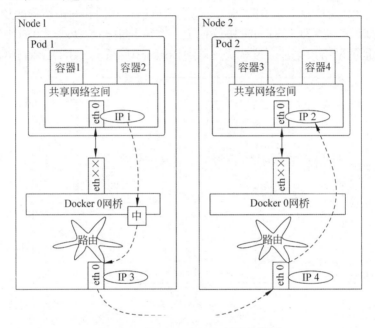

图5-7　不同Node下Pod间网络模型

2. 存储原理

共享存储主要用于多个应用都能够使用存储资源，例如NFS存储、光纤存储、GlusterFS共享文件系统等。在Kubernetes系统中，我们可以使用StorageClass、PV（Persistent Volume）和PVC（Persistent Volume Claim）来定义和管理存储，并通过volumeMount挂载到容器的目录或文件中使用。

PV可以被看作存储资源池，PVC则是对存储资源的定量需求，PV和PVC的相互关系如图5-8所示。

在Kubernetes中，共享存储供应模式包括静态模式（Static）和动态模式（Dynamic）。这些模式决定了如何创建PV作为资源供应的结果。

静态模式：集群管理员手工创建许多PV，在定义PV时需要设置后端存储的特性。

动态模式：在此模式下，集群管理员无须手动创建PV。管理员通过设置StorageClass定义后端存储类型，开发人员创建PVC时需要指定所需存储的类型，自动化地进行PV创建和PVC绑定过程。

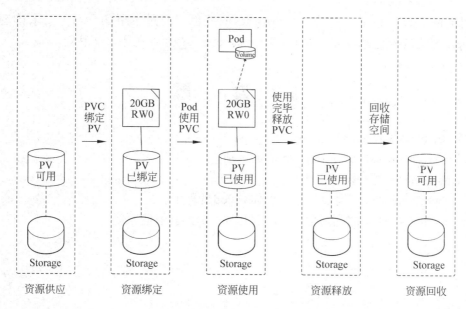

图5-8　PV和PVC的生命周期

5.5　Kubernetes典型应用

根据CNCF发布的一项调查，大多数受访者表示他们已将Kubernetes成功应用于实际生产环境中。当前，众多大型全球性机构正在大规模使用Kubernetes从事生产活动。Kubernetes的实际应用案例如下。

5.5　Kubernetes
典型应用

（1）全球最大的电信设备制造商之一的华为公司将其内部IT部门的应用迁移至Kubernetes上运行，使得其分布在全球各地的IT系统的部署周期从原本的一周缩短到数分钟，应用交付效率提高了数千倍。

（2）全球五大在线旅行社及酒店集团之一的锦江之星旅游公司利用Kubernetes将其软件发布时间由数小时缩短至数分钟，并利用Kubernetes提高在线工作负载的可扩展性与可用性。

（3）德国的媒体与软件企业Haufe Group利用Kubernetes将新版本的发布时间从原先的数天减少到半小时以内。此外，还能在夜间将应用容量缩减一半，从而节约30%的硬件成本。

5.6　总　　结

本章主要对Kubernetes的平台概念、设计理念、设计架构原理和典型案例进行介绍。其中，平台概念部分讲述了Kubernetes是什么、Kubernetes产生的背景、Kubernetes的发展过程以及同类产品的特点分析；设计理念部分简述了Kubernetes的设计特性；架构原理部分对Kubernetes的基本概念、系统架构以及网络和存储的基本原理进行了简单介绍；最后，典

5.6　总结

型应用案例部分介绍了一些应用Kubernetes的案例。通过本章的学习，要求读者掌握Kubernetes的基本概念和原理，为第7章Kubernetes实战环节打下坚实基础。

5.7 习　　题

1. Kubernetes是什么？
2. 简述Kubernetes、Swarm和Mesos的区别。
3. Kubernetes有哪些设计特性？
4. Kubernetes的Pod是什么，谈一下你对Pod的理解。
5. Kubernetes中Pod之间通信的情况有几种？简述其通信原理。

第三篇

云计算与其他技术的融合应用

## 第 6 章

云计算在其他领域的融合应用

6.1 课程思政

经过十多年的发展，云计算已经从概念阶段走向了实践阶段，成为大数据、人工智能等技术的信息基础设施。云计算、大数据、人工智能一系列的技术是相辅相成、不可分割的。云计算具有强大的计算力、存储力，人工智能的训练、预测等过程既依托于云计算强大的计算能力，又依托于大数据提供的海量数据集。同时，云计算为大数据提供精准分析与弹性计算的能力，为各行各业提供实际价值。

6.1 课程思政

随着存储成本的降低、云计算弹性计算能力的增强，通过高速网络，云计算将不同应用场景下的大体量数据计算单元相连，能够进行可扩展的高性能运算。同时，在不断增加的需求的推动下，深化运用云计算技术与大数据、人工智能等数字化技术深度融合，打造企业内外业务流程全覆盖的数字化业务平台，推动企业业务链、价值链优化发展。

目前，云计算已成为传统行业迈向互联网+的核心力量。我国云计算已经广泛应用到政务、医疗、金融、教育等众多领域，通过整合各种类型的资源，高效对接产业链的上下游，促进信息技术与传统行业的融合发展，真正实现信息资源的共享和数据的价值化。

本章内容聚焦技术前沿，围绕云计算在其他领域的融合应用，深入了解云计算技术对我国经济社会发展和改善人民生活做出的贡献，在实践中践行社会主义核心价值观，推动我国信息产业自主可控的技术发展。

建立正确的系统观、价值观，树立科学创新精神和工匠精神，增强我国信息产业自主可控的技术发展。

6.2 云计算与大数据

6.2.1 大数据技术概述

1. 大数据的定义

根据维基百科的定义，大数据是指无法在可承受的时间范围内用常规软件工具进行捕捉、管理和处理的数据集合。相对于传统数据，例如，普查数据、统计数据、测量数据，大数据被定义为一种使用非传统的数据过滤工具，从大量类型复杂且很难用目前盛行的数据库管理工具或者传统的

6.2 云计算与大数据

数据处理程序来处理的数据集合，挖掘从前未被发现的潜在价值。大数据技术是一种跨时代的技术和架构，以快速的采集、处理和分析技术，从各种超大规模的数据中获取价值。大数据涉及数据的采集、预处理、存储、分析、挖掘、展示和应用一系列过程。大数据技术庞大复杂，基础的技术包含数据感知与转型、数据预处理、分布式存储、NoSQL数据库、数据仓库、数据共享、机器学习、分布式计算、数据挖掘、可视化等各种技术范畴和各种的技术组合。

IBM提出5V来体现大数据的特点（图6-1），即Volume（数据规模在PB级及以上）、Velocity（数据增长快、处理快、时效性强）、Variety（包括结构化、半结构化、非结构化数据）、Value（价值密度低）、Veracity（准确性与可信度）。大数据在实际应用中具有重要作用，可运用于众多行业，包括预测企业趋势、确定研究质量、预防疾病、连接法律引用、打击罪犯和确定实时路况等。

图6-1　大数据5V特性

2. 大数据发展历程

1）启蒙阶段

20世纪90年代，数据正以生产资料要素的形式参与到生产之中。商业智能诞生，将企业已有的业务数据转化辅助决策。商业智能离不开数据分析，它需要聚合多个业务系统的数据，再在海量数据的范围内查询。而传统数据库都是面向单一业务的增删改查，不能满足该需求，这样就促使了数据仓库概念的出现，大数据相关概念得到传播。

2000年左右，PC互联网时代来临，同时带来了信息数量的扩张，非结构化类型数据应用越发广泛。传统数据仓库无法支撑起互联网时代规模大、数据类型多样的商业智能。2003年，Google公布了3篇足以开创计算机新时代的论文，分别叙述了分布式处理技术MapReduce、列式存储BigTable、分布式文件系统GFS三种技术。这3篇论文奠定了现代大数据技术的理论基础。但是，Google并没有开源这3个产品的源代码。2005年，Yahoo资助Hadoop按照这3篇论文进行了开源实现，这一技术变革正式迎来了大数据时代。

2）数据工厂时代

2009年，美国政府通过Data.gov网站开放政府数据。2011年，麦肯锡公司发布《大数据：创新、竞争和生产力的下一个新领域》报告。2012年，美国政府发布《大数据研究和发展倡议》。2013年以百度、阿里、腾讯为代表的国内互联网公司各显身手，纷纷推出创新性的大数据应用。2014年3月1日，贵州·北京大数据产业发展推介会在北京隆重举行，贵州大数据正式启航。2015年9月5日，国务院印发《促进大数据发展行动纲要》，大数据上升为国家战略。

商用Hadoop包含技术繁多，整个数据研发流程非常复杂。为了完成一个数据需求开发，需要包括数据获取、数据存储、数据类型转换、多维分析、数据可视化等诸多程序。大数据PaaS平台应运而生，面向研发场景提供全链路解决方案，大大提高数据的研发效率，让数据如同在流水线上加工，将原始数据快速转化为所需参数，出现在最终汇报表格或者应用产品中。

3）数据价值时代

2016年左右，移动互联网时代来临，随着大数据平台的普及，也催生了很多大数据的应用场景。将应用作为服务，集多功能于一体，只为更好地服务用户。以往大数据大多使用烟囱式开发模式来快速实现业务需求，导致不同业务线的数据被完全割裂，重复开发大量数据指标，不仅研发效率低下，还浪费了大量存储和计算资源，增加了大数据的应用成本。而数据中台的核心思想是：避免数据的重复计算，通过数据服务化，提高数据的共享能力，加强数据的赋能业务。

大数据价值被大众所重视，应用于各行各业，数据驱动决策和社会智能化程度大幅提高，大数据产业迎来快速发展和大规模应用实施。2019年5月，《2018年全球大数据发展分析报告》显示，中国大数据产业发展和技术创新能力有了显著提升。这一时期学术界在大数据技术与应用方面的研究创新也不断取得突破，截至2020年，全球以"big data"为关键词的论文发表量超过64 000篇，全球共申请大数据领域的相关专利粗略估计超过十万项。

3. 大数据处理基本流程

大数据处理流程包括数据采集、数据预处理、数据存储、数据处理与分析、数据展示/数据可视化、数据应用等环节，其中数据作为产品贯穿于整个大数据生产流程，其质量反映大数据系统的水平。每一个数据处理环节都会对大数据质量产生影响作用。

1）数据采集

在大数据时代，企业、互联网、移动互联网和物联网提供了大量的数据源，数据源会影响大数据的可信性、完整性、正确性、准确性和安全性。这不同于以往数据主要产生于企业内部，数据源的丰富化增加了数据采集的难度。同时，为了对这些不同类型的数据进行预处理，需要对数据进行判断、过滤、分类、转换，以及对不同数据源进行融合处理。

2）数据预处理

大数据的预处理环节主要包括数据清理、数据集成、数据归约与数据转换等内容，大大提高了大数据的总体质量。数据清理技术包括对数据的不一致检测、噪声数据的识别、数据过滤与修正等方面，有利于提高大数据的一致性、准确性、真实性和可用性等；数据集成则是将多个数据源的数据进行集成，从而形成专业、统一的数据库、数据立方体等；数据归约是在不损害分析结果准确性的前提下降低数据集规模，使它们被简化；数据转换处理包括基于规则或元数据的转换、基于模型与学习的转换等技术，其作用是通过转换达到数据的统一。数据预处理有利于改善大数据的一致性、准确性、完整性、安全性和价值性。

3）数据存储

大数据时代，存储数据的成本不断上升，数据存储容量呈爆炸式增长，不同数据类型促进数据结构的丰富化。除了传统的结构化数据外，随着移动互联网的发展，大数据还面临着更多的非结构化数据和半结构化数据存储需求。非结构化数据主要由分布式文件系统或对象存储系统存储，如开放源码的 HDFS、Lustre、Gluster FS 等分布式文件系统可以扩展到 10 PB 级甚至 100 PB 级。半结构化数据主要存储在 NoSQL 数据库中，而结构化数据仍然可以存储在关系数据库中。

4）数据处理

大数据的分布式处理技术与存储形式、业务数据类型等相关，针对大数据处理的主要计算模型有 MapReduce 分布式计算框架、分布式内存计算系统、分布式流计算系统等。MapReduce 是一个批处理的分布式计算框架，可对海量非结构化数据进行并行分析与处理，它适合对各种结构化、非结构化数据进行处理。目前，开放源码 Hadoop 及其生态系统越来越成熟，大大降低了数据处理的技术门槛。基于低成本的 IaaS 云计算平台，可以大大降低海量数据处理的成本。分布式内存计算系统可有效减少数据读写和移动的开销，提高大数据处理性能。分布式流计算系统则是对数据流进行实时处理，主要用于实时搜索、实时交易系统、实时欺骗分析、实时监控、社交网络等方面。

5）数据挖掘

大数据时代的数据挖掘主要包括并行数据挖掘、搜索引擎技术、推荐引擎技术和社会网络分析。并行数据挖掘主要包括预处理、模式提取、验证和部署步骤，利用 MapReduce 计算体系结构和 HDFS 存储系统实现算法的并行化和数据的分布式处理。搜索引擎技术可以帮助用户在海量的数据中快速定位他们所需要的信息，使用 MapReduce 计算体系结构和 HDFS 存储系统来存储文档和生成倒排索引，实现内容匹配和优先级排序。推荐引擎技术可以帮助用户自动获取海量信息中的个性化服务或内容，推荐的效果不仅取决于模型和算法，还取决于非技术因素，如产品形式、服务模式等。社会网络分析为挖掘交互数据提供了方法和工具，是集体智慧和众包思想的集中体现，是实现社会过滤、营销、推荐和搜索的关键环节。

6）数据可视化与应用环节

数据可视化是指将大数据分析与预测结果以计算机图形或图像的直观方式显示给用户的过程，并可与用户进行交互式处理。数据可视化技术有利于发现大量业务数据中隐含的规律性信息，以辅助管理人员制定发展策略。大数据应用是指将经过分析处理后挖掘得到的大数据结果应用于服务方面，节省中间分析论证环节，由决策人根据预测信息做出决定，是对大数据分析结果的检验与验证，大数据应用过程直接体现了大数据分析处理结果的可信性和正确性。大数据应用对大数据的分析处理具有引导作用。在大数据收集、处理等一系列操作之前，通过对应用情境的需求充分研究、对决策所需信息做明确分析，预处理先筛选掉一部分无关信息，精准定位大数据分析的方向，从而为大数据收集、存储、处理、分析等过程提供明确的方向，并保障大数据分析结果的可用性、价值性。

4. 大数据技术发展趋势

国际数据公司（IDC）的监测数据显示，2018 年全球大数据储量规模达到 33ZB，而我国数据储量占到全球数据总量的23%。2019年我国大数据产业规模约为8500亿元，较2018年增长37.8%，2021年，我国大数据产业规模增加到1.3万亿元，复合增长率超过30%。越来越多的数据资源正以数据要素的形态独立存在并参与数字经济活动全过程，以数据为中心的新型大数据系统技术是重点研究方向，信息技术体系将从"计算为中心"向"数据为中心"转型。

（1）数据与应用进一步分离，实现数据要素化。

数据最初是由具体应用主导，数据库技术的出现使得数据与应用实现了解耦。数据使用数据库技术管理，与具体应用分离，单独作为重要工具提供服务。数据要素化的需求将推动数据与应用进一步分离，数据不再依赖于具体的业务场景，数据将引领业务的发展，并通过数据服务探索不同的业务场景开发应用。例如，人口数据库，可以向全部的涉及人口信息的业务场景提供服务。

（2）实现数据从单域到跨域的管理，促进数据间的共享与协同。

数据为中心计算的核心目标是数据价值的最大化，关键要打破"数据孤岛"，实现数据要素的高效共享与协同。传统数据管理局限在单一企业、业务、数据中心等内部，未来大数据管理将从传统的单域模式发展到跨域模式，跨越空间域、管辖域和信任域。跨空间域打破地理上数据存储的限制，跨管理域会促进数据与应用协同发展，跨信任域能灵活处理对不同权限数据的应用，跨域带来的这些变化也会为大数据技术带来了新的机遇。

（3）数据的实时性需求将更加突出。

大数据技术早先遇到的挑战在于规模大，研究人员更多的权衡似乎还是在成本和复杂性方面，现如今看许多使用案例，如欺诈检测和动态定价，如果不进行实时处理，就很难获得价值。大数据的实时性在于数据快速入库、数据的实时计算、数据的实时可视化等多方面，在这一系列过程中，各方面的实时完成才能带来整个大数据系统的实时性。目前以Kafka、Flink为代表的流处理计算引擎已经为实时计算提供了坚实的底层技术支持，未来在实时可视化数据以及在线机器学习方面会出现更多优秀的工具。

6.2.2　云计算与大数据的联系

大数据（Big Data）通常用来形容海量、数据类型丰富的数据，这些数据在使用传统的关系型数据库进行处理与存储时，不仅成本高且效率低下。云计算以数据为中心，使用虚拟化技术手段来再分配服务器、数据库、网络、应用服务等在内的各种资源，形成资源池并实现对计算设备的集中管理和按需使用。借助云计算，可以完成对大数据的高效管理、实时分析，充分发挥大数据的价值，实现大数据对社会发展的意义。

大数据需要与时俱进的技术，以有效地处理新时代的大数据。适用于大数据的技术，包括大规模并行处理、数据挖掘、分布式文件系统、分布式数据库、云计算平台、互联网和可扩展的存储系统。从理论层面看，云计算研究的是计算问题，大数据研究的是巨量数据处理问题，而巨量数据处理依然属于计算问题的研究范围，从技术层面看，大数据与云计算的关系就像一枚硬币的正反面，相互依存，缺一不可。大数据作为广泛应用的技术，使用单台计算机无法满足应用需求，必须依托云计算的分布式计算、数据库和云存储、虚拟化技术。将云计算和大数据结合，就可以利用高效、低成本的计算资源分析海量数据的相关性，快速找到共性规律，加速人们对于客观世界有关规律的认识。从应用角度来讲，大数据离不开云计算，因为实时的大型数据集分析需要分布式处理框架通过组合数十、数百甚至数千的计算机部署计算任务。大数据是云计算的应用案例之一，云计算是大数据的实现技术主体。

　　云计算是大数据分析与处理的一种重要方法，云计算强调的是计算，而大数据则是计算的对象。如果数据是财富，那么大数据就是宝藏，云计算就是挖掘和利用宝藏的利器。云计算以数据为中心，以虚拟化技术为手段来整合服务器、存储、网络、应用等在内的各种资源，形成资源池并实现对物理设备的集中管理、动态调配和按需使用。借助云计算，可以实现对大数据的统一管理、高效流通和实时分析，挖掘大数据的价值，发挥大数据的意义。云计算为大数据提供了有力的工具和途径，大数据为云计算提供了用武之地。

　　云计算和大数据是相辅相成的关系。大数据是一种移动互联网和物联网背景下的应用场景，各种联网设备产生的巨量数据，经过处理和分析，挖掘有价值的潜在信息；云计算描述了一种技术解决方案，利用这种技术可以解决计算、存储、数据库等一系列IT基础设施的按需构建的需求。两者虽然技术上有相交的地方，但在概念、发展侧重上有明显区别。

　　大数据与云计算的区别如下。

　　目的不同：大数据是为了发掘信息价值，而云计算主要是通过互联网管理资源，提供相应的服务。

　　对象不同：大数据的对象是数据，云计算的对象是互联网资源以及应用等。

　　背景不同：大数据的出现在于用户和社会各行各业所产生大的数据呈现几何级数的增长；云计算的出现在于用户服务需求的增长，以及企业处理业务能力的提高。

　　价值不同：大数据的价值在于发掘数据的有效信息，云计算则可以大量节约使用成本。

6.2.3　云计算与大数据的融合应用

1. 云计算支撑数据即服务（DaaS）

　　云计算整合基础设施、软件环境等资源以服务的方式提供给用户，支撑数据即服务（DaaS）对外提供数据服务，DaaS是云计算和大数据相结合的产物。DaaS将多来源数据加工处理，通过标准接口对外提供高质量的数据，并对外提供数据处理、开发、计算、处理等服务。云计算平台具备强大的计算能力、存储能力，提供了大数据基础架构，提供按需资源和服务，以确保DaaS服务不中断。由于云环境是可扩展的，因此无论DaaS平台数据量如何，它都可以提供适当的数据管理解决方案，并可根据用户要求提供安全策略。身份管理和访问控制是处理DaaS平台数据的两个主要问题，云计算可以使用简单的软件界面满足此安全要求，不仅保证了用户数据的完全机密性，并且仅提供对授权用户的访问。大数据服务可以分布在全球各地，而在不同地点维护如此庞大的服务器对于企业来说难以承受，云计算可以通过地理位置分散的服务器以及虚拟服务器存储和处理数据，因此大大降低了大数据处理的成本。云计算使用不依赖于用户设备效率的高级软件和应用程序，云计算支持通过网络的高速数据流，可以更快更高效地进行大数据处理。

　　云计算作为计算资源的底层，支撑着上层的大数据处理，而大数据的发展趋势是实时交互式的查询效率和分析能力。数据先要通过存储层存储下来，然后根据数据需求和目标来建立相应的数据模型和数据分析指标体系对数据进行分析产生价值。而中间的时效性又通过中间数据处理层提供的强大的并行计算和分布式计算能力来完成。三层相互配合,让大数据最终产生价值。

2. 可信云保障大数据安全

1)可信云计算技术

可信计算以具有高度可信性的计算平台为依托,开展相关的安全服务工作,此类平台的核心是安全模块,该平台能够大幅提升计算系统的安全性。云计算应用不断发展,将可信计算与云计算有机融合到一起,构成可信云计算平台,并提出可信云计算安全的概念。可信计算之所以安全,与其采用的识别方式有着密不可分的关联,包括人脸识别、指纹识别和语音识别等,以及可信密码技术的加入。这些识别方式的采用使整个可信云计算平台的安全性得到进步提高。这个过程中云计算凭借自身强大的计算资源,通过密钥技术、加密算法,与包括人脸识别、指纹识别和语音识别等身份特征验证的识别方式来保护数据隐私,同时对数据本身增强了保护。数据传输、存储及处理的各个阶段对数据进行加密,保护了用户数据安全。

阿里云可信是依赖云平台硬件安全中的可信计算能力,通过自研开发的可信服务,实现云上的软件栈可信,即云平台安全可信、云平台上运行的应用可信,达到云平台整体安全可信升级的目标。其实质是牺牲一部分计算资源,确保云平台上运行的系统软件,如固件、操作系统(OS)等安全可靠,保障云平台上系统信息的一致性。目前主要是完成对系统软件的评测和验证,而查验自身的可信程度则通过云平台可信硬件实现。可信硬件作为云服务器或接入用户服务器的可信根,通过在硬件内部实现最基础的安全功能如密钥存储、安全算法,实现从下到上逐级的可信链传递。阿里云可信根会在商业系统和产品上配置成熟的TCM(可信密码模块),通过嵌套TCM可信芯片组成的可信服务器作为系统的可信根,逐级实现云平台以及其支撑的服务的可信。

2)云平台安全策略

云计算与大数据的结合,在使用大数据时希望在保证安全的情况下利用云计算的可伸缩性、灵活性、按需部署等特性,这就需要不断健全云安全策略,不仅能防御外来入侵,而且能于意外状况发生时赋能应对安全挑战,改善内部架构的稳定性和健壮性,可从以下几个方面进行加强。

(1)多角度提出云安全解决方案

在保障云资产安全时,应有人员对安全决策负责,例如,将负载迁移至云上的最终决定由谁下达,被授权进行数据访问、更改和移动的人员安排,专业团队在处理数据发生各种问题时如何分工。大数据管理中,云安全解决方案需要多角度且能扩展,云安全不仅着重于硬件安全模块的建设,还应能构建针对云计算安全的功能架构,弥补硬件扩展能力不足和在云计算处理时不够灵活的问题。

(2)敏感数据加密处理

涉及个人隐私、商业机密的敏感数据迁移至公有云或托管于第三方风险性极大,判断数据可否上云,并对数据加密保障安全性。云加密措施是很重要的步骤,但不适用于所有云业务,比如部分加密技术需本地网关加密,但这不利于云环境下的业务运营。或是服务提供商掌握密钥加密,用户就会去相信拥有密钥的单位,这些单位的可靠性又需要再去验证，所以不适合的加密会造成更大的故障。

（3）高度重视数据安全

虽然保障云安全通常会耗费计算资源，但用户在大数据部署时出于侥幸心理，为了节省部分成本，选择部分"安全捷径"，忽视法律法规与行业标准对安全管理设置的严格要求。在数据加密或按保密等级授权时追求执行的简易性和低成本往往会造成无法挽回的损失。所以涉及数据安全性时，根据数据的敏感等级，采用适合的解决方案，尤其是一些管制数据，更要分门别类地执行保障安全的操作，正确应对数据泄露、黑客入侵的威胁。

（4）云计算数据备份与恢复技术

数据备份是保证数据安全的重要措施之一，当云计算系统发生故障后，数据可能会遗失。完善的备份与数据恢复机制，能够及时找回丢失的数据，使应用进程继续进行，中断的服务重新启动。云备份相比传统数据备份，不用额外配置硬件，安装备份代理后，备份–恢复作业会自行处理；另外，云灾难恢复速度快、备份也易于扩展等也是云备份的重要优势。

3. 基于云计算的异构数据管理

云计算是一种基于互联网的、通过虚拟化方式共享资源的计算模式，对于存储和计算等资源，可以按需分配、动态部署、弹性利用。云数据服务通过总/分的方式，利用分布式数据库特性，将各类异构数据的存储和处理交给大量的分布式计算机（服务器），它们承担了庞杂的分析、计算工作，以提供服务的方式进行交互，促进了从数据共享到知识共享再到服务共享的构想实现，在资源利用及数据处理效率上的提升，实现结构化数据、半结构化数据与非结构化数据的全面整合，变为统一、有序、高效的数据资源。

随着IT技术发展，数据处理的规模由TB级骤升至PB级，巨大的数据量导致数据处理系统的架构也逐渐从纵向扩展（scale up）转向横向扩展（scale out），也就是增加计算设备数量整合出大量计算资源来扩展处理能力，这导致成本的提升，数据的实时性不能得到保证。基于云计算的异构数据处理平台为解决该问题提供了一种解决方案，如图6-2所示。

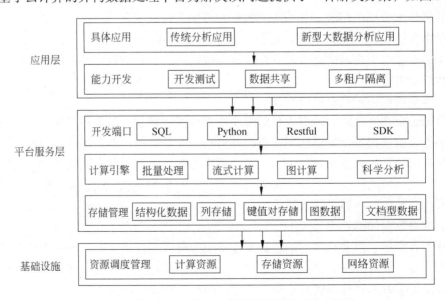

图6-2 基于统一架构大规模异构数据处理平台模型

在基础设施层面，资源调度管理模块是通过计算、存储、网络等资源进行集中调度管理，提升基础资源的利用率。在平台服务层面，采用统一的计算引擎和存储管理，包括应对不同类型数据的存储和分析，以及提供批量处理、流式计算、图计算、AI分析等多种数据分析处理能力。基于统一的开发接口层为应用层提供了开发测试、数据共享、多租户隔离等丰富功能的开发接口。

6.3 云计算与人工智能

6.3.1 人工智能技术概述

1. 人工智能的定义

人工智能（Artificial Intelligence，AI），是研究、开发用于模拟、延伸和扩展人的智能的理论、方法、技术及应用系统的一门技术科学，是以"理论、技术及应用系统"为研究与开发的对象，以"模拟、延伸和扩展人的智能"为研究目的的一门科学。

6.3 云计算与
人工智能

从本质上来看，人工智能是对人脑思维信息过程进行的结构与功能的模拟。所谓结构模拟，是通过仿照人脑结构机制，来制造类人脑的机器；所谓功能模拟，是不考虑人脑内部结构，只从实现功能上进行模拟。现代电子计算机就是对人脑思维的功能模拟与信息工程模拟的产物。人工智能并不是人的智能，而是模拟人脑意识和思维的信息过程，使机器能够像人一样思考，甚至可以超过人的智能。

关于人工智能的一个比较流行且领域里较早的定义，是在1956年达特茅斯会议上由约翰·麦卡锡（John McCarthy）提出的：人工智能就是要让机器的行为看起来就像是人所表现出的智能行为一样。强人工智能在这个定义中似乎被忽略掉。另一个定义指人工智能是人造机器所表现出来的智能性。总之，可以将人工智能的定义分为使机器"像人一样思考""像人一样行动""理性地思考"和"理性地行动"四类。这里"行动"不是肢体的动作，而是应广义地理解为采取行动，或制定行动的决策。

2. 人工智能发展历史

从远古时代起，人类就一直希望能够创造一种类似于人类智能的机器，从而解放人类的重复劳动。1936年，计算机科学的鼻祖图灵发表了名为《论可计算数》的论文，至此，机器模拟人类智能从一个哲学话题转变为一个能够像数学学科那样被论证的课题。图灵的论文证明机器可以模仿人类的智能，虽然当时并没有足够的软硬件条件来证明，但是今天的无人驾驶、ChatGPT、棋类对弈和计算机视觉识别等都是图灵所预见的。

提出图灵机后，现代计算机进入设计与研究阶段，即设计真正意义上的遵循通用图灵机模型架构的存储程序计算机（Stored-program Computer）。现代计算机发明后，各种人工智能应用开始蓬勃发展，从20世纪50年代开始，各个领域的学者、专家都开始关注"思考机器"（Thinking Machines）的研究，但各个领域的用词和方法的不同带来了很多混淆。一直到1956年的达特茅斯会议上，人工智能才作为应用方向的真正引入。

1956年，达特茅斯学院（Dartmouth College）年轻的助理教授麦卡锡决定召集一个会议澄清思考机器这个话题。在这个会议中，为避免与"思考机器"混淆，他使用了人工智能（Artificial Intelligence）这个词。麦卡锡召集当时对机器智能感兴趣的众多专家学者到佛蒙特州参加"达特茅斯人工智能夏季研究会"，并进行了一个多月的讨论。在会上以麦卡锡、明斯基、罗切斯特和申农等为首的一批有远见卓识的年轻科学家提出了用机器模拟智能的相关问题，梦想着用当时刚研究出的计算机来构造复杂的、拥有与人类智慧同样本质特性的机器。在这个会议上首次提出的"人工智能"这一术语，标志着"人工智能"这门新兴学科的正式诞生。

从1956年至今，经过近70年的长足发展，人工智能已成为一门广泛的交叉和前沿科学。总的来说，人工智能的目的是使计算机能够像人一样思考。如果想制造一台会思考的机器，必须知道什么是思考，更重要的是，什么是智慧。那么什么样的机器是智慧的？科学家创造了模仿我们身体器官功能的汽车、火车、飞机、收音机等，但是它们能模仿人脑的功能吗？到目前为止，我们只知道我们的大脑是一个由数十亿神经细胞组成的器官，而其他几乎则一无所知，模仿它可能是世界上最困难的事情。

计算机出现后，人类开始真正拥有一种可以模拟人类思维的工具。在接下来的几年里，无数科学家为实现这一目标而努力。如今，人工智能不再是几位科学家的专利。世界上几乎所有的计算机专业都在学习这门课程。在每个人的不懈努力下，计算机现在似乎变得非常智能。例如，1997年5月，IBM公司研制的深蓝（Deep Blue）计算机战胜了国际象棋大师卡斯帕洛夫。人们可能没有注意到，在一些地方，计算机帮助人们完成最初只有人类才能完成的一些任务，计算机以其速度和准确性为人类发挥着它的作用。

2012年之后，得益于数据量的增加、计算能力的提高，以及新的机器学习算法——深度学习的出现，人工智能开始爆发，人工智能的研究领域不断扩大，图6-3显示了包括

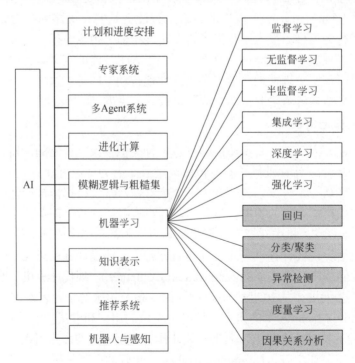

图6-3　人工智能研究的分支

专家系统、机器学习、进化计算等人工智能研究的各个分支。

人工智能通常分为弱人工智能和强人工智能。目前的研究工作主要集中在弱人工智能上，使具有观察和感知能力的机器能够实现一定程度的理解和推理。电影中的人工智能大多描绘了强人工智能，它使机器能够获得自适应能力并解决以前从未遇到过的问题，这使得它很难在现实世界中真正实现。

人工智能的发展历史与计算机科学技术的发展息息相关。除了计算机科学，人工智能还涉及信息论、控制论、自动化、仿生学、生物学、心理学、数理逻辑、语言学、医学、哲学等学科。人工智能学科研究的主要内容包括知识表示、自动推理与搜索方法、机器学习与知识获取、知识处理系统、自然语言理解、计算机视觉、智能机器人、自动编程等。

自诞生以来，人工智能在理论和技术上日益成熟，应用领域也不断拓展。在过去的30年里，人工智能得到了快速的发展，并在许多学科中得到了广泛的应用，也取得了丰硕的成果。人工智能逐渐成为一个独立的分支，在理论和实践上形成了一个系统。未来人工智能带来的技术产品将是人类智慧的"容器"。

3. 人工智能技术——机器学习与深度学习

人工智能是一个非常宽泛的概念，研究了如何让计算机像人类一样思考和决策；机器学习（Machine Learning，ML）是人工智能的一个分支，专门研究计算机如何模拟或实现人类的学习行为，以获得新的知识或技能，并不断提高自身性能；深度学习（Deep Learning，DL）是一种机器学习方法，它试图使用由复杂结构或多个非线性变换组成的多个处理层（神经网络）来高层次地抽象数据。

机器学习是实现人工智能的一种方法，深度学习是实现机器学习的一种技术，三者之间的关系如图6-4所示。

图6-4　人工智能技术的关系

（1）人工智能：一门新的技术科学，研究和开发用于模拟、延伸和扩展人类智能的理论、方法、技术和应用系统。

（2）机器学习：一种实现人工智能的方法，最基本的做法是使用算法来解析数据并从中学习，然后对真实世界中的事件做出决策和预测。与传统的为解决特定任务、硬编码的软件程序不同，机器学习是用大量的数据来"训练"，通过各种算法从数据中学习如何完成任务。

机器学习直接来源于早期的人工智能领域。传统的算法包括决策树、聚类、贝叶斯分类、支持向量机、随机森林、Logistic回归、朴素贝叶斯、K近邻算法、K均值算法、Adaboost算法、神经网络、马尔可夫等。在学习方法方面，机器学习算法可分为监督学习（如分类问题）、无监督学习（如聚类问题）、半监督学习、集合学习、深度学习和强化学习。

传统机器学习算法在指纹识别、人脸检测、物体检测等领域的应用，基本满足了商业化的要求或特定场景的商业化水平，但每一步都极其困难，直到深度学习算法的出现。

（3）深度学习：机器学习领域的一个新的研究方向，它的引入是为了使其更接近其最初的目标——人工智能。深度学习是学习样本数据的内部规律和表现水平。它的最终目标是使机器能够像人类一样学习和分析，并识别文字、图像和声音等数据。

深度学习的思想灵感来自由数十亿个神经元组成的人脑，基于这些神经元结构，我们创建了一个人工神经网络，当这个神经网络有多层时，我们称为深度神经网络，也就是深度学习。

深度学习是一种机器学习技术，用于建立和模拟人脑分析学习的神经网络，并通过模仿人脑的机制来解释数据，试图模仿大脑神经元之间的信息传输和处理模式，即每个神经元接收信息，并在处理后将其传递给所有相邻的神经元。最显著的应用是计算机视觉（CV）和自然语言处理（NLP）。显然，深度学习与机器学习中的神经网络是强相关，神经网络也是深度学习主要的算法和手段。

神经网络有大计算量和高计算复杂度，因此受制于基础设施技术，长期以来进展并不显著。直至GPU的出现带来深度学习的蓬勃发展，深度学习才突然流行起来。谷歌的TensorFlow是开源深度学习系统的一个很好的实现，它支持CNN、RNN和LSTM算法，是图像识别和自然语言处理中最流行的深度神经网络模型。事实上，提出"深度学习"概念的Hinton教授加入了谷歌，AlphaGo也是谷歌的。

目前，深度学习已经实现了各种任务，似乎所有的机器辅助功能都是可能的。无人驾驶汽车、预防性医疗保健，以及更好的电影推荐，都近在眼前，或者即将实现。

然而，作为目前最火的机器学习技术，深度学习仍存在以下问题。

（1）深度学习模型需要大量的训练数据才能发挥神奇的效果，但在现实生活中，我们经常会遇到小样本问题。在这一点上，使用传统的简单机器学习方法可以很好地解决问题，没有必要使用复杂的深度学习方法。

（2）深度学习计算量大，硬件需求高。因为需要大量的数据和很大量的算力，所以成本很高，并且现在很多应用还不适合在移动设备上使用。

（3）深度学习的思想来源于对人类大脑的启发。例如，在向三四岁的孩子展示自行车后，即使他们看到一辆外观完全不同的自行车，孩子也很可能会判断出这是一辆自行车。而深度学习需要大量各种类型的自行车训练数据，才能实现自行车判别的高准确度及高鲁棒性。这意味着人类的学习过程通常不需要大规模的训练数据，而目前的深度学习方法显然不是对人类大脑的模拟。

总之，未来人工智能的大规模应用还需要在硬件、算法等方面有所突破。机器学习与深度学习都是在大数据技术发展迅猛的前提下，拥有超大数据规模的产物，是大数据技术上的一个应用，同时深度学习还需要更高的运算能力支撑，如云计算。

4. 人工智能技术发展趋势

1）人工智能带来的影响与面临的挑战

自从达特茅斯会议上确立了"人工智能"为计算机科学的一个研究领域，人工智能在机器视觉、自然语言处理、无人驾驶等领域取得了长足发展。随着人工智能迅速发展，人工智能影响也日渐突出，主要表现在以下几个方面。

（1）自然科学方面，在需要使用计算机工具解决问题的学科中，人工智能带来的帮助不言而喻。更重要的是，人工智能反过来能够帮助人类最终认识自己智能的形成。

（2）经济方面，深入各个行业的专家系统为人们带来了巨大的宏观效益，人工智能也促进了计算机产业和网络产业的发展。但与此同时，它也带来了劳动力就业问题。在技术和工程中，人工智能可以取代人类完成各种技术与脑力任务，从而引起社会结构的剧烈变化。

（3）社会方面，人工智能也为人类的文化生活提供了新的模式。现有的游戏将逐渐发展成为更智能的互动文化娱乐方式，人工智能已被各大游戏制造商在游戏开发中运用得炉火纯青。

然而，人工智能的发展面临许多挑战，如前沿科学研究与产业实践之间缺乏紧密联系；人才缺口巨大，人才结构失衡；数据孤岛和碎片化的问题突出；可重用和标准化的技术框架、平台、工具和服务尚未成熟；一些领域还存在超前发展和盲目投资的问题；创业的难度相对较高，早期创业团队需要更多的支持，等等。

2）人工智能未来发展前景

人工智能技术在核心技术和典型应用方面都取得了爆炸性进展。随着平台、算法和交互方法的不断更新和突破，"AI+X"的形式成为人工智能技术的主流发展方向（X代表特定的产业或行业）。智能客服（导购、导医）、智能医疗诊断、智能教师、智能物流等已进入人们的生活，新的智能方向也在不断推进中。所有这些智能系统的出现并不意味着相应行业或专业的消亡，而只是职业模式的部分改变（如减少教师教授课本知识的时间），即从过去只由人类完成，转变为通过人机协作完成。

（1）人类生活：随着各种智能终端的普及和互联，在不久的将来，人们将不仅生活在真实的物理空间中，同时生活在数字化和虚拟化的网络空间中。在这个网络空间中，人类和机器之间的界限将空前模糊，这意味着网络空间中的每个个体都可能是人类或人工智能。在现实的物理世界中，人工智能不需要有人形的形式，使其能够从更多的角度进入我们生活的方方面面，并帮助人类完成以前被认为只有人类才能完成的智能任务。

（2）智能制造：在生产方面，随着中国城镇化建设的不断推进，人工智能可以在传统农业的转型中发挥重要作用。例如，遥感卫星、无人机等监测耕地的宏观和微观状况，通过人工智能算法自动确定（或向管理员推荐）最佳种植计划，并综合调度各类种农业机械设备实施计划，最大限度地提高农业生产力。在制造业，人工智能可以帮助设计师完成产品设计。在理想情况下，可以弥补中高端设计师的短缺，从而提高制造业的产品设计能力。同时，通过挖掘和学习大量的生产和供应链数据，人工智能还可以优化资源配置，提高企业效率。在理想情况下，人工智能将为企业提供产品设计、原材料采购、原材料调配、生产制造、用户反馈数据收集和分析的全流程支持，推动我国制造业转型升级。

（3）生活服务：人工智能在教育、医疗、金融、出行和物流等领域也发挥着巨大作用。在教育方面，教育人工智能系统可以承担讲授知识的任务，使教师更注重培养学生的系统思维能力和创新实践能力。在医疗方面，客服机器人可以帮助医务人员完成患者病情的初步筛查和分诊；医学数据智能分析技术和智能医学图像处理技术可以帮助医生制定治疗方案；可穿戴设备和其他传感器可以实时监测患者的各种身体指标，并观察治疗结果。在金融方面，人工智能将帮助银行建立更全面的信用报告和审计制度，从全局角度监测金融系统的状态，抑制各种金融欺诈行为，并为贷款等金融业务提供科学依据，确保机构和个人的金融安全。在出行方面，自动驾驶（或称无人驾驶）取得了长足的进展。在物流方面，物流机器人已大规模取代人工分拣，仓库选址和管理、配送路线规划、用户需求分析等也将（或已经）走向智能化。

3）人工智能的发展因素

从核心技术来看，平台（承载人工智能的物理设备和系统）、算法（人工智能的行为模式）、接口（人工智能与外界的交互）等核心技术的突破有望进一步推动人工智能的发展。

在平台层面，目前大多数人工智能都依赖于电子计算机等计算设备来实现。传统计算机的核心CPU（中央处理器）主要用于通用计算任务。尽管它也可以兼容人工智能中涉及的智能任务，但其效率相对较低。随着各行业对人工智能需求的急剧增长，开发更适合人工智能的高效平台正成为日益突出的需求。Intel、Google、Nvidia、Cambricon等国内外知名企业在新型智能处理器方面取得了一系列进展。未来，人工智能必然需要面对种类繁多且特点各异的智能任务。设计基于各种处理器的新计算架构，实现能够服务于不同企业和需求的智能平台，是未来技术发展的一大趋势。此外，快速发展的量子计算技术，特别是量子计算机的实现，也有望为未来人工智能提供突破性的计算平台。

算法决定了人工智能的行为模式。即使有最先进的计算平台支持，一个没有有效算法的人工智能系统也只能像一个四肢发达、头脑简单的人，无法真正拥有智能。自人工智能概念诞生以来，典型智能任务的算法设计一直是该领域的核心内容之一。可以想象，智能算法仍然是人工智能未来发展的中心。但与过去不同的是，今天的人工智能不再只是隐藏在象牙塔或各种研究机构中的学术研究，而是以各种形式出现在我们的日常生产和生活中，并与我们生活的真实社会和物理世界越来越紧密地联系在一起。无论是对整个人类社会，对国家，还是对个人，我们的文化、语言、生活、行为和习惯正在不断演变。我们能否使算法通过自身进化自动适应这个"唯一不变的就是变化"的物理世界呢？这可能是从"人工"智能转向"类人"智能的关键。

沟通（接口）是人类的基本行为，也是人与人之间协作的基础。在虚拟数字空间中，更难区分人工智能和人类。中国的聊天机器人可能会让我们觉得比外国朋友更容易交流。因此，在人工智能协助人类完成大量智能任务的未来社会，实现人与机器之间的高效沟通与协同合作具有重要意义。语音识别和自然语言理解是实现人机交互的关键技术之一。以IFlytek为代表的企业和科研机构在语音识别方面已实现商用。自然语言理解已在一些典型应用领域（智能客服）率先取得突破，但全面人机交互仍是目前的一个技术难点。此外，通过脑机接口技术，即不使用自然语言，直接用脑电波与机器通信，也取得了相当进展。目前，我们可以使用脑电波直接控制机械手臂等外部设备执行简单的任务。

人工智能的发展还需要什么？尽管神经网络方法的使用似乎比专家系统更先进，但人工智能的发展仍处于早期阶段，要求较高的人工干预。坦率地说，它仍然处于牙牙学语的阶段。那么，它如何才能尽快长大，帮助人类做更多的事情呢？这里列出了三个必要条件。

第一个条件——海量数据，我们已经足够了。Forrester估计，每部智能手机平均每天生成1GB的数据，而保守估计，全球智能手机用户超过20亿，也就是每天有超过20亿GB的数据产生。如果使用传统的1TB硬盘驱动器（1024GB），每年将需要近8亿个硬盘驱动器，远远超过全球硬盘驱动器的生产能力，并且能够环绕地球接近3圈。

第二个条件——超强算法，目前正处于发展的快车道上，正在进行快速更新迭代。自2006年提出深度学习算法的总体框架以来，在Hinton的基础上进行了逐步的修补创新。

第三个条件——强大算力，这是我们目前最大的弱点。一方面依靠算法创新提高硬件利用效率，另一方面依靠硬件架构创新实现更直观、指数级的突破。换句话说，人工智能的发展与人工智能芯片的发展息息相关。

6.3.2　云计算与人工智能之间的关系

1. 人工智能与云计算

人工智能（Artificial Intelligence）和云计算（Cloud Computing）作为当前最受关注的两项技术，正在逐渐改变商业模式，深入影响各行各业，为各行各业带来质的变化。它们的融合，催生出了更多的场景与数据、更好的算法与更强的计算能力，加快了创新速度，使得更多的产业进入创新循环阶段。

随着大数据技术的发展，人工智能已经发展为基于大量数据统计的方式，例如机器学习与深度学习，通过大量样本数据进行训练调试，给出算法模型，从而实现人工智能任务的处理多样化。云计算技术为基于大量数据的人工智能的复杂模型训练提供了数据存储与计算支持。云计算技术集成了遍布各地的数据中心存储资源和平台资源，是人工智能强有力的后盾。同时，人工智能算法助力于资源调度、数据流转等，是促进云计算发展的利剑。

2. 云计算为人工智能提供了资源与平台

2019年，Gartner发布了一份关于人工智能的测试报告，报告中指出，在2018年，采用人工智能的企业数量增加了两倍，因此，人工智能将决定基础架构的选型和决策。也就是说，在人工智能的使用迅速增加的背景下，到2023年，其将会成为驱动基础架构决策的主要工作负载之一。

近年来，人工智能得以快速发展，是因为可用于训练的数据和能够负担起这些数据的计算能力在爆炸式增长，模型训练方法进一步改进，以及用于开发机器学习解决方案的工具的数量和质量也在飞速增长。从基础架构角度出发，三大动力推动人工智能奋进发展，一是强大的算力，二是海量的数据，三是大量支撑机器学习的框架和工具。其中，大数据的发展提供了海量数据的支撑，而云计算则为算力和框架及工具做出巨大贡献。

在算力方面，云计算是提升算力的重要支撑。云计算通过高速网络连接大量独立计算单元，提供可扩展的高性能计算能力。通过资源虚拟化、按需服务、无处不在的访问和可扩展的部署，将大量分散的算力资源打包聚合，形成一个虚拟的、可无限扩展的算力资源池。在人工智能计算中，矩阵或向量的乘法与加法涉及很多，专用性高，适合使用GPU这种具有很多GPU核的处理器进行运算，通过把同样的指令发送到众核上，输入不同的数据，完成机器学习算法的海量简单操作。因此，基于GPU的云计算异军突起，成为人工智能领域的新宠儿。

近年来，随着微服务、docker、GPU计算的互联网积累，基于GPU的云计算服务独树一帜。从2012年开始，Amazon、Google、Microsoft等先后发布了工业级的GPU云计算，随后从2017年开始，国内的百度、阿里和腾讯发布了类似的GPU云计算产品。工业级GPU云计算服务于高精度、同时也高成本的人工智能、智能学习等应用领域。2019年，Google推出商用级GPU云计算，不同于工业级GPU云计算，商用级是高性能低成本的，更适用于人工智能算法。现在，Google的云平台上有两款使用机器学习的人工智能软件，分别可以提取文本内容含义以及将语音内容转化为文本；Microsoft提供了图像分析服务，科大讯飞利用GPU集群实现语音识别等。

GPU云服务是指基于GPU的快速、稳定、有弹性的计算服务，具有实时、高速的并行计算和浮点计算能力，可以通过调用更多的机器资源来完成任务。GPU云计算服务为存储和网络提供虚拟化功能。通过虚拟化技术，可以根据需要分配具有剩余资源的单个物理机，独立和隔离地完成多个任务，实现资源高利用率和高可用性。它们主要服务于视频编解码、图形图像处理、科学计算和人工智能等多个领域。

按照业务类型，人工智能业务可以分为三类，分别是在线推理业务，如身份证识别、人脸识别等，要求高时效性；离线推理业务，如资料审核、量化分析等；模型训练业务。在确保业务的隔离性、安全性、相互之间无干扰的前提下，为优化GPU资源，GPU资源池化提供了三个优化场景。

场景一：多个在线推理业务混合部署。

按照实际人工智能业务的需求，将物理GPU卡的算力切分为若干个虚拟GPU，一个人工智能业务使用一个虚拟GPU，化整为零，动态释放，实现多个在线推理业务在同一张GPU卡上的部署，充分挖掘和利用GPU资源，服务和支撑更多的业务并发，提高业务实时响应速率。

场景二：在线、离线推理业务混合部署。

按照实际人工智能业务的时间需求，部署时间复用业务。如多数在线业务（身份证识别、人脸识别、语音识别等）在白天有极高的业务请求量，而在夜间的业务请求量急剧降低，那么在算力闲置的夜间时间段，部署离线推理业务，并设置优先级，在保证高级别的在线推理业务请求完成的前提下，完成离线推理业务。将在线与离线两个业务同时调度到同一个物理GPU卡上运行，无须中断在线业务，并能够充分提高GPU的整体使用效率。

场景三：推理、训练业务混合部署。

利用显存超分技术，将训练业务与推理业务混合部署。如白天或者工作日的时间，推理业务优先占用GPU，保证高负载下的业务量，等到了夜间或节假日的时间，推理业务请求量降低，采用显存超分技术，将显存数据切换至内存，GPU资源调度给训练业务使用。在次日推理业务请求时间段中，推理业务的数据从内存加载到显存中，GPU资源调度给推理业务使用，突破显存限制，提升扩展能力，进一步利用GPU资源。

也就是说，人工智能应用可以根据负载要求，调用任意大小的GPU，可以聚合多个物理节点的GPU；在创建docker或虚拟机之后，仍然可以调整虚拟GPU的数量及大小；当停止使用人工智能应用时，可以立即释放GPU资源，以便于资源的高效流转与充分利用。

在云资源灵活应用方面，基于数据中心的GPU资源池化能够打破单机资源调度的物理边界壁垒，使企业或用户使用任何物理机上任意数量的GPU资源，支持按需调用、动态伸缩、动态释放，支持多业务安全隔离，极大程度上提高了GPU的利用率和业务的灵活度。GPU资源池化不仅提供的是GPU资源的共享，还有针对人工智能业务类型，提供实用功能，帮助人工智能业务应用落地。

3. 人工智能助推云计算的发展

1）人工智能为云资源利用研究提供指导

基于互联网的云计算正在成为新一代的计算范式。云可以在集中式或分布式的大型数据中心上由物理或虚拟计算资源构建，成为政府、企业和个人的计算能力提供者，为大数据、物联网、人工智能等新兴领域的发展提供基础支持。与此同时，复杂的应用程序和海量的数据正在汇聚到云端，这对云计算系统的资源供应能力和效率提出了更高的要求。人工智能在此发挥了重要的作用，其提供智能化服务，为云计算系统的资源供给提供重要指导，为资源调度管理工作提供极大便利，解决云资源利用问题，并稳定云环境负载。

（1）基于负载预测的资源调度。

云计算提供了SaaS、PaaS、IaaS三种服务模式，不管哪种服务模式，其基础都是云资源的自动以及弹性的供给，因此，调度技术是资源管理的核心任务。随着云计算系统的快速发展，云资源调度的研究场景也从粗粒度资源利用模式下的云存储和虚拟机租赁，演变为多粒度资源利用方式下的大数据处理、流媒体服务和高并发Web应用请求。云资源调度研究面临的问题已经成为如何更有效地调度资源以满足日益复杂的用户需求。人工智能可以通过学习和训练机器学习算法进行负载预测，成为当前云计算环境中负载预测的主流方法。

例如，使用基于典型多重因子分解的高效深度学习模型，将权重矩阵压缩为标准的多进制格式，以压缩深度学习模型并预测云计算环境中的虚拟机负载；使用机器学习算法预测云环境中动态和突然的负载变化，并根据预测结果调度云资源；利用历史负载数据作为云场景模式匹配的训练集，提高预测精度。机器学习算法使用范围广泛，预测精度高，虽然需要大量的数据进行特征提取与模型的训练，但其最终能提高资源调度针对性，实现优化资源分配，降低能量消耗的目标。

（2）基于预测的多数据中心数据流转技术。

对未来的需求预测是快速数据资源配置进而实现数据资源管理的有效解决方案。预测方法以资源管理者需要提供时间的方式预测未来需求波动在发生数据流转突发之前的适当资源。通常，有关资源使用的历史数据会当作原始的人工智能算法的训练数据，并将其视为具有不同时间粒度的时间序列。例如，针对在多个时间间隔内云中多个数据中心的工作负载模式，利用贝叶斯模型预测CPU/内存密集型应用程序的短期和长期虚拟数据需求；结合K均值聚类技术和极限学习机，预测其在历史数据中心中的未来虚拟机请求；使用混沌分析算法处理云计算数据资源流转的时间序列，构建云计算数据流转预测的学习样本，并使用支持向量机构建云计算数据资源流转预测模型，更精细地近似云计算数据资源流转的时变性，增强云计算数据资源流转预测模型的泛化能力；利用多个模型的组合，结合遗传算法和时间序列预测模型，形成一种不需要事先训练的自适应预测方法，用来预测云计算数据资源流转。基于机器学习的多数据中心数据流转算法，提高预测准确度，节约能源，为客户提供便捷性的数据流转，并为服务提供商增加利润。

2）人工智能为企业提供服务

将人工智能应用在云计算中，可以提高云计算的性能与效率，并推动企业的数字化转型；而在云计算中运用人工智能技术，可以使企业获得更加具有洞察力的战略关键，同时在云中托管的数据与应用，企业能够更加灵活与敏捷，并节约成本。

（1）人工智能使云计算的成本进一步降低。云计算的一个优势便是消除了硬件和维护数据中心的成本，企业只需按照所用即所付，即可使用云计算资源，大大降低人工智能的研发成本与研发周期。同时，在人工智能的支持下，云计算的开发难度将会降低，也就是云计算平台工作人员的工作难度将会降低，同时云计算平台的资源整合能力将会日益强大。

（2）人工智能为云计算带来了智能自动化服务。人工智能可以为企业将复杂与重复的任务进行自动化处理，提高生产效率，部署在云计算服务中的人工智能工具还能够自主分析数据。这样，企业就通过人工智能驱动的云计算技术来提高其效率和洞察力。同时，IT团队也可以利用人工智能技术来监控和管理核心工作流，其团队本身更专注于战略营运。

（3）合适的人工智能算法能够在庞大的数据集获得新的知识，其利用历史数据与实时输入的新数据，为企业提供数据支持的最新情报、结论或建议。同时，可以利用人工智能算法进行客户群的数据分析，为企业解决客户问题。

（4）在数据处理、管理和结构化方面，一方面，人工智能工具简化了数据处理与管理流程；另一方面，通过实时数据，可以有效管理营销、客户服务和供应链数据。

（5）随着越来越多的企业在云上部署各类应用程序，数据安全变得极为重要，采用人工智能算法的网络安全工具可以跟踪和评估网络状态，检测网络异常，阻止破坏数据。

（6）人工智能与SaaS的结合，例如将人工智能应用包装为SaaS服务使用，有利于企业为客户提供更多更有效的功能与价值，实现更快更稳定的应用迭代，从而拓展云计算的应用边界。

（7）人工智能与PaaS的结合，例如将人工智能算法模型包装成PaaS服务供开发者使用，完成云计算行业的垂直发展。目前，云计算平台正在创建自己的生态系统，需要借助人工智能技术形成庞大的商业生态系统。目前云计算平台已经开发并开放了一部分功能可以直接结合到行业应用中，随着人工智能的进一步发展以及与人工智能技术更深入的结合，云计算可以向更多的领域垂直发展。

综上，有了人工智能的加入，云计算不仅能够向更多的领域发展，深入各行各业中，让云计算服务更加符合各个业务场景的需求，还能够进一步解放人力；随着云计算的加入，人工智能拥有强大的基础计算平台，也便于将人工智能算法集成到数百万个应用中，有利于人工智能的商业运营。随着云计算成为未来的默认计算模式，人工智能与云计算的结合将会带来技术领域的巨大变革，也会更多地影响人们的日常工作和生活。

6.3.3 云计算与人工智能的融合应用

1. Kubeflow——连接人工智能与云计算的桥梁

在云计算的平台架构方面，Kubernetes成为机器学习青睐的支撑平台。由于只有达到一定的规模的机器学习算法才能得到更加精准的训练模型，而为了使机器学习能够快速扩展规模，机器学习工程师在数据存储与管理、资源的有效利用以及复杂的底层技术架构上面临困难与挑战。Kubernetes提供将存储连接到容器化工作负载的基本机制，通过使用Kubernetes上的组件构建高度自动化的数据处理Pipelines，实现无人工干预的数据存储与管理；同时，Kubernetes能够根据工作负载，随时通过容器完成更加平稳与快速的自动扩展或收缩计算规模；另外，Kubernetes使用容器将工作负载本身的依赖问题封装在声明里，从而屏蔽了机器学习任务对底层技术的依赖，并提供了一个可靠的工作负载编排和管理平台，通过必要的配置、API和工具即可控制上层应用。基于Kubernetes上开发机器学习工具，可以进一步提升机器学习任务在Kubernetes上运行的效率，增强使用Kubernetes进行机器学习的能力。

Kubeflow是为服务人工智能并能够在Kubernetes上应用而生的，只用了一年时间，就发展成能够运行整个机器学习Pipelines的多架构、多云框架。

Kubeflow是Kubernetes的机器学习工具包，是一个为Kubernetes构建的简单、可组合、便携式、可扩展的机器学习技术栈，作用是方便机器学习的工作流部署。其就像是一座桥梁，将机器学习的主流框架与云计算的标杆技术Kubernetes连接起来。

Kubeflow的出现，为数据科学家和机器学习工程师节省了搭建平台和处理流程等工作，使用者只需将主要的精力放到自己的业务逻辑上，如编写机器学习代码（Kubeflow可以协助节省部分精力）、进行特殊数据处理等，对于其他工作，如与平台相关的工作，Kubeflow可以辅助完成节省模型训练之外的工作，如平台的搭建和配置、数据收集、数据检查、数据转换、模型分析、监控、日志收集和分析、服务发布和更新、迁移训练等。除了平台部署的相关工作，Kubeflow还会做一些其他工作，如Katib可以负责超参调优、KFServing可以负责模型发布和模型解释等工作，对机器学习有很大的辅助和促进作用。

机器学习要经过多个步骤才能完成，而后面的步骤需要前面步骤的结果。例如，模型训练需要经过数据检验和数据转换，而服务发布需要训练好的模型，一环套一环。Kubeflow Pipelines项目可以有效地将以上步骤连接起来。Kubeflow Pipelines实现的是一个工作流模型，或者是一个流水线，可以将其当作一个有向无环图。该流水线中的每一个节点称为组件，由组件来执行如数据预处理、数据清洗、模型训练等具体的逻辑处理。Kubeflow Pipelines的工作原理分为两步。第一步是定义组件。组件的定义可以由镜像开始就进行自定义。首先对组件依赖的镜像进行打包，其次定义一个描述组件输入输出等信息的Python函数。这样就可以清楚每个组件在整个流水线中的结构，包括几个输入及输出节点，以及对应的输入输出信息。第二步是将定义的组件构成流水线，在该流水线中，由输入及输出关系确定组件的边及方向。定义好流水线之后，通过Python将配置好的流水线从客户端提交到系统中运行。

Kubeflow Pipelines实现了端到端的编排，即启用和简化了机器学习工作流的编排过程，同时，能够重用组件和工作流，以便于快速创建端到端的解决方案，避免了重新构建，使得机器学习研究者能够轻松尝试多种想法并管理其设置的各种实验。

Kubeflow可以扩展到多个架构和多个云，有效解决部署机器学习工作负载的技术问题，如数据加载、特征工程、模型训练、模型验证、参数调优、数据管理等。在本书实战篇的7.5节，将会详细讲述Kubeflow的安装及使用。

2. Sky Computing——加速联邦学习

联邦学习（Federated Learning），又名联邦机器学习，是一种分布式的机器学习技术。联邦学习利用本地数据多个数据源之间的数据使用和机器学习建模，通过交换模型参数或中间结果，建立虚拟融合数据下的全局模型，在满足用户隐私保护、数据安全和政府法律法规要求的同时，有效解决数据孤岛问题，让参与者在不共享数据的情况下进行联合建模，从技术角度打破数据孤岛，实现人工智能协作。目前，联邦学习被广泛运用在智能终端的模型训练中，如各个语音助手例如Siri、Alex、小度等。

在当前基于模型并行的联邦学习中，模型是被均匀分配给各个训练设备的。由于在联邦学习中，训练设备往往是性能差异较大的用户智能终端，使用均匀分配的方式往往会造成通信时间瓶颈，即木桶效应，不仅会降低整个模型的训练速度，还在一定程度上浪费了智能设备的能力。

针对以上痛点，Sky Computing通过负载均衡，将不同规模和能力的云服务器智能互联，达到大规模计算的算力需求。针对固定计算总量的模型训练，Sky Computing采用自适应的方式智能分配计算任务，使得每个训练设备完成计算任务的时间大致相同，从而确保整体训练的时间最优。

那么Sky Computing是如何进行自适应的计算任务分配呢？如图6-5所示，它采用基准测试和分配两个步骤来进行自适应的任务分配。在基准测试阶段，Sky Computing首先需要收集模型和设备的基本情况，即需要知道模型的每一层所需的内存和计算量，以及设备的通信、计算能力、内存等基本情况。在得到模型与设备的基本情况后，Sky Computing只关心训练设备的机器学习能力，通过在每个训练设备上运行小型的机器学习任务来探测设备的计算能力。在分配阶段，先进行预分配，即按照训练设备的实际可用能力分配模型，并对应计算每个设备实际的工作负载；然后进行分配调整，根据实际训练设备的工作状态及负载程度，动态调整设备的模型分配，降低整个系统的负载量，提高系统的训练速度。

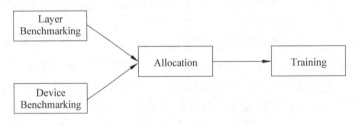

图6-5 Sky Computing训练过程

通过上述方式，利用空间异构分布式计算特性，Sky Computing能够加快联邦学习，有效解决联邦学习的木桶效应问题，并在性能上有了很大的提高。

随着科技进一步发展，国内外的云计算基础设施供应商也会随着企业用户对云计算＋人工智能的需求在服务形态和技术架构等方面深入研究，力求更多人工智能模块的推出。云计算的业务生态也会再度变化，激发更多的潜力。

6.4　云计算与高性能计算

6.4.1　高性能计算技术概述

1. 高性能计算的定义

介绍高性能计算之前，首先需要了解什么是计算。计算是继传统的理论和实验方法之后推动人类科技发展和社会文明进步的第三种科学研究方法。理论科学以推理和演绎为基本特征，以数学学科为代表。实验科学以观察和总结自然规律为基本特征，以物理学科为代表。计算科学（Computational Science）是一个利用数学模型构建、定量分析方法以及计算机来分析和解决科学问题的研究领域，以设计和构造为基本特征，以计算机学科为代表。

6.4　云计算与高性能计算

并行计算（Parallel Computing）是计算科学中重要的研究内容与技术手段。简而言之，并行计算就是在并行计算机上所做的计算。并行计算通常定义为同时使用多种计算资源解决计算问题的过程，是提高计算机系统计算速度和处理能力的一种有效手段。其基本思想是使用多个处理机来协同求解同一问题，即将被求解的问题分解成若干个子问题，各子问题均由一个独立的处理机来并行计算。

高性能计算（High Performance Computing，HPC）泛指量大、快速、高效的运算。而超级计算（Supercomputing，SC）是高性能计算的一个子集。随着芯片技术的发展，计算能力越来越强，所以超级计算一词用得越来越普遍。

从广义上讲，并行计算和高性能计算（或超级计算）是同义词，因为任何高性能计算（或超级计算）都离不开并行计算，欲达到高性能必须采用并行计算手段；而运行并行计算技术，是达到高性能的必由之路。陈国良院士曾提到，"并行计算就是在并行计算机或分布式计算机（包括网络计算机）等高性能计算系统上所做的超级计算"。从狭义上讲，三者并不完全相同，如图6-6所示，相互之间存在一种层层递进的关系。

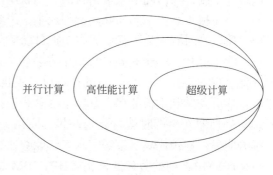

图6-6　并行计算、高性能计算和超级计算的关系

国际上通常使用每秒执行浮点运算次数（Floating-Point Operation Per Second，Flops）来衡量一台高性能计算机（或超级计算机）的计算能力，该指标的量纲如表6-1所示。目前主要使用TFlops，也就是万亿次。

表6-1　高性能计算的量纲

前　　缀	缩　　写	基　　幂	含　　义	数　　值
Kilo	K	10^3（2^{10}）	Thousand	千
Mega	M	10^6（2^{20}）	Million	兆

续表

前　缀	缩　写	基　幂	含　义	数　值
Giga	G	10^9（2^{30}）	Billion	千兆
Tera	T	10^{12}（2^{40}）	Trillion	万亿
Peta	P	10^{15}（2^{50}）	Quadrillion	千万亿
Exa	E	10^{18}（2^{60}）	Quitillion	百亿亿

高性能计算是战略性、前沿性的高技术，是解决国家经济建设、社会发展、科学进步、国家安全方面一系列重大挑战性问题的重要手段，是国家创新体系的重要组成部分，是发达国家争夺的战略制高点。高性能计算产生的原始创新和高端技术会影响下游产业的发展，因此美国、日本、欧盟等在这方面均有大量的投入，包括资金和人力，以确保其技术始终保持领先地位。

2. 高性能计算技术发展历程

主流的高性能计算机系统大致划分为以下四个阶段：向量机（Vector Computer）、共享存储对称多处理机（Symmetric Multiproccessor，SMP）、分布存储大规模并行处理机（Massively Parallel Processor，MPP）和集群（Cluster）。

（1）向量机。20世纪70年代，美国研发的克雷机开启了高性能计算的先河，这是当时那个年代的超级计算机。克雷机一经推出就受到追捧，先后被美国国防部、能源部、波音等单位采购。到了20世纪80年代，我国也推出了自己的向量机银河一号，该机器用来计算一些亟待解决又高度保密的课题。

向量机虽然计算性能强大，但是它的缺点也十分明显：向量机所需的软硬件都需要专门设计定制，与市场上大量销售的通用软硬件不兼容，这使得向量机的价格非常昂贵，普通的公司根本承担不起如此高额的成本，很难做到普及。这个缺点严重制约了向量机的发展，所以当时有人为了降低成本，把目标转向通用的软硬件设备，于是SMP就此诞生。

（2）SMP。SMP是在计算机中安装多个处理器，通过共享内存和数据总线来提高计算性能。现在使用多核心CPU的计算机、手机、平板电脑也采用了SMP架构。区别以前的处理器会安装到主板的多个基座上由总线连接，而现在半导体技术发展较快，直接可以将多块处理器在生产时就封装到一起，插在一个基座上。由于SMP技术难度低、计算能力提升明显、性价比高、市场需求大，能够兼容当时的大多数软件，所以当年很多电脑厂商也生产SMP架构的服务器，比如HP、IBM等当年业内的大佬，都是生产SMP服务器的主力军。

SMP架构通过增加处理器数量，结合软件提升计算性能，但是它需要共享内存和数据总线，运行过程中存在物理资源竞用的问题，限制了性能发挥，属于"并行计算＋串行IO"方案，并且SMP架构能够增加的处理器数量十分有限，这也制约了SMP架构的发展。后来人们为了追求更强大的计算能力，便推出了MPP架构。

（3）MPP。MMP架构相比SMP，取消了共享内存和数据总线，把每台计算机当作一个独立的节点单元来对待，节点之间用专用的高速网络连接，通过软件协同完成共同的任务，属于纯粹的无共享架构。MPP架构相比SMP架构，性能虽然有了大幅提升，但是缺点也更多，比如对硬件设备要求高，产品价格贵，扩展能力不足，需要专门的软件来支持

（开发MPP软件远比MPP硬件更复杂）。

（4）集群。人们对计算性能的追求是无止境的，为了以更经济的成本获得更强大的计算效果，出现了集群系统。计算机集群可说是IT新技术发展的综合体和集大成者。它除了继续沿用MPP节点的概念，还大量借鉴采用互联网衍生出来的各种基础技术。比如普遍采用通用硬件来降低设计和采购成本；采取"软件定义硬件"策略，把原本属于硬件的功能转移到软件来解决，而且还便于升级。使用统一的协议支持异构计算平台，允许动态增加减少计算节点，通过"硬件冗余+软件容错"解决硬件运行过程中出现的问题。所以现在计算机集群既实现了超强的扩展能力，又能够保证足够的经济性。

3. 高性能计算机的发展历程

所谓高性能计算机，是指具备高性能计算能力的机器系统，与普通的计算机在体积、复杂度、解决问题规模与速度等方面都有本质的区别。超级计算机指在当前时代运算速度最快的大容量大型计算机，是高性能计算机领域的"珠穆朗玛峰"。

全球超级计算机排行榜TOP 500是目前国际最具权威的超级计算机排名榜，已成为衡量各国超级计算水平的最重要的参考依据。该排行榜是1993年由德国曼海姆大学Hans Meuer、Erich Strohmaier、Jack Dongarra等发起创建的。目前由德国曼海姆大学、美国田纳西大学、美国能源研究科学计算中心以及劳伦斯·伯克利国家实验室联合实施，每年发布两次，上半年6月在德国国际超级计算大会（International Supercomputing，ISC）发布，下半年11月在美国全球超级计算大会（Supercomputing Conference，SC）发布。在TOP 500列表中，超级计算机首先按其R_{max}（maximal LINPACK performance achieved，获得最大LINPACK性能）值排序。在不同超级计算机R_{max}值相同的情况下，将选择按R_{peak}（Theoretical Peak Performance，理论峰值速度）值排序。对于具有相同计算机的不同安装地点，先按内存大小，然后按字母顺序排列。

国际上高性能计算机的发展经历了大型机、小型机、向量机、SMP、MPP和集群系统，其中集群系统因可编程性、可移植性、性价比高等优势最具活力。2017年11月公布的TOP500官方数据显示，全球最快的前500台超级计算机中，437台是集群系统，占有绝对主导地位（87.4%），剩余63台是MPP系统（12.6%）。

我国的并行计算研究和国际走向大致相同，自20世纪60年代末至今，历经了以下几个阶段：

第一阶段，20世纪60年代末至70年代末，主要从事大型机的并行处理技术研究；

第二阶段，20世纪70年代末至80年代初，主要从事向量机和并行多处理器系统研究；

第三阶段，20世纪80年代末至今，主要从事MPP系统及机群系统研究，其中90年代末发展的机群系统后来很快在全国遍地开花。

1）亿次时代（1980—1999年）

1987年，"863"计划设立了智能计算机系统主题，即"306"主题。

1990年，"306"主题根据技术和应用的发展，审时度势，将研发重点转向并行计算机系统，从此开始了"863"计划高性能计算机的发展历程。经国家科学技术委员会（现科学技术部，简称科技部）批准，依托中国科学院计算技术研究所成立了国家智能计算机研究开发中心（简称智能中心）。智能中心的主要任务是承接"306"主题的关键系统研制任务，并开展产业化推广工作。

1993年，智能中心研制成功国内第一台全对称紧耦合的共享内存并行计算机"曙光一号"。

1995年，"曙光1000"大规模并行计算机系统通过鉴定。该系统采用了当时国际最新的i860超标量处理器，理论峰值速度达到每秒25亿次，实际运算速度达到每秒15.8亿次，是当时中国性能最高的计算机系统。

1998年，理论峰值速度为每秒200亿次的"曙光2000"超级计算机研制成功，该系统在单一系统映像、全局文件系统等方面有重要创新，在应用上更具通用性。

2）万亿次时代（2000—2005年）

2001年，"曙光3000"面世，理论峰值速度达到每秒4032亿次。

2002年，世界上第一个万亿次机群系统联想"深腾1800"问世，并首次进入TOP 500，位列第43名，结束了在TOP 500中没有中国高性能计算机的历史。

2003年，联想"深腾6800"问世，理论峰值速度超过每秒5万亿次，把世界集群计算推向新的高峰。

2004年，"曙光4000A"研制成功，理论峰值速度突破每秒10万亿次大关，进入TOP 500前10名，使中国成为当时除美国、日本外，第三个能制造10万亿次商用高性能计算机的国家。

3）百万亿次时代，千万亿次兴起（2006—2010年）

2008年，"曙光5000A（魔方）"和联想"深腾7000"研制成功，从10万亿次飞越到百万亿次，使中国成为继美国之后第二个能制造和应用百万亿次商用高性能计算机的国家。

2010年5月，"曙光6000（星云）"再次刷新了纪录，实际运算速度达到每秒1271万亿次，成为中国首台实测千万亿次超级计算机，TOP 500排名第2。

2010年11月，国防科技大学研制的"天河一号"以理论峰值速度每秒4700万亿次、实际运算速度每秒2566万亿次的性能首次夺得世界第一。

4）千万亿次时代（2011年至今）

2011年，采用国产CPU的"神威蓝光"研制成功。

2013年6月，"天河二号"以理论峰值速度每秒5.49亿亿次、持续计算速度每秒3.39亿亿次的优异性能位居TOP 500榜首，也在接下来的3年中在运算速度排名中实现六连冠，标志着我国在超级计算机领域已走在世界前列。

2016年6月，"神威·太湖之光"以实际运算速度超过每秒9.3亿亿次的性能位居TOP500榜首，并且连续4次问鼎TOP500榜首。

2017年11月，在TOP 500中，中国超级计算机上榜数量达到202台，排名第一；美国143台，排名第二。

2018年，由国防科技大学、曙光信息产业股份有限公司以及国家并行计算机工程技术研究中心3家单位齐头并进研制的3台E级高性能计算机原型系统面世。通过原型系统的研制验证关键技术设想，对技术难点进行测试和改进，为中国研制E级超级计算机做好铺垫，打下扎实基础。经过30多年的努力，我国高性能计算机行业进入了黄金发展时期，超级计算机作为国之重器、国之利器，屹立于世界之林。

4. 高性能计算简介

高性能计算尽管是计算科学的一个小分支，但其涉及的研究范围却非常广泛，包括高性能计算机系统、高性能计算环境、体系结构、并行计算模型、高性能计算网络、性能评测、并行算法设计技术、并行编程方法等。

Flynn分类法将计算机分为单指令单数据流（Single Instruction Single Data，SISD）、单指令多数据流（Single Instruction Multiple Data，SIMD）、多指令流单数据流（Multiple Instruction Single Data，MISD）和多指令流多数据流（Multiple Instruction Multiple Data，MIMD）四类计算机。在现实生活中，MISD这种模式并不存在，常见的高性能计算机属于SIMD和MIMD。

高性能计算系统在上文中已经详细介绍，主要包括向量机、SMP、MPP和集群等。单独的高性能计算节点主要分为同构节点和异构节点两类。同构节点仅采用中央处理器（Central Processing Unit, CPU）作为计算设备。异构节点分为主机端和设备端，分别注重逻辑处理和浮点计算。

高性能计算环境也是高性能计算中不可缺少的环节。单节点上高性能计算环境主要是并行开发环境，包括编译器GCC（GNU C/C++ compiler）、ICC（Intel C/C++ compiler）、PGI、NVCC（NVIDIA CUDA compiler）、驱动程序（GPU、MIC驱动）等。集群环境包括集群管理系统、集群作业分发系统、并行文件系统等子系统和MPI编译包。

并行计算机访存模型包括均匀存储访问（Uniform Memory Access，UMA）、非均匀存储访问（Nonuniform Memory Access，NUMA）、全高速缓存存储访问（Cache Only Memory Access，COMA）、高速缓存一致性非均匀存储访问（Coherent-Cache Nonuniform Memory Access，CC-NUMA）和非远程存储访问（No Remote Memory Access，NORMA）等。

并行计算模型是硬件与软件之间的桥梁，可对并行系统进行性能建模。主流的并行计算模型包括并行随机存取机（Parallel Random Access Machine，PRAM）模型、异步PRAM模型、BSP（Bulk Synchronous Parallel）模型和LogP（Latency Overhead Gap Processors）模型等。另外，有很多学者基于这些模型进行了扩展研究，例如H-BSP、LogGP和LogGPS等。

高性能计算集群一般采用专用高速网络，比如IB（InfiniBand）网络，也可使用普通以太网。IB网络是统一的互连结构，可以处理存储I/O、网络I/O和进程间通信（IPC）。高性能网络的相关研究包括网络互连结构、选路方法、通信技术等。

并行算法设计时常采用划分、分治、平衡树、倍增、流水线等设计技术。划分又可分为均匀划分、方根划分、对数划分和功能划分。在并行算法设计过程中，一般可分为4步，即任务划分（Partitioning）、通信（Communication）、任务组合（Agglomeration）、处理器映射（Mapping），即所谓的PCAM设计过程。基本要点是先尽量开拓算法的并发性和扩展性，接着考虑通信成本和局部性，利用局部性相互组合减少通信成本，最后将组合后的任务分配到处理器。

传统串行代码经过编译得到的执行程序仅能使用一个核心运算，要发挥所有处理器核的性能，必须对程序进行并行编程，现有并行编程模型可分为以下几类。

（1）分布存储编程模型，主要包括MPI（Message Passing Interface）等。

（2）数据并行（数组划分）编程模型，主要有HPF（High Performance Fortran）等。

（3）共享存储编程模型，主流有OpenMP（Open Multi-Processing）、Pthread（POSIX threads）、TBB（Thread Building Blocks）。

（4）专用异构编程模型，比如专用于NVIDIA GPU开发的GUDA（Compute Unified Device Architecture）和开发MIC程序使用的LEO（Language Extensions for Offload），Microsoft公司的Direct Compute等。

（5）通用异构编程模型，包括OpenCL（Open Computing Language）、OpenACC和OpenMP 4.0（4.0以上版本开始支持异构系统）。

针对高性能计算机进行性能测评时，主要的性能指标包括理论峰值性能、实测峰值性能、访存带宽、通信延迟、通信开销等。所使用的加速比性能定律包括Amdahl定律、Gustafson定律、Sun和Ni定律。针对可扩展性的评测标准包括等效率、等速度、平均延迟。测试时采用的基准测试程序也各种各样，主流的有Linpack、HPL（High Performance Linpack）、HPCG（High Performance Conjugate Gradients）等。

5. 高性能计算的应用领域

根据我国超级计算创新联盟（Supercomputing Innovation Alliance）的调查数据，目前我国高性能计算应用主要应用领域分布如下。

（1）力学：流体力学、气动仿真、强度仿真、气动外形优化设计、噪声计算、直接法湍流模拟等。

（2）材料：计算材料、新材料、电磁场、光学计算、材料设计、理论模型的数值计算等。

（3）天文：天体物理、粒子物理与强相互作用物理基本问题、宇宙学与暗物质及重子物质起源、宇宙暴胀模型及暗能量研究、引力理论与共形场论相关基本物理问题的研究等。

（4）生命科学：生物信息学、计算生物学、生物医药、疫苗生产、基因测序与比对、工业用计算机断层成像技术（工业CT）等。

（5）化学：计算化学、纳米材料、理论化学、量子化学、催化材料计算、生物大分子动力学模拟等。

（6）物理：高能物理、等离子物理、应用物理、化学物理、理论物理、等离子体物理、计算凝聚态物理、透射电镜的数据收集处理及三维重构、质谱原始数据的处理、晶体结构解析、电磁分析、复杂系统与统计物理的基本问题、拓扑量子计算的理论研究、量子测量与人工光合作用及冷原子体系的量子模拟、电磁场、声学等。

（7）地球科学：气象、气候、海洋数值模拟、天气预报、环境科学、气象环境、物理海洋、结冰模拟、环境系统模拟预测和机理研究、陆面工程模拟、水文水资源监测、遥感数据处理、测绘信息处理等。

（8）新能源：能源动力、能源环境、面向新能源领域的聚变和裂变应用、核能物理等。

（9）工程仿真：航空航天、钢铁、核电、船舶、机械、市政工程、高端装备制造、土木工程设计、电池设计、现代机械设计等。

（10）石油：油气开发、石油地球物理技术研究、石油软件研发、地震资料处理与解释、地震采集工程设计服务等。

（11）信息技术：图形图像处理、多媒体、语音识别、互联网信息处理、智能信息处理、网格计算、网络技术研究、并行集群程序设计语言、大规模快速傅里叶变换、基础数学库、数学与统计、水利信息化、信息安全等。

随着云计算、大数据和人工智能的发展，高性能计算应用领域越来越广泛。有别于传统科学研究实验的"设计、试制、试验"设计方法，高性能计算可以建立仿真的分析模型，极大地避免了传统科研中普遍存在的费用高、周期长等诸多问题，可以极大降低研发成本、缩短研发周期，成为科学研究中突破关键技术的有力手段，因此高性能计算技术越来越受到科研单位和企业的重视。高新能计算在国家的科技、国防、产业、金融、服务、生活等方面占据了不可或缺的重要地位，正在逐步成为国家发展的战略制高点，已经成为一个国家综合实力的重要体现。

6. 高性能计算的发展趋势

1）新应用领域层出不穷

HPC市场正在扩展新的领域，在传统的模拟和建模过程中加入人工智能和数据分析的应用场景，增加了对灵活、可扩展的云端HPC解决方案的需求，这一需求连同各个垂直行业（生命科学、汽车、金融、游戏、制造业、航空航天等）对快速处理数据和高精度日益增长的需求，将会是未来几年推动HPC应用增长的主要因素。AI、边缘计算、5G和Wi-Fi等技术将拓宽HPC的功能，从而形成新的芯片/系统架构，为各个行业提供高效处理和分析能力。

2）提升HPC安全性成为关键

安全性应是设计HPC组件时的基本要素，而确保安全性也将是开发者今后面临的最大设计挑战之一。HPC系统包含高度定制化的硬件和软件栈，可在性能优化、能效和互操作性等方面进行调整。设计和保护具有独特使用模式和独特组件的此类系统是通用计算系统的差异所在。HPC系统的安全威胁不仅仅限于网络或存储数据泄露，还包括侧信道攻击，如从电源状态、排放物和处理器等待时间推断数据模式。更多创新将围绕内存和存储技术、智能互连、芯片功能安全和云安全展开，以便高效管理海量数据。涵盖系统生命周期架构、设计和芯片后组件的安全验证将成为安全保证中最重要的部分之一。

3）HPC处理器架构多样化

随着数据量增加，不仅是安全性，基础设施存储以及数据处理的计算能力也必须得到提升。受到不断变化的AI工作负载、灵活的计算（CPU、GPU、FPGA、DPU等）、成本、内存和IO吞吐量等因素共同驱动，HPC架构正在经历巨变。微架构层面变得互连更快、计算密度更高、存储可拓展、基础设施效率更高、生态友好性、空间管理和安全性更高。从系统的角度来看，下一代HPC架构将出现分解架构和异构系统的爆炸式增长，不同的专用处理架构将集成在单个节点中，在模块之间实现精密、灵活的切换。如此复杂的系统也带来了巨大的验证挑战，尤其是系统的IP或节点、软硬件动态协调、基于工作负载的性能、电源等相关验证。要满足这些验证需求，需要开发新的软硬件验证方法。

6.4.2　云计算与高性能计算之间的关系

云计算俨然已经成为一种通用的商业模式，被越来越多的普通用户使用。而传统高性能计算依旧坚守在个各行各业的仿真领域，给有较大算力需求的用户提供服务。表6-2给出了高性能计算机构和云计算架构的对比。简单来说，高性能计算在性能上要优于云计算，而云计算在易用性上要优于高性能计算。

表6-2　传统高性能计算架构和云计算架构对比

	传统高性能计算架构	云计算架构
资源管理	作业管理系统，为作业找资源，只管理处理器、应用软件	为用户、作业进行动态的资源创建和回收，管理处理器、内存、存储、网络和应用软件
虚拟化	不支持	服务器虚拟化、存储虚拟化、网络虚拟化
用户管理	独立的用户管理系统，用户无法独享资源	统一用户管理，用户可以独享资源
平台支持	无法修改已安装的平台，无法动态修改	可以同时支持多种平台，可以动态修改
数据存储	没有备份机制，不支持异构存储	完善的备份、恢复机制，支持异构存储平台
用户使用	无资源审批流程、无法自定义资源配置	有审批、拒绝、预留机制，可以自定义资源

随着科学技术的进步和发展，我们需要解决的问题越来越复杂，问题的规模也越来越大，对较强算力的需求也越来越明显。日益增长的计算需求推动了高性能计算集群上云，以云计算模式为用户提供高性能计算服务已经成为热点。

高性能计算云（HPC Cloud）是一种结合云计算技术的高性能计算服务模式，将传统的HPC计算向云上迁移，进一步提升运算能力。HPC是服务核心，云计算是服务模式创新的技术手段，多云互联是服务能力的扩展支撑。

这种基于云计算理念构建的HPC服务主要面向对计算规模和性能要求较低的中低端HPC用户，在平摊设备购置和运维成本的同时，向用户屏蔽了复杂的高性能计算机技术细节，降低了高性能计算机的使用门槛。

6.4.3　云计算与高性能计算的融合应用

1. HMS验证云端新药

一种新药从开发到获得批准的成本为20亿~30亿美元，至少耗时10年。新药研发困难的原因主要有以下几点：实验昂贵而费时、初始化合物命中率低、临床前阶段的损耗率高。

2020年3月，哈佛大学医学院（HMS）的研究人员在Nature杂志发表了论文*An open-source drug discovery platform enables ultra-large virtual screens*，描述了一个叫作VirtualFlow的开源药物发现平台，能通过云端整合海量的CPU对超大规模化合物库进行基于结构的虚拟筛选，提高药物发现效率。

论文作者Christoph Gorgulla称，在一个CPU上筛选10亿种化合物，每个配体的平均对接时间为15s，全部筛完大概需要475年；而HMS利用VirtualFlow的平台，调用160 000个CPU对接10亿个分子仅耗时约15h，10 000个CPU则需要2周。使用云端整合了计算资源，大大提高了新药筛选的效率。

2. 提高芯片仿真效率

光学邻近效应校正（Optical Proximity Correction，OPC）属于计算光刻技术的一种，主要是利用软件和高性能计算，来模拟仿真光刻过程中的光学和化学过程，通过仿真建立精确的计算模型,然后调整图形的边沿不断仿真迭代,直到逼近理想的图形,最终加速工艺研发周期的目标。

这一过程对计算资源的需求随着模型的精确度呈指数级别增长。例如,一款7nm芯片需要高达100层的光罩,每层光罩数据都需要使用EDA工具进行OPC的过程。整个过程对硬件算力要求很高,EDA工具需要运行在几千核的服务器CPU上,动辄就是几十万核时。

速石科技使用EDA云平台验证了OPC上云的性能,结果表示5000核心并行计算,大幅帮用户缩短OPC运行时间,效率提升约53倍,同时确保了云端和本地计算结果的完全一致性和计算性能的稳定性。

6.5　云边协同计算

6.5.1　云边协同计算技术概述

1. 云边协同计算的定义

云计算将大规模的计算、存储以及网络资源聚集起来,通过虚拟化技术有效地进行资源的整合和调配,具有超强的计算和存储能力支撑大规模应用。边缘计算靠近物或数据源头,是融合了网络、计算、存储边缘服务器的小型分布式平台,就近提供智能服务,减少了通信延迟,能够实时快速地进行数据处理和分析。云边协同计算结合云计算和边缘计算的优势,可提高大型任务的处理效率、实现数据的快速处理和实时响应,为人工智能等应用提供一种新的解决方案。

6.5　云边协同计算

2. 云边协同计算的发展历程

物联网和5G网络的持续发展,促进云计算与各行业领域的深度融合。智能物联网设备将数据通过网络上传至云端,由云端进行统一的处理。然而大规模智能终端的接入和海量感知数据在传输过程中占用巨大的带宽,将数据直接传输至云端也增加了隐私泄露的风险,并且不利于实时数据处理。边缘计算可以减少网络的带宽压力,实现一定程度的数据保护,可满足实时计算和数据处理需求,但由于资源有限无法处理大规模数据。云边协同计算应运而生。

边缘计算主要负责实时、短周期数据的处理任务、负责本地业务的实时处理与执行,为云端提供高价值的数据;云计算负责边缘节点难以胜任的计算任务,同时,通过大数据分析,负责非实时、长周期数据的处理,优化输出的业务规则或模型,下放到边缘侧,使边缘计算更加满足本地的需求,完成应用的全生命周期管理。云边协同计算结合边缘计算高效实时处理和云计算大规模计算处理优势,实现云边端的协同计算。

云边协同计算促进物联网、大数据、云计算、人工智能等在多个行业的应用,逐渐成为支撑工业互联网发展的重要支柱,正广泛应用于工业互联网、能源、智能家庭、智慧交通、安防监控、农业生产等场景中。

3. 云边协同计算技术简介

云边协同计算是以云计算和边缘计算为基础,将两者紧密地结合起来,通过合理分配云计算和边缘计算的任务，实现大规模计算和海量数据处理，并将部分数据处理和计算下沉到边缘端，充分利用边缘侧的计算能力进行数据的处理，实现云边分布式资源灵活调度、任务和数据协同计算与处理、人工智能应用的模型训练和应用推理，可以满足行业应用在业务实时响应、数据处理、安全与隐私保护等各个方面的需求。

4. 云边协同计算发展趋势

云边协同计算仍处于发展阶段，随着数据密集型应用与计算密集型应用的增加，云计算具有强大的数据处理能力，边缘计算具有短时传输的实时响应特性，两者结合将边缘计算和云计算协作的价值最大化，从而为用户提供更优质的服务。云边协同计算运行模型如图 6-7 所示。

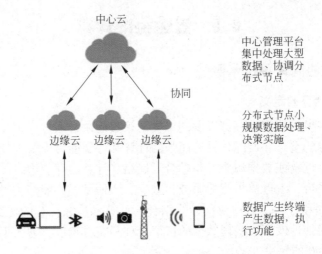

图6-7　云边协同计算运行模型

随着我国5G商用和边缘计算的爆发，算力从中心走向边缘和终端本身，云边端算力协同越来越重要，不断地赋能智慧城市、智慧交通、医疗领域。

云边协同计算未来将推进云计算与边缘计算服务的协同发展；进一步提供更加丰富的产品服务，满足交通、能源、工业、农业等行业场景需求，助力数字化转型发展；不断拓展完善云边协同计算关键技术、服务、典型场景解决方案等，持续提升云边协同计算的适用范围，积极引导云边协同的产业发展。未来云边协同计算将大量应用在工业互联网、智慧交通、智能家庭、能源、农业生产等领域。

6.5.2　云计算与云边协同计算的关系

随着物联网的发展，传感、监控等智能设备越来越多地接入互联网中，这些设备产生的海量数据需要传输到云计算中心进行处理。云计算中心集成大量低成本计算服务器，具有大规模算力，可以处理海量数据。但是云计算中心呈集中式分布，距离终端较远，导致数据传输时间过长，带宽压力大，不适合要求低时延、高实时性以及高服务质量的应用，用户信息的隐私性和完整性也得不到保障。边缘计算将云计算功能扩展到了网络边缘，能更好地为终端用户服务，且支持低时延、高移动性和高服务质量的应用服务。但由于边缘节点的低功耗、异构性和功能薄弱单一等约束，计算的稳定性与性能会受到影响，不适合大规模计算。云边协同计算既保障实时业务的时效性，又能保障大规模作业的计算。

表 6-3 展示了云计算和边缘计算的各自优势。云计算的主要优势是计算效率高，适合计算密集型、非实时性的计算任务和海量数据的并行计算。边缘计算的主要优势是提供实时的数据处理，以用户和应用为中心的计算模式，弥补了云计算在响应时间、网络流量和覆盖范围的不足，适合非计算密集型、实时性、移动性数据的处理分析和实时智能化决策。

表6-3 云计算与边缘计算比较

比 较 内 容	边 缘 计 算	云 计 算
应用场景	物联网等移动应用	一般互联网应用
网络带宽	要求低	要求极高
访问时延	最低至0.5ms	2s左右
可连接设备（数量）	10亿级别	百万级别
设备性能要求	低	高（专业服务器）
终端与服务器的通信网络	无线网、4G、5G网络	广域网
服务器节点位置	边缘网络（网关、Wi-Fi接入点）	数据中心
提供服务类型	基于本地信息服务	全局信息服务
成本开销	小	大
移动性支持	支持高移动性服务	移动性较差

云边协同计算是近年来随着边缘计算的发展以及与云计算不断结合发展起来的，其实现边缘计算与云计算的协同联动，共同获取数据价值。典型的云边协同计算是当终端设备产生数据或任务请求后，通过边缘网络上传至边缘服务器，边缘服务器进行初步处理。计算复杂的任务由边缘计算中心上传至云计算中心，进行大数据分析后再将结果和数据，或存储至云计算中心，或将计算结果下发至边缘计算中心，由边缘计算中心再下发给终端设备。此外，还可将计算任务分割，分别分配到云端和边缘端的计算资源，进行协同计算。云边协同计算涉及多方面的协同内容，但并非每一个场景中都涉及全方位的云边协同计算。

1. 资源协同

边缘节点和云端节点均可提供计算、存储、网络、虚拟化等基础设施资源，云边协同计算资源调度弥补边缘端资源的不足，当边缘资源不足时将计算任务调度到云端执行，保障任务及时完成情况下，一定程度上提高了边缘端和云端资源利用率。

2. 数据协同

边缘节点从终端设备获取各类音频、视频、图像等数据，预处理后把结果和相关数据上传给云计算中心；云端可以对海量数据挖掘分析，一部分存储在云端数据仓库，另一部分实时、安全要求高和隐私性类的数据存储在边缘上。边缘和云之间的数据协同，使数据能够在边缘和云之间充分使用。

3. 智能协同

云端进行模型训练，边缘端负责模型推理来实现分布式智能。云端负责海量数据的大数据分析、完成AI模型训练，然后将训练好的AI模型和结果下发至边缘端，同时部分边缘节点能完成简单的模型训练，将结果反馈给云计算中心。

4. 应用管理协同

边缘节点提供应用部署与运行环境并对本节点多个应用的生命周期进行管理调度；云端提供应用开发和能力测试，实现对边缘节点应用的生命周期管理。边缘节点具有一定的应用管理能力，能进行多个应用的生命周期管理调度，提供应用开发与测试环境。

5. 服务协同

结合具体应用特点（如数据安全、时延要求等），根据用户请求分布情况和终端设备数据特点、边缘节点自身算力负载和存储容量，将业务处理任务按需部署到边缘和云计算节点上，提高资源利用率和服务体验，达到计算效率、用户体验、数据安全的平衡。

6.5.3 云边协同计算的应用场景

现有的支持云边协同的边缘计算环境包括微软推出的 Azure IoT Edge、ARM 公司推出的 Mbed Edge、百度 OpenEdge、阿里巴巴 Link IoT Edge 和华为的 Kubneedge 等平台。

1. Azure IoT Edge

Azure IoT Edge 是微软基于边缘智能计算，将云功能提供到边缘设备的一种混合云和边缘设备的物联网解决方案。用户可以根据自己的业务逻辑自定义创建物联网（IoT）应用，在边缘设备本地完成数据处理任务，同时享受大规模云平台的配置、部署和管理功能。即便在离线或间歇性连接状态下，边缘设备也可实现人工智能和高级分析，简化开发，并降低物联网解决方案成本。

2. Mbed Edge

为了针对物联网安全和边缘计算，ARM 推出了拥有一个完整的技术和生态系统的边缘平台，能够真正地实现 IP 到边缘和可互操作的 IoT 应用，并且能够与 Mbed Cloud 一同实现 IoT。Mbed Edge 主要实现两块能力发展，一个涉及设备，另一个涉及云端，实现身份识别、访问路径管理、设备的网关管理和通信等能力。

3. OpenEdge

OpenEdge 是百度云自研的边缘计算框架，主要功能是为了贴合工业互联网应用，将计算能力拓展至用户现场，提供临时离线、低延时的计算服务，包括消息路由、函数计算、AI 推断等服务。OpenEdge 和云端管理套件配合使用，可通过云端管理和应用下发，在边缘设备上运行应用，满足了各种边缘计算应用场景。

4. Link IoT Edge

阿里云推出的专注物联网安全防护下的设备连接、管理和联动服务，实现边到云的辐射，扩展云能力到边缘。它继承了阿里云安全、存储、计算、人工智能的能力，可部署于不同量级的智能设备和计算节点中。通过物模型的定义，连接不同协议、不同数据格式的设备，提供安全可靠、低延时、低成本、易扩展、弱依赖的本地计算服务。Link IoT Edge 融合了阿里云在云计算、大数据、人工智能的优势，Link IoT Edge 的优势还体现在提升 AI 的实践效率，开发者可将深度学习的分析、训练过程放在云端，将生成的模型部署在边缘网关直接执行，优化中间过程、提升产能。

5. KubeEdge

KubeEdge是华为开源的云边协同计算平台，用于将容器化应用程序编排功能扩展到边缘的主机，实现云和边缘之间的部署和元数据同步。KubeEdge对Kubernetess模块化解耦、精简，使边缘节点最低运行内存仅需70MB，并且实现了云边协同通信、边缘离线自治等功能，可将本机容器化应用编排和管理扩展到边缘端设备。它构建在Kubernetes之上，为网络和应用程序提供核心基础架构支持，并在云端和边缘端部署应用，同步元数据。KubeEdge能够100%兼容Kubernetes原生API，可以使用原生Kubernetes API管理边缘节点和设备。此外，KubeEdge还支持MQTT协议，允许开发人员编写客户逻辑，并在边缘端启用设备通信的资源约束。

Kubernetes给边缘计算提供了先进的运维思路，但单纯的原生Kubernetes并不能满足边缘侧业务的所有需求。而集成了Kubernetes云原生管理能力的KubeEdge，同时对边缘业务部署和管理提供了很好的支持，因此被广泛应用于基础设施数字化需求的云边协同与数据采集场景。

云边协同计算的主要应用场景与边缘计算、物联网的应用场景联系紧密，从边缘计算业务形态的维度，如物联网中的车联网、工业云边协同的智慧制造、云边协同的智能家庭等多种应用场景。

物联网中的车联网场景中，车辆作为人们日常生活中普及的交通工具之一，车辆本身的数量达到很高的水平，还需要不断与周围的基础设施信息交互并采集四周环境信息，大规模的设备交互带来的将是海量的数据。并且因为车辆的高速移动，海量的数据还具备极强的移动性，所以此过程中对于数据的采集、处理、存储与数据挖掘等将使计算服务平台背负更大的压力。对于海量数据的存储和处理，云计算具有很大的优势，云计算为车联网络提供了稳定的优质计算资源。但是，车辆的快速移动和不同设施之间的信息交互，对数据的传输和处理的实时性提出了非常高的要求，在车辆快速行驶时司机需要一定反应时间才能做出精准、有效的判断，意味着车辆和基础设施在数据处理过程中需要做出实时性的优化，保证车辆行驶安全。而部署在基站BS（Base Station）或接入点AP（Access Point）上的边缘服务器、车辆、路侧感知设备和摄像头等基础设施组成的边缘计算网络，不仅能够节省大量的网络带宽，还可以满足应用的低延迟要求。图6-8简单展示了车联网在云边协同方面的应用。

云边协同计算在工业互联网上的应用。在生产管理方面，单台设备停机可能会中断整条生产线，对产品供应造成巨大的影响。据有关人士估计，每年全球由于缺乏有效维护而造成的损失达到500多亿美元。目前，大多数工厂采用人工巡检的方式进行设备维护，既不能在发生故障时及时响应，也难以发现设备潜在的运行问题。即便发现了设备的运转问题，还需专门的工程师定位故障，并从制造商处购买损坏的部件，整个

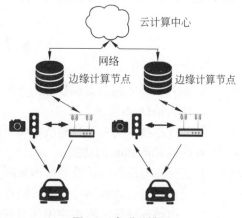

图6-8　车联网模型

流程耗时极长。在工业互联网时代，工厂车间的机器如人一样自主地寻医问诊，一旦检测到潜在故障可以立即进行维修，将停机时间降到最短。在工业互联网场景下，在工业现场的边缘计算节点将具备一定的计算能力，能够自主判断并解决问题，能够实时监控异常情况，将处理后的数据上传至云端进行态势感知，同时云端可以对数据传输和边缘设备进行管理。

在智慧交通场景下，车路协同系统是采用先进的无线通信和新一代互联网等技术，在全时空动态交通采集与融合的基础上，开展车辆主动安全控制和道路协同管理，从而形成安全、高效和环保的道路交通系统。

在智能家庭场景下，边缘计算节点（家庭网关、智能终端）可以对大量数据进行处理，再将处理后的数据上传至云平台，用户可以通过网络连接边缘节点来对终端设备进行控制，同时可以访问云端，对长时间数据进行访问，未来家庭能源、家庭医疗、家庭安防、家庭教育等产业也会蓬勃兴起。

在能源场景下，可以使用具有联网功能的终端设备，实现对生产中关键环节的关键设备进行实时自动化数据收集和安全监控，将提取到的数据上传至边缘侧进行初步的分析，对相关设备进行监测和控制，然后将加工分析后的高价值数据上传至云端进行分析。

在农业生产场景下，依托农业现场的各种传感节点和无线通信网络实现对农业生产环境的智能感知、智能预警、智能决策、智能分析，为农业生产提供精准化种植、可视化管理、智能化决策。

6.6　总　　结

本章主要阐述了大数据、人工智能、高性能计算、边缘计算四个方面技术与云计算技术的关系，并且举例说明了四方面技术与云计算技术的融合应用案例。总体来说，云计算与其他新一代信息技术是相辅相成的关系。云计算为其他新一代信息技术提供了易用的资源使用模式和资源管理模式，促进了其他新一代信息技术的进步和发展。同时，其他新一代信息技术同样也反作用于云计算技术，使云计算技术更适合于为各类应用场景提供资源和管理资源，有助于云计算技术的不断发展和更新。

6.6　总结

6.7　习　　题

1. 云计算技术与大数据技术的不同点有哪些？
2. 什么是DaaS服务？
3. 云计算技术与人工智能技术如何做到相辅相成的？
4. 简述Kubeflow的功能。
5. 云计算与高性能计算的架构异同点是什么？
6. 云计算与云边协同计算的异同点是什么？
7. 云边协同计算的常用应用场景有哪些？

第四篇

综合案例实践

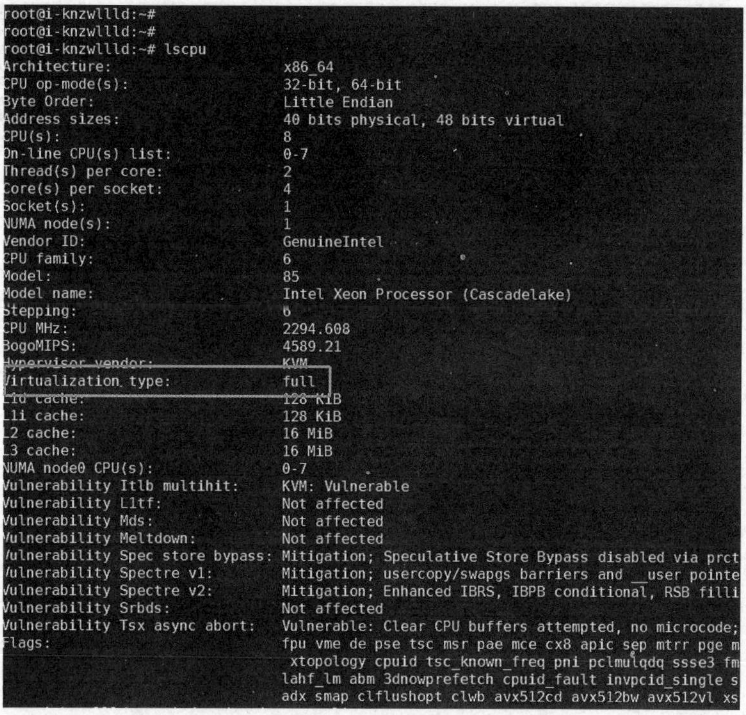

图 7-2　虚拟机环境对虚拟化的支持

7.2.2　基础环境及 Kolla-Ansible 安装

1. 安装基础环境及依赖

配置主机名并在服务器上安装 Python 环境和 Kolla-Ansible。

（1）配置主机名。

```
# hostnamectl set-hostname openStack
# echo "172.16.0.49  openStack" >> /etc/hosts
```

（2）查看当前服务器上的 Python 环境，并安装 pip 工具。

```
# sudo apt update
# sudo apt install -y python3-pip
```

（3）安装 Ansible，由于我们要使用 2.12 到 2.13 版本的 Ansible，因此指定版本安装 Ansible。

```
# pip install 'ansible>5,<6'
```

安装完成后，使用命令查看 Ansible 版本，图 7-3 所示，Ansible 版本为 2.12.2。

2. 安装 Kolla-Ansible

（1）使用 pip 从 git 安装 Kolla-Ansible 及其依赖项。

```
root@i-knzwllld:~# ansible --version
ansible 2.12.2
  config file = /etc/ansible/ansible.cfg
  configured module search path = ['/root/.ansible/plugins/modules', '/usr/share/ansible/plugins/modules']
  ansible python module location = /usr/lib/python3/dist-packages/ansible
  executable location = /usr/bin/ansible
  python version = 3.8.10 (default, Jun 22 2022, 20:18:18) [GCC 9.4.0]
root@i-knzwllld:~#
```

图 7-3   Ansible 版本

在操作之前，首先为服务器添加 CAfile 证书文件或设置 Git 不使用 SSL 认证：

```
# export GIT_SSL_NO_VERIFY=1 或 git config --global http.sslVerify false
```

再执行 Kolla-Ansible 安装命令：

```
# sudo pip3 install git+https://opendev.org/openStack/kolla-ansible@stable/
yoga
```

（2）创建 /etc/kolla 目录，并将所属用户改成指定用户（本书安装均在 root 下进行，此处也指定为 root）。

```
# sudo mkdir -p /etc/kolla
# chown root:root /etc/kolla
```

（3）将源代码下的 globals.yml 和 passwords.yml 复制到 /etc/kolla 目录。

```
# cp -r /usr/local/share/kolla-ansible/etc_examples/kolla/* /etc/kolla
```

（4）将文件 all-in-one 和 multinode 清单文件复制到当前目录（当前目录为 /root/）。

```
# cp /usr/local/share/kolla-ansible/ansible/inventory/*
```

3. 安装 Ansible Galaxy

Ansible Galaxy 是 Ansible 的命令行工具，使用下述命令进行 Ansible Galaxy 安装。

```
# kolla-ansible install-deps
```

图 7-4 展示了 Ansible Galaxy 的安装过程和结果，最后一行显示 Ansible Galaxy 安装成功。

```
Installing Ansible Galaxy dependencies
Starting galaxy collection install process
Process install dependency map
Cloning into '/root/.ansible/tmp/ansible-local-993949ic2ou6/tmpxrpdu0os/ansible-collection-kollab901tdlg'...
remote: Enumerating objects: 150, done.
remote: Counting objects: 100% (150/150), done.
remote: Compressing objects: 100% (98/98), done.
remote: Total 409 (delta 120), reused 52 (delta 52), pack-reused 259
Receiving objects: 100% (409/409), 79.12 KiB | 161.00 KiB/s, done.
Resolving deltas: 100% (159/159), done.
Already on 'master'
Your branch is up to date with 'origin/master'.
Starting collection install process
Installing 'openstack.kolla:1.0.0' to '/root/.ansible/collections/ansible_collections/openstack/kolla'
Created collection for openstack.kolla:1.0.0 at /root/.ansible/collections/ansible_collections/openstack/kolla
openstack.kolla:1.0.0 was installed successfully
```

图 7-4   Ansible Galaxy 安装过程及结果

4. 配置 Ansible

为使 Ansible 更好地工作,为其创建配置文件并进行配置,创建配置文件。

(1)创建 Ansible 目录并打开 Ansible 配置文件。

```
# mkdir /etc/ansible
# vi /etc/ansible/ansible.cfg
```

(2)将以下内容写入配置文件。

```
[defaults]
host_key_checking=False
pipelining=True
forks=100
```

图 7-5 展示了 Ansible 配置文件中的默认配置项。

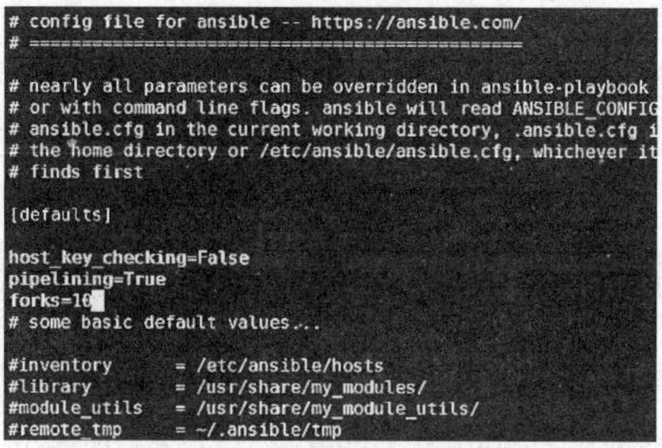

图 7-5　Ansible 默认配置项

7.2.3　准备安装前初始化配置

1. 清单文件

清单文件是 Ansible 运行时的文件,它标明了主机或用户组的归属,能够定义出节点的角色或访问授权。清单文件中,Kolla-Ansible 提供了 All in One 和多节点两种方案,前者用于在同一个节点上部署单节点 OpenStack,后者用于在多台主机上部署 OpenStack,如果想要在多节点上安装,需要先修改 multinode 文件。本书采用一个节点部署 OpenStack 服务,我们使用默认的 All in One 配置文件,无须修改。

2. Kolla 密码

使用 Kolla 部署,密码存储在 /etc/kolla/passwords.yml 文件中。在上一小节中从 Kolla 源文件包中将此文件复制至 /etc/kolla/ 目录下,因此文件中的所有密码都是空白的,需要手动或通过运行随机密码生成器来填写。

本书使用以下命令运行密码生成器生成随机密码:

```
# kolla-genpwd
```

3. 安装NFS服务

OpenStack的cinder块存储服务可以使用Kolla部署并支持以下后端存储：ceph、hnas_nfs、iscsi、lvm、nfs。本案例选择NFS作为OpenStack的后端存储。执行如下命令安装并配置NFS服务。

```
# sudo apt install -y nfs-kernel-server
```

使用NFS作为后端存储，先创建/kolla_nfs目录，再配置/etc/exports包含挂载的存储卷。

```
# sudo mkdir /kolla_nfs
# vim /etc/exports
```

编辑/etc/exports，在文件最后，插入下面的内容。

```
/kolla_nfs *(rw,sync,no_root_squash)
```

在上述内容中，/kolla_nfs是将要共享的NFS目录，*代表所有主机均可访问，rw，sync，no_root_squash意味着共享读写、同步，并防止远程root用户访问所有文件。

配置好nfs的参数后，使用下面的命令，重启NFS。

```
# systemctl restart nfs-server
```

通过上面的几步，读者部署并配置完成了NFS服务，但若想将其作为cinder后端存储，还需在部署节点的/etc/kolla/config/nfs_shares中为每个存储节点创建一条记录：

```
# mkdir /etc/kolla/config
# vim /etc/kolla/config/nfs_shares
```

在文件中输入NFS的存储配置。

```
openStack:/kolla_nfs
```

若有多个NFS后端存储，在/etc/kolla/config/nfs_shares文件中新插入即可。

4. 修改globals.yml配置文件

globals.yml是Kolla-Ansible的主要配置文件，位于/etc/kolla/目录下，有如下几个主要配置选项。

1）镜像配置

用于指定部署时使用的镜像，Kolla提供了多种Linux发行版容器镜像：CentOS、Ubuntu debian、RHEL

本书选择使用Ubuntu 20.04。

2）网络配置

分别对OpenStack的管理网络、Neutron外部（或公共）网络和浮动IP进行配置。

管理网络配置项：network_interface，配置如下。

```
network_interface: "eth0"
```

Neutron外部（或公共）网络，可以是 vlan 或 flat，取决于网络的创建方式。此接口应该在没有 IP 地址的情况下处于活动状态。否则，实例将无法访问外部网络，配置如下。

```
neutron_external_interface: "eth1"
```

3）附加服务配置

默认情况下，若不对Kolla-Ansible的其他项再进行配置，Kolla-Ansible 叫以使用默认配置安装一组计算套件，不过我们可以通过配置附加服务，安装更多的服务组件。要安装其他服务组件，可设置enable_*为"yes"。例如，若启用块存储服务，可增加如下配置项。

```
enable_cinder: "yes"
```

配置修改完成后，完整的globals.yml文件配置如图7-6所示。

```
kolla_base_distro: "ubuntu"
# 部署所使用的安装类型
kolla_install_type: "binary"
# openstack版本
openstack_release: "yoga"
# 管理接口ip
kolla_internal_vip_address: "172.16.0.49"
# 内部网络接口为enp4s1
network_interface: "eth0"
# 外部网络接口为enp4s2
neutron_external_interface: "eth1"
# 设置网络插件为openvswitch
neutron_plugin_agent: "openvswitch"
# 关闭haproxy
enable_haproxy: "no"
# 开启块存储服务
enable_cinder: "yes"
# 块存储底层使用nfs支持
enable_cinder_backend_nfs: "yes"
# 启用provider网络
enable_neutron_provider_networks: "yes"
# 虚拟化类型为qemu，如果服务器支持硬件虚拟化请将此值修改为kvm
nova_compute_virt_type: "qemu"
```

图7-6　globals.yml文件配置内容

7.2.4　部署

配置完成后就可以进行部署，由于Kolla-Ansible将OpenStack服务部署在容器内，因此要确认每个主机节点都安装了Docker服务（Docker安装过程，请参考7.2.2小节）。

单节点部署操作步骤如下。

1. 测试服务器是否正常通信

```
# ansible -i /root/all-in-one all -m ping
```

2. 对主机进行部署前检查

```
# sudo pip3 install docker
```

执行上述命令安装 Docker 的 pip 包，接着执行下面的安装检查命令。

```
# kolla-ansible -i /root/all-in-one prechecks
```

只有检查结果均为正确的情况下，方可继续后续操作。

3. 进行 OpenStack 部署

```
# kolla-ansible -i /root/all-in-one deploy
```

安装过程等待时间较长，当完成上述操作时，OpenStack 服务已经启动，并且正常运行了。

4. 安装命令行工具

OpenStack 已经正常运行，若要进行后续使用，可借助命令行工具或其 horizon（本书已默认安装）组件提供的 Web 可视化界面，我们安装一套 CLI 工具提供命令行操作。

（1）安装 OpenStack CLI 客户端。

```
# pip install python-openStackclient -c https://releases.openStack.org/
constraints/upper/yoga
```

（2）生成 openrc 文件，加载 OpenStack 所需的环境变量。

OpenStack 的 openrc 文件中设置了管理员用户的凭据。执行以下命令生成文件：

```
# kolla-ansible post-deploy
# . /etc/kolla/admin-openrc.sh
```

注意：上述的最后一条命令中"."和"/kolla/admin-openrc.sh"之间存在一个空格。

（3）创建示例网络和镜像。

Kolla-Ansible 初始化脚本提供了一组示例网络和镜像，执行以下脚本可生成示例网络，导入示例镜像。

```
# /usr/local/share/kolla-ansible/init-runonce
```

至此，使用 Kolla-Ansible 安装的容器版 OpenStack 已经部署完成，接下来演示 OpenStack 的应用。

7.2.5 OpenStack 应用

前文已经演示了如何搭建一个 OpenStack 平台，并为其安装命令行工具，下面我们分别使用命令行工具和 Web 界面进行云资源的创建和操作。Web 界面的访问地址为 localhost，OpenStack 的账号密码详见 /etc/kolla/admin-openrc.sh。

1. 在 Web 界面创建主机

使用用户名和密码登录进入 OpenStack 的 dashboard，单击左侧的"项目"→"实例"

导航栏，在右侧按钮处，单击"创建实例"按钮，进入创建实例配置界面。

（1）填写主机名称、选择可用区、输入创建的主机数量，如图7-7所示。

图7-7　创建主机基本参数

（2）选择云主机所用的镜像（事先已准备好镜像），选择镜像并填写卷大小。图7-8中展示了镜像选择过程，从可用镜像列表中选择一项，即表示选用该镜像创建主机。

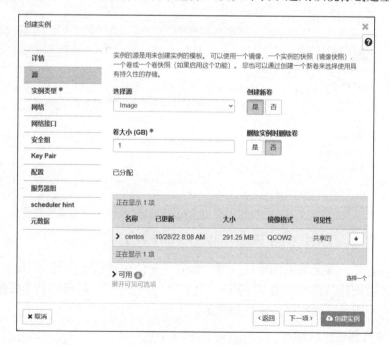

图7-8　选择主机镜像

（3）选择并配置CPU、内存规格。图7-9中下方是平台中的可用规格，已分配是当前选择的规格。

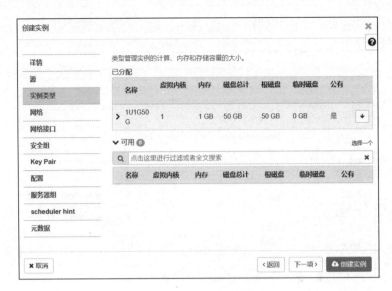

图 7-9　选择主机规格

（4）选择网络和子网。图 7-10 中的可用规格，是管理员在平台中通过命令行或在界面事先创建好的网络，云主机将会根据用户选择创建在已分配的网络中。

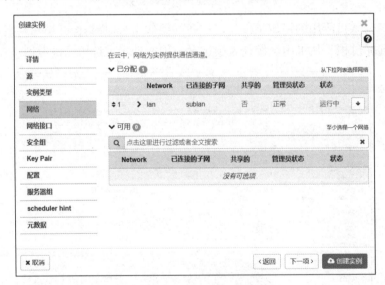

图 7-10　选择主机所在网络

除上述内容外，其他均采用默认设置，如安全组使用默认安全组。

（5）单击"创建"按钮，等待一段时间后，平台创建了一条新的云主机记录。图 7-11 中展示了根据刚刚填写或选择的参数创建的云主机。

2. 在命令行创建一块硬盘

下面将演示在命令行创建一块云硬盘，并与上面创建的云主机绑定。

进入 OpenStack 的部署节点，加载用户密钥和项目等源文件。图 7-12 的命令，表示已经将写入 admin-openrc 中的配置项载入系统，admin-openrc 所在目录为 /etc/kolla/。

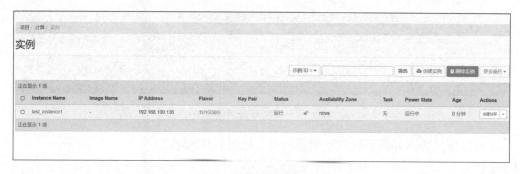

图 7-11　主机列表

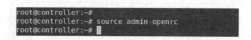

图 7-12　加载用户密钥和项目源文件

查询现有的卷类型，可以看到现有的类型只有一个 __DEFAULT__，如图 7-13 所示。

```
root@controller:~# openstack volume type list
/usr/lib/python3/dist-packages/secretsstorage/dhcrypto.py:15: Cryptog
  from cryptography.utils import int_from_bytes
/usr/lib/python3/dist-packages/secretsstorage/util.py:19: Cryptograph
  from cryptography.utils import int_from_bytes
+--------------------------------------+-----------+-----------+
| ID                                   | Name      | Is Public |
+--------------------------------------+-----------+-----------+
| b6b6702b-1f65-4f84-949a-6d440896dc5f | __DEFAULT__ | True    |
+--------------------------------------+-----------+-----------+
```

图 7-13　查询现有卷类型

使用 7-14 中的命令创建卷，命令参数中指定了卷大小、类型和名称。

```
root@controller:~# openstack volume create newvolume --size 15 --type b6b6702b-1f65-4f84-949a-6d440896dc5
/usr/lib/python3/dist-packages/secretsstorage/dhcrypto.py:15: CryptographyDeprecationWarning: int_from_byte
  from cryptography.utils import int_from_bytes
/usr/lib/python3/dist-packages/secretsstorage/util.py:19: CryptographyDeprecationWarning: int_from_bytes is
  from cryptography.utils import int_from_bytes
+---------------------+--------------------------------------+
| Field               | Value                                |
+---------------------+--------------------------------------+
| attachments         | []                                   |
| availability_zone   | nova                                 |
| bootable            | false                                |
| consistencygroup_id | None                                 |
| created_at          | 2022-11-04T08:21:49.751761           |
| description         | None                                 |
| encrypted           | False                                |
| id                  | 18eabfe0-b0c8-4206-9245-fb045300a6d6 |
| migration_status    | None                                 |
| multiattach         | False                                |
| name                | newvolume                            |
| properties          |                                      |
| replication_status  | None                                 |
| size                | 15                                   |
| snapshot_id         | None                                 |
| source_volid        | None                                 |
| status              | creating                             |
| type                | __DEFAULT__                          |
| updated_at          | None                                 |
| user_id             | 91da60ab1b444678a1001e79120438b4     |
+---------------------+--------------------------------------+
```

图 7-14　通过命令创建卷

等待一会儿后，通过 openStack volume list 命令，可以查看到新建的卷。图 7-15 中展示了当前平台中的卷列表，包含刚刚创建的卷。

图7-15 当前平台的卷列表

也可以通过Web界面看到刚刚创建的卷，如图7-16所示。

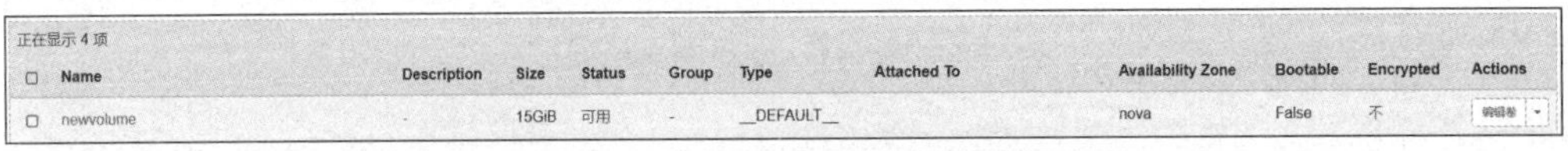

图7-16 从Web界面查看已创建的卷

3. 在Web界面给云主机绑定卷

在Web界面单击左侧的"项目"→"实例"导航栏，进入用户主机实例列表，如图7-17（a）所示，在要绑定卷的主机右侧下拉按钮单击"连接卷"，并在7-17（b）中显示的弹出列表中选择刚刚新建的卷。

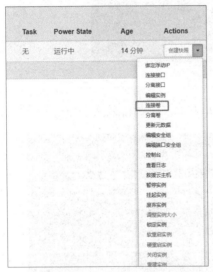

(a) 从云主机操作列表中选择连接卷

(b) 要选择的卷列表

图7-17 给云主机绑定卷

现在重新进入卷操作页面，就可以看到卷已经被分配给云主机，图7-18展示了卷的使用状态。

图7-18 卷的使用状态

在命令行执行OpenStack server show <server id>操作，图7-19展示了主机绑定卷的状态，可以看到该主机已经绑定了两个卷。

```
| Field                            | Value
| OS-DCF:diskConfig                | AUTO
| OS-EXT-AZ:availability_zone       | nova
| OS-EXT-SRV-ATTR:host              | compute01
| OS-EXT-SRV-ATTR:hypervisor_hostname | compute01
| OS-EXT-SRV-ATTR:instance_name     | instance-00000007
| OS-EXT-STS:power_state            | Running
| OS-EXT-STS:task_state             | None
| OS-EXT-STS:vm_state               | active
| OS-SRV-USG:launched_at            | 2022-11-04T08:10:48.000000
| OS-SRV-USG:terminated_at          | None
| accessIPv4                        |
| accessIPv6                        |
| addresses                         | lan=192.168.100.136
| config_drive                      |
| created                           | 2022-11-04T08:10:25Z
| flavor                            | 1U1G50G (ccf2b031-769a-4a05-8883-15849b3e8365)
| hostId                            | a2d48e0e048a282d6f4e6293f965d50d656c4cda4cda1bb5427691d1
| id                                | ad74741c-5608-45bc-aed2-6fab6ba6c1df
| image                             | N/A (booted from volume)
| key_name                          | None
| name                              | test_instance1
| progress                          | 0
| project_id                        | bb7588e975194d57a45a4cf8fdd1457c
| properties                        |
| security_groups                   | name='default'
| status                            | ACTIVE
| updated                           | 2022-11-04T08:10:49Z
| user_id                           | -91da60ab1b444678a1001e79120438b4
| volumes_attached                  | id='2d986203-08c9-404a-ab75-bc3f9787fe80'
|                                   | id='18eabfe0-b0c8-4206-9245-fb045300a6d6'
```

图 7-19 主机绑定的卷列表

7.3 Kubernetes平台搭建及应用

7.3.1 实战案例简介

1. Kubernetes简介

Kubernetes平台的基本设计理念、主要组件、核心概念在第5章已经有详细的讲解。本章将详细介绍Kubernetes平台搭建的方式、方法及简单应用。

Kubernetes平台的搭建方式有很多种，官方网站中就提供了Kubeadm、Kops、Kubespray等工具进行生产环境的部署方式，也提供了基于二进制软件包部署生产环境的方式。其中，二进制软件包部署方式和kubeadm工具部署方式最为常用。二进制软件包部署方式会将Kubernetes所有用到的软件、组件手动安装和配置，可以较好地了解Kubernetes的架构和原则，但是部署难度大，容易出错。因此，本书将基于kubeadm工具部署两节点的Kubernetes集群，并为Kubernetes安装可视化的操作界面dashboard。

在Kubernetes部署之前，必须部署容器运行时。自Kubernetes 1.5推出CRI（Container Runtime Interface），CRI包含了容器运行时客户端接口和容器运行时服务端接口，通过CRI可以对接包括Docker、Singularity、Container等不同的容器运行时。在本次实战中，将使用Docker容器运行时来支撑Kubernetes不同服务的运行。

2. 实战案例目标及方法

1）实战案例目标

（1）掌握Kubernetes的常用安装部署方式。

（2）掌握kubeadm的概念及安装方式。

（3）掌握使用kubeadm安装分布式的Kubernetes集群。

（4）掌握安装kubernetes UI Dashboard的方法，并简单使用。

2）实战案例方法

（1）为保证实战过程的顺利开展，更换操作系统的源地址。

（2）在Controller和Worker节点分别安装Docker容器运行时。

（3）安装kubeadm、kubelet、kubectl等Kubernetes部署、管理工具。

（4）使用kubeadm初始化Controller节点，并将Worker节点加入集群中。

（5）安装Kubernetes的Web UI组件Dashboard，并使用可视化的方式，在Kubernetes集群上部署Nginx服务。

3. 实战案例环境准备

本实战案例所需环境的要求，如表7-2所示。

表7-2　项目实验环境

主　机　名	操　作　系　统	IP地址	软　件　版　本	硬　件　配　置
Controller	Ubuntu20.04	10.0.1.136	kubeadm=1.15 kubelet=1.15 kubectl=1.15 Kubernetes=1.15 kuber-dashboard=2.0	虚拟机：4CPU、4GB内存
Worker	Ubuntu20.04	10.0.1.137	kubeadm=1.15 kubelet=1.15 kubectl=1.15	虚拟机：8CPU、8GB内存

7.3.2　实战环境搭建

1. 容器运行时安装

本实战案例将使用Docker作为Kubernetes的容器运行环境。下面将在两台服务器上同时安装Docker运行环境。

1）更改apt源的地址

（1）备份系统原有的软件源文件。

```
$ cp /etc/apt/sources.list /etc/apt/sources.list.bak
```

（2）打开软件源文件。

```
$ vim /etc/apt/sources.list
```

（3）将sources.list文件中的内容整体替换为以下内容。

```
deb http://mirrors.aliyun.com/ubuntu/ focal main restricted universe
multiverse
```

```
    deb http://mirrors.aliyun.com/ubuntu/ focal-security main restricted
universe multiverse
    deb http://mirrors.aliyun.com/ubuntu/ focal-updates main restricted universe
multiverse
    deb http://mirrors.aliyun.com/ubuntu/ focal-proposed main restricted
universe multiverse
    deb http://mirrors.aliyun.com/ubuntu/ focal-backports main restricted
universe multiverse
    deb-src http://mirrors.aliyun.com/ubuntu/ focal main restricted universe
multiverse
    deb-src http://mirrors.aliyun.com/ubuntu/ focal-security main restricted
universe multiverse
    deb-src http://mirrors.aliyun.com/ubuntu/ focal-updates main restricted
universe multiverse
    deb-src http://mirrors.aliyun.com/ubuntu/ focal-proposed main restricted
universe multiverse
    deb-src http://mirrors.aliyun.com/ubuntu/ focal-backports main restricted
universe multiverse
```

（4）更新源并允许apt使用https上的仓库。

```
    apt-get update && apt-get install -y apt-transport-https ca-certificates
curl software-properties-common gnupg2
```

2）安装Docker容器运行时

（1）增加Docker的官方GPG key。

```
    curl -fsSL https://download.docker.com/linux/ubuntu/gpg | apt-key add -
    apt-key fingerprint 0EBFCD88
    add-apt-repository "deb [arch=amd64] https://download.docker.com/linux/
ubuntu $(lsb_release -cs) stable"
```

（2）安装Docker CE。

```
    apt-get update && apt-get install -y containerd.io=1.2.13-1 docker-ce=
5:19.03.8~3-0~ubuntu-$(lsb_release -cs) docker-ce-cli=5:19.03.8~3-0~ubuntu-
$(lsb_release -cs)
```

（3）为Docker添加配置。

```
    cat > /etc/docker/daemon.json <<EOF
    {
      "exec-opts": ["native.cgroupdriver=systemd"],
      "log-driver": "json-file",
      "log-opts": {
        "max-size" : "100m"
      },
      "storage-driver": "overlay2"
```

```
}
EOF
```

（4）增加Docker服务的目录，并重启Docker。

```
mkdir -p /etc/systemd/system/docker.service.d
systemctl daemon-reload
systemctl restart docker
```

（5）运行Hello-world的Docker镜像。

```
docker run hello-world
```

（6）完成Docker的安装。

如果执行完以上命令后，出现如图7-20所示的画面，说明Docker已经正常安装完成。

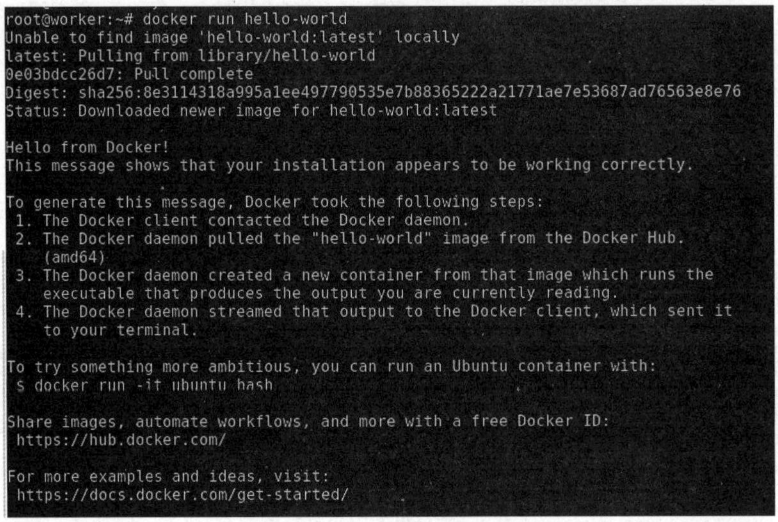

```
root@worker:~# docker run hello-world
Unable to find image 'hello-world:latest' locally
latest: Pulling from library/hello-world
0e03bdcc26d7: Pull complete
Digest: sha256:8e3114318a995a1ee497790535e7b88365222a21771ae7e53687ad76563e8e76
Status: Downloaded newer image for hello-world:latest

Hello from Docker!
This message shows that your installation appears to be working correctly.

To generate this message, Docker took the following steps:
 1. The Docker client contacted the Docker daemon.
 2. The Docker daemon pulled the "hello-world" image from the Docker Hub.
    (amd64)
 3. The Docker daemon created a new container from that image which runs the
    executable that produces the output you are currently reading.
 4. The Docker daemon streamed that output to the Docker client, which sent it
    to your terminal.

To try something more ambitious, you can run an Ubuntu container with:
 $ docker run -it ubuntu bash

Share images, automate workflows, and more with a free Docker ID:
 https://hub.docker.com/

For more examples and ideas, visit:
 https://docs.docker.com/get-started/
```

图7-20　Docker成功安装示意图

（7）导入Kubernetes部署所用的镜像。

```
wget https://
tar -xvf ***.tar
docker load < calico-cni.tar
docker load < calico-kube-controllers.tar
docker load < calico-node.tar
docker load < calico-pod2daemon-flexvol.tar
docker load < coredns.tar
docker load < dashboard.tar
docker load < etcd.tar
docker load < kub-apiserver.tar
docker load < kube-controller-manager.tar
docker load < kube-proxy.tar
```

```
docker load < kube-scheduler.tar
docker load < metrics-scraper.tar
docker load < pause.tar
```

2. 安装 kubeadm、kubelet、kubectl

下面将 kubeadm、kubelet、kubectl 这三个软件分别安装到 Controller 和 Worker 节点中。注意，kubeadm 不会管理 kubelet 和 kubectl，所以在安装时需要确定好使用 kubeadm 安装 Kubernetes 的版本。如果版本不匹配会导致一些难以解决的问题。

- kubeadm：用于引导安装 Kubernetes 集群的命令集。
- kubelet：安装在 Kubernetes 集群所有节点上的一个组件，用于使用命令行启动容器、pod 等操作。
- kubectl：用于操作集群的命令行工具。

安装 kubeadm、kubelet、kubectl。

（1）增加 Google 的官方 GPG key。

```
curl https://mirrors.aliyun.com/Kubernetes/apt/doc/apt-key.gpg | apt-key
add -

cat <<EOF >/etc/apt/sources.list.d/Kubernetes.list
deb https://mirrors.aliyun.com/Kubernetes/apt/ Kubernetes-xenial main
EOF
```

（2）安装指定版本的软件。

```
apt-get update
apt-get install -y kubelet=1.15.11-00 kubeadm=1.15.11-00 kubectl=
1.15.11-00
```

（3）设定三个软件不能自动更新。

```
apt-mark hold kubelet kubeadm kubectl
```

3. 使用 kubeadm 初始化 Kubernetes 集群

1）使用 kubeadm 初始化控制节点

本部分的所有操作需要在 controller 节点上进行。控制节点主要运行控制面板的组件，包括 etcd、API server 等。在开始初始化之前，先介绍初始化的几个重要参数。

- pod-network-cidr：指定 pod 的网络分配地址。
- Kubernetes-version：指定要安装 Kubernetes 的版本号。
- apiserver-advertise-address：指定 APIserver 要绑定的 IP 地址。
- inage-repository：指定容器镜像源的地址。

本实战案例将安装 Kubernetes 1.15，并且使用阿里云的容器镜像地址来下载相应的容器镜像。

（1）初始化控制节点运行以下命令：

```
kubeadm init --Kubernetes-version=v1.15.11 --pod-network-cidr=
10.244.0.0/16 --apiserver-advertise-address=<CONTROLLER-IP> --inage-repository=
registry.aliyuncs.com/google_containers
```

等待一段时间后，会出现成功安装的提示，如图7-21所示。

```
Your Kubernetes control-plane has initialized successfully!

To start using your cluster, you need to run the following as a regular user:

 mkdir -p $HOME/.kube
 sudo cp -i /etc/kubernetes/admin.conf $HOME/.kube/config
 sudo chown $(id -u):$(id -g) $HOME/.kube/config

You should now deploy a pod network to the cluster.
Run "kubectl apply -f [podnetwork].yaml" with one of the options listed at:
 https://kubernetes.io/docs/concepts/cluster-administration/addons/

Then you can join any number of worker nodes by running the following on each as root:

kubeadm join 10.0.1.36:6443 --token 76h07i.2431we24wgkmgjv4 \
    --discovery-token-ca-cert-hash sha256:e5090ecb6c143509be2eb9d91ea0e6e2cc49f13792b7505f574742614
d97831b
```

图7-21　初始化控制节点

注意：

- APIserver的IP地址需要将CONTROLLER-IP替换为虚拟机的IP地址。
- 安装的Kubernetes版本不能超过kubeadm版本，否则会安装不成功。在本实验中Kubernetes和kubeadm的版本是匹配的。
- pod的网络分配地址需要根据实际的生产环境网络情况来设定，不能与其他网段冲突。
- kubeadm join … 这条命令一定要记住，在加入Worker节点是会用到这个token。可以截图将该命令记录下来。

（2）按照安装成功提示执行以下命令：

```
mkdir -p $HOME/.kube
sudo cp -i /etc/Kubernetes/admin.conf $HOME/.kube/config
sudo chown $(id -u):$(id -g) $HOME/.kube/config
```

因为是用root用户创建的Kubernetes集群，需要增加一个环境变量：

```
export KUBECONFIG=/etc/Kubernetes/admin.conf
```

（3）在控制节点执行查看节点的命令。

```
kubectl get nodes
```

可以看到当前Kubernetes集群只有一个控制节点，并且控制节点的状态为NotReady（图7-22），这是因为还没有给集群设定pod网络类型。

```
root@controller:~/.kube# kubectl get nodes
NAME         STATUS     ROLES    AGE   VERSION
controller   NotReady   master   14h   v1.15.11
```

图7-22　查看节点信息

（4）在控制节点执行查看pod的命令。

```
kubectl get pods --all-namespaces
```

可以看到当前CoreDNS的pod状态为pending状态（图7-23），同样需要等待安装好网络插件后，状态可以变为Running状态。

```
root@controller:~/.kube# kubectl get pods --all-namespaces
NAMESPACE     NAME                                   READY   STATUS    RESTARTS   AGE
kube-system   coredns-94d74667-8kxjm                 0/1     Pending   0          14h
kube-system   coredns-94d74667-wwyll                 0/1     Pending   0          14h
kube-system   etcd-controller                        1/1     Running   0          14h
kube-system   kube-apiserver-controller              1/1     Running   0          14h
kube-system   kube-controller-manager-controller     1/1     Running   0          14h
kube-system   kube-proxy-kqm9q                        1/1     Running   0          14h
kube-system   kube-scheduler-controller              1/1     Running   0          14h
```

图7-23　查看pod信息

（5）安装网络插件。

Kubernetes的网络插件支持非常多的类型，其中常用的包括Calico、Canal、Fannel等。这里对网络类型的优劣就不做过多讲解了。在本实验中，将使用Calico作为Kubernetes的网络插件。

执行以下命令，添加网络插件：

```
kubectl apply -f https://docs.projectcalico.org/v3.8/manifests/calico.yaml
```

网络正常的情况下，会看到Calico网络插件可以正常的创建，正常创建的过程如图7-24所示。

```
root@controller:~/.kube# kubectl apply -f https://docs.projectcalico.org/v3.8/manifests/calico.yaml
configmap/calico-config created
customresourcedefinition.apiextensions.k8s.io/felixconfigurations.crd.projectcalico.org created
customresourcedefinition.apiextensions.k8s.io/ipamblocks.crd.projectcalico.org created
customresourcedefinition.apiextensions.k8s.io/blockaffinities.crd.projectcalico.org created
customresourcedefinition.apiextensions.k8s.io/ipamhandles.crd.projectcalico.org created
customresourcedefinition.apiextensions.k8s.io/ipamconfigs.crd.projectcalico.org created
customresourcedefinition.apiextensions.k8s.io/bgppeers.crd.projectcalico.org created
customresourcedefinition.apiextensions.k8s.io/bgpconfigurations.crd.projectcalico.org created
customresourcedefinition.apiextensions.k8s.io/ippools.crd.projectcalico.org created
customresourcedefinition.apiextensions.k8s.io/hostendpoints.crd.projectcalico.org created
customresourcedefinition.apiextensions.k8s.io/clusterinformations.crd.projectcalico.org created
customresourcedefinition.apiextensions.k8s.io/globalnetworkpolicies.crd.projectcalico.org created
customresourcedefinition.apiextensions.k8s.io/globalnetworksets.crd.projectcalico.org created
customresourcedefinition.apiextensions.k8s.io/networkpolicies.crd.projectcalico.org created
customresourcedefinition.apiextensions.k8s.io/networksets.crd.projectcalico.org created
clusterrole.rbac.authorization.k8s.io/calico-kube-controllers created
clusterrolebinding.rbac.authorization.k8s.io/calico-kube-controllers created
clusterrole.rbac.authorization.k8s.io/calico-node created
clusterrolebinding.rbac.authorization.k8s.io/calico-node created
daemonset.apps/calico-node created
serviceaccount/calico-node created
deployment.apps/calico-kube-controllers created
serviceaccount/calico-kube-controllers created
```

图7-24　Calico网络创建过程

（6）等待网络插件安装完成。

安装网络插件需要等待一段时间。可以使用查看节点信息和查看pod信息的命令，确定网络插件是否安装完成。查看节点信息命令：

```
kubectl get nodes
```

查看pod信息命令：

```
kubectl get pods --all-namespaces
```

网络插件安装完成后，控制节点的状态变为Ready，并且所有的pod都是Running的状态，如图7-25所示。

```
root@controller:~/kubernetes/master# kubectl get nodes
NAME         STATUS   ROLES    AGE   VERSION
controller   Ready    master   17h   v1.15.11
root@controller:~/kubernetes/master# kubectl get pods --all-namespaces
NAMESPACE     NAME                                        READY   STATUS    RESTARTS   AGE
kube-system   calico-kube-controllers-c5c464c67-ggd4z     1/1     Running   0          129m
kube-system   calico-node-z9p6f                           1/1     Running   0          129m
kube-system   coredns-94d74667-8kxjm                      1/1     Running   0          17h
kube-system   coredns-94d74667-wwgtt                      1/1     Running   0          17h
kube-system   etcd-controller                             1/1     Running   0          17h
kube-system   kube-apiserver-controller                   1/1     Running   0          17h
kube-system   kube-controller-manager-controller          1/1     Running   0          17h
kube-system   kube-proxy-kqm9q                            1/1     Running   0          17h
kube-system   kube-scheduler-controller                   1/1     Running   0          17h
```

图7-25　查看pod的状态

2）使用kubeadm将Worker节点加入集群

本部分的所有操作，需要在Controller节点上操作。在控制节点初始化完成之后，会弹出来kubeadm join***的命令信息。现在需要在Worker节点中执行这个命令，将Worker节点加入集群中。

执行加入集群命令如下。

```
kubeadm join <master-ip>:<master-port> --token <token> --discovery-token-
ca-cert-hash sha256:<hash>
    kubeadm join 10.0.1.241:6443 --token 52p47l.yrbc9ktf7afw0cio --discovery-
token-ca-cert-hash  sha256: d82ba82c6b04644b76719037b14e19f3659d880c9e8d5
1a34e1bc94061db933f
```

命令中的参数含义如下。
- master-ip：为控制节点的IP地址。
- master-port：为APIserver的端口，默认为6443。
- token：为认证信息。
- hash：认证信息做哈希加密后的字符串。

可以根据实验的环境和IP，自行填充改命令的参数。执行后的结果如图7-26所示。

注意：Token 24h就会失效。因此需要及时使用。如果Token失效或忘记了，可以使用命令重新生成Token，命令如下。

```
kubeadm token create
```

3）验证Kubernetes集群运行情况

在控制节点执行查看节点信息命令。

```
kubectl get nodes
```

```
root@worker:~# kubeadm join 10.0.1.36:6443 --token 76h7i.2431we24wgkmgjv4 --discovery-token-ca-cert-hash sha256:e5090ecb6c143509be2eb9d91ea0e6e2cc49f13792b7505f574742614d97831b
[discovery.bootstrapToken.token: Invalid value: "76h7i.2431we24wgkmgjv4": the bootstrap token is invalid, discovery.tlsBootstrapToken: Invalid value: "76h7i.2431we24wgkmgjv4": the bootstrap token is invalid]
root@worker:~# kubeadm join 10.0.1.36:6443 --token 76h07i.2431we24wgkmgjv4 --discovery-token-ca-cert-hash sha256:e5090ecb6c143509be2eb9d91ea0e6e2cc49f13792b7505f574742614d97831b
[preflight] Running pre-flight checks
        [WARNING SystemVerification]: this Docker version is not on the list of validated versions: 19.03.8. Latest validated version: 18.09
        [WARNING Hostname]: hostname "worker" could not be reached
        [WARNING Hostname]: hostname "worker": lookup worker on 10.0.0.32:53: no such host
[preflight] Reading configuration from the cluster...
[preflight] FYI: You can look at this config file with 'kubectl -n kube-system get cm kubeadm-config -oyaml'
[kubelet-start] Downloading configuration for the kubelet from the "kubelet-config-1.15" ConfigMap in the kube-system namespace
[kubelet-start] Writing kubelet configuration to file "/var/lib/kubelet/config.yaml"
[kubelet-start] Writing kubelet environment file with flags to file "/var/lib/kubelet/kubeadm-flags.env"
[kubelet-start] Activating the kubelet service
[kubelet-start] Waiting for the kubelet to perform the TLS Bootstrap...

This node has joined the cluster:
* Certificate signing request was sent to apiserver and a response was received.
* The Kubelet was informed of the new secure connection details.

Run 'kubectl get nodes' on the control-plane to see this node join the cluster.
```

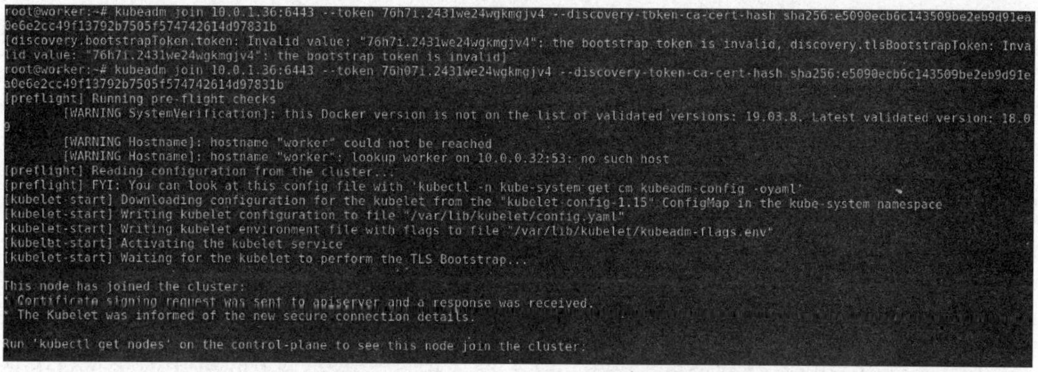

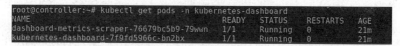

图7-26 Worker节点加入后的结果

可以看到所Kubernetes集群中的两个节点的状态都为Ready了。说明Kubernetes集群已经可以正常使用了，如图7-27所示。

```
root@controller:~# kubectl get nodes
NAME         STATUS   ROLES    AGE   VERSION
controller   Ready    master   19h   v1.15.11
worker       Ready    <none>   89m   v1.15.11
```

图7-27 验证Kubernetes集群运行情况

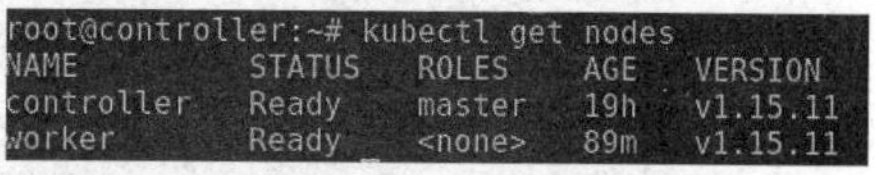

4. 安装Kubernetes的Dashboard

使用kubeadm安装Kubernetes集群，默认情况下是不安装Dashboard。为了能够方便地体验和使用Kubernetes，将手动安装Dashboard。

1）安装Dashboard

（1）执行以下命令安装dashboard的插件：

```
kubectl apply -f https://raw.githubusercontent.com/Kubernetes/dashboard/v2.0.0/aio/deploy/recommended.yaml
```

（2）验证Dashboard是否安装成功：

```
kubectl get pods -n Kubernetes-dashboard
```

如果Dashboard的pod都已成功运行，则Dashboard插件已经安装成功，如图7-28所示。

```
root@controller:~# kubectl get pods -n kubernetes-dashboard
NAME                                         READY   STATUS    RESTARTS   AGE
dashboard-metrics-scraper-76679bc5b9-79wwn   1/1     Running   0          21m
kubernetes-dashboard-7f9fd5966c-bn2bx        1/1     Running   0          21m
```

图7-28 验证Dashboard安装成功

（3）设置Dashboard的访问端口。

Dashboard默认安装后，是使用ClusterIP的方式来访问。这种方式在集群内部访问是没问题的，但是没法被外部的请求访问。所以，下面将Dashboard的访问方式改为NodePort方式，这种方式可以支持用户使用IP+端口的方式访问Dashboard。

查看Dashboard前端的service，显示如图7-29所示。

```
kubectl get svc -n Kubernetes-dashboard
```

修改service type类型为NodePort：

```
kubectl edit svc Kubernetes-dashboard -n Kubernetes-dashboard
```

```
root@controller:~# kubectl get svc -n kubernetes-dashboard
NAME                        TYPE        CLUSTER-IP       EXTERNAL-IP   PORT(S)     AGE
dashboard-metrics-scraper   ClusterIP   10.104.230.125   <none>        8000/TCP    32m
kubernetes-dashboard        ClusterIP   10.109.160.169   <none>        443/TCP     32m
root@controller:~#
                                        dashboard的访问ip             dashboard的访问端口
```

图7-29　Dashboard前端的service

在编辑界面，单击键盘上的字幕a，进入插入模式，并且将ClusterIP改为NodePort，如图7-30所示。

```
# Please edit the object below. Lines beginning with a '#' w 670: 15: 22 nored,
# and an empty file will abort the edit. If an error occurs while saving this file will be
# reopened with the relevant failures.
#
apiVersion: v1
kind: Service
metadata:
  annotations:
    kubectl.kubernetes.io/last-applied-configuration: |
      {"apiVersion":"v1","kind":"Service","metadata":{"annotations":{},"labels":{"k8s-app":"kubern
e":"kubernetes-dashboard"},"spec":{"ports":[{"port":443,"targetPort":8443}],"selector":{"k8s-app":
  creationTimestamp: "2020-04-28T08:07:29Z"
  labels:
    k8s-app: kubernetes-dashboard
  name: kubernetes-dashboard
  namespace: kubernetes-dashboard
  resourceVersion: "88089"
  selfLink: /api/v1/namespaces/kubernetes-dashboard/services/kubernetes-dashboard
  uid: 3c4463b8-a4d7-4931-8d6e-df96bcfe4acf
spec:
  clusterIP: 10.109.160.169
  ports:
  - port: 443
    protocol: TCP
    targetPort: 8443
  selector:
    k8s-app: kubernetes-dashboard
  sessionAffinity: None
  type: ClusterIP                    将ClusterIP改为Nodeport
status:
  loadBalancer: {}
```

图7-30　更改service的模式

更改完成后，单击键盘上的Esc键，退出插入模式。然后输入":wq"，保存并退出编辑模式。

再次执行查看Dashboard的service信息的命令，可以看到Dashboard的类型变为NodePort，并且有了一个映射的端口，如图7-31所示。

```
root@controller:~# kubectl get svc -n kubernetes-dashboard
NAME                        TYPE        CLUSTER-IP       EXTERNAL-IP   PORT(S)         AGE
dashboard-metrics-scraper   ClusterIP   10.104.230.125   <none>        8000/TCP        21h
kubernetes-dashboard        NodePort    10.109.160.169   <none>        443:31094/TCP   21h
```

图7-31　查看service的模式

2）使用Dashboard

（1）访问Dashboard。

在上面的操作结果中，已经将Dashboard的访问端口显示出来了。例如，截图中显示的访问端口为31094，因此，可以使用Controller和Worker任意一台节点的IP+31094端口来访问Dashboard。下面使用Controller节点来访问Dashboard。

使用桌面方式访问Controller，打开浏览器，并且在浏览器中输入https://:，回车进入Dashboard。其中访问IP为Worker节点的IP地址。Dashboard访问情况如图7-32所示。

图7-32　Dashboard访问情况

首次访问时，浏览器会提示该地址不安全，需要单击"继续访问"就可以正常进入Dashboard，如图7-33所示。

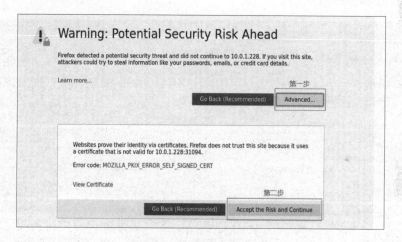

图7-33　首次访问Dashboard

单击后，可以进入Dashboard首次访问的界面。提示输入Token后，登录Dashboard（图7-34）。

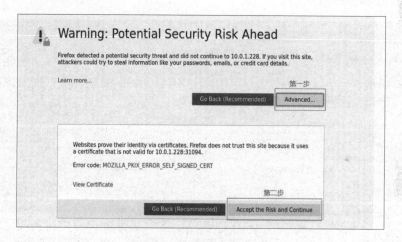

图7-34　通过Token访问Dashboard

（2）登录Dashboard。

在访问Dashboard小节中，Dashboard可以正常被浏览器访问了，但是还需要使用Token才能登录Dashboard。本节主要讲解如何登录Dashboard，并且如何创建超级管理员。

Controller节点的桌面操作方式下，在桌面空白区域右击，选择Open Terminal Here，打开一个终端。

在打开的终端中执行命令，查看Kubernetes-dashboard命名空间下的secret：

```
kubectl get secret -n Kubernetes-dashboard
```

找到对应的Kubernetes-dashboard-token-的secret，其中×××××需要替换成为实际的字符串，并使用命令显示secret中的内容：

```
kubectl   describe   secret Kubernetes-dashboard-token-<×××××>   -n
Kubernetes-dashboard
```

执行结果如图7-35所示。

图7-35　获取登录Token值

复制其中输出的Token值，并将其拷贝到Dashboard页面中的Token栏中，可以正常登录Dashboard，如图7-36所示。

从上面的截图可以看到，当前登录的用户只能看到default的namespaces，无法查看其他的namespaces，所以为了更好地管理集群，需要创建集群管理员的Token，并且重新登录。创建集群管理员的Token：

```
kubectl create clusterrolebinding dashboard-cluster-admin --clusterrole=
cluster-admin --serviceaccount=Kubernetes-dashboard:Kubernetes-dashboard
```

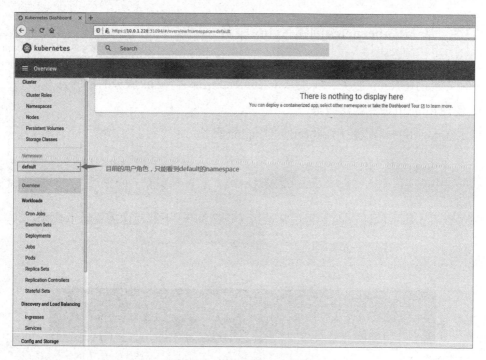

图7-36　正常登录Dashboard

重新查看Kubernetes-dashboard命名空间下的secret：

```
kubectl get secret -n Kubernetes-dashboard
```

显示secret中的内容：

```
kubectl    describe    secret Kubernetes-dashboard-token-<×××××>    -n
Kubernetes-dashboard
```

复制Token的内容，并且复制到页面中的Token输入框中，单击sign in，登录之后可以看到当前的用户可以正常访问所有的namespaces了，访问效果如图7-37所示。

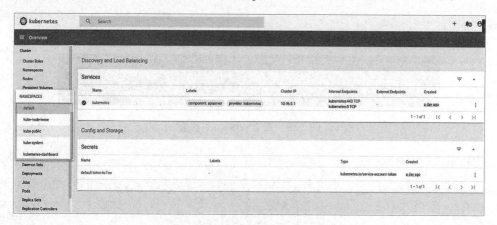

图7-37　以超级管理员身份登录

7.3.3 基于Kubernetes创建Nginx服务

5.4节详细介绍了Pod、Deployment、Service等概念。下面将基于Deployment和Service使用三种方式创建Nginx服务，实现基于Kubernetes部署Nginx服务的目的。

1. 使用kubectl命令创建服务

（1）在controller节点使用kubectl创建nginx服务。

```
# 运行 Nginx 容器，具有 3 个副本
kubectl run nginx --image=nginx:latest --replicas=3
```

（2）查看pods，验证pods是否正常运行（图7-38）。下载镜像需要以下代码。

```
kubectl get pods
```

```
root@node:~/kubernetes# kubectl --kubeconfig admin.conf get pods
NAME                         READY    STATUS    RESTARTS    AGE
nginx-64cccc97fb-874sq       1/1      Running   0           9m53s
nginx-64cccc97fb-qv9d6       1/1      Running   0           9m53s
nginx-64cccc97fb-r2jw9       1/1      Running   0           9m53s
```

图 7-38 查看 pods 的状态

（3）查看 deployment列表。

```
kubectl get deployment
```

（4）查看nginx deployment的详细信息。

```
kubectl describe deployment nginx
```

（5）使用 expose开放 service 的80端口，并查看service的详情（图7-39）。

```
kubectl expose deploy/nginx --port 80
# 查看 Service
kubectl get svc
```

```
service/nginx exposed
root@node:~/kubernetes# kubectl --kubeconfig admin.conf get svc
NAME         TYPE        CLUSTER-IP      EXTERNAL-IP    PORT(S)     AGE
kubernetes   ClusterIP   10.96.0.1       <none>         443/TCP     10h
nginx        ClusterIP   10.106.206.55   <none>         80/TCP      11s
```

图 7-39 查看service的状态

（6）删除 deployment。

```
kubectl --kubeconfig admin.conf delete deployment nginx
# 等待一会儿，查看 pod，Nginx 已经删除
kubectl --kubeconfig admin.conf get pods
```

2. 使用 YAML 文件部署 Nginx 服务

YAML 是专门用来写配置文件的语言，非常简洁和强大，它实质上是一种通用的数据串行化格式。YAML 的简单语法规则如下。

- 大小写敏感。
- 使用缩进表示层级关系。
- 缩进时不允许使用 Tab 键，只允许使用空格。
- 缩进的空格数目不重要，只要相同层级的元素左侧对齐即可。
- "#" 表示注释，从这个字符一直到行尾，都会被解析器忽略。

使用 YAML 用于 K8S 的定义的优点如下。

- 便捷性：不必添加大量的参数到命令行中执行命令。
- 可维护性：YAML 文件可以通过源头控制，跟踪每次操作。
- 灵活性：YAML 文件可以创建比命令行更加复杂的结构。

1）创建 YAML 文件

```
vim nginx-deployment.yaml
# 创建一个新文件，按 a 进入编辑模式，输入以下内容，注意缩进
apiVersion: apps/v1              # api 版本
kind: Deployment                 # 指定创建资源对象
metadata:                        # 源数据，可以写 name，命名空间，对象标签
  name: nginx-deployment         # 服务名称
  labels:                        # 标签
    app: nginx                   # 标签名
spec:                            # 部署资源信息
  replicas: 1                    # 副本数量
  selector:                      # 标签选择器
    matchLabels:                 # 选择包含标签 app:nginx 的资源
      app: nginx
  template:                      # 创建的 pod 的模板
    metadata:                    # pod 的元数据
      labels:                    # pod 的标签
        app: nginx
      spec:                      # 容器资源信息
        containers:              # 容器管理
        - name: nginx            # 容器名称
          image: nginx:latest    # 容器镜像
```

2）使用 YAML 文件部署

```
# 退出文件，应用 YAML 部署
kubectl apply -f nginx-deployment.yaml
# 等待一段时间，查看部署是否完成
# 查看 Deployment
kubectl get deployments
# 查看 pod
kubectl get pods
```

可以看到，已经成功部署一个名为 nginx-deployment 的 Deployment 和一个名为 nginx-deployment-xxxxxxx 的 pod，如图 7-40 所示。

```
root@node:~/kubernetes# kubectl --kubeconfig admin.conf apply -f nginx-deployment.yaml
deployment.apps/nginx-deployment created
root@node:~/kubernetes# kubectl --kubeconfig admin.conf get deployment
NAME               READY    UP-TO-DATE    AVAILABLE    AGE
nginx-deployment   1/1      1             1            104s
root@node:~/kubernetes# kubectl --kubeconfig admin.conf get pods
NAME                               READY    STATUS      RESTARTS    AGE
nginx-deployment-76546c5b7d-llqp7  1/1      Running     0           110s
root@node:~/kubernetes#
```

图 7-40　查看 Nginx 的 deployment 信息

3）删除 deployment

```
kubectl delete deployment nginx-deployment
# 等待一会儿，查看 pod，Nginx 已经删除
```

3. 使用 Dashboard 部署 Nginx 应用

用户可以用 Kubernetes Dashboard 部署容器化的应用、监控应用的状态、执行故障排查任务以及管理 Kubernetes 各种资源。

Dashboard 的界面很简洁，分为三大区域，顶部操作区、左侧导航栏、中部主体。其中，顶部操作区可以搜索集群中的资源、创建资源或退出；左侧导航栏可以查看和管理集群中的各种资源；中部主体用于显示资源及实例。

部署应用需要单击顶部操作区的"+"按钮，如图 7-41 所示。

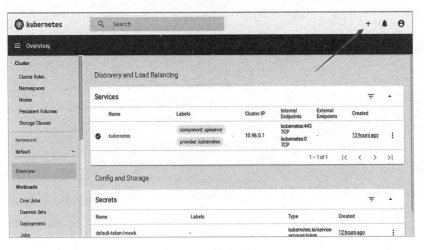

图 7-41　创建应用

用户可以直接输入要部署应用的名字、镜像、副本数等信息；也可以上传 YAML 配置文件。如果是上传配置文件，则可以创建任意类型的资源，不仅是 deployment。

这里我们用前面的 nginx-deployment.yaml，部署 Nginx 应用，如图 7-42 所示。

先单击 create from file，然后单击右侧 "…" 选择 /root/Kubernetes/nginx-deployment.yaml，然后上传，如图 7-43 所示。

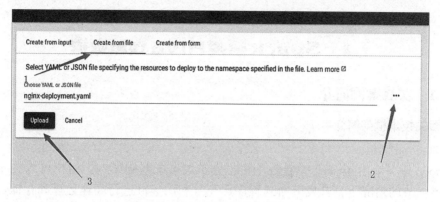

图7-42　选择 YAML 文件创建应用

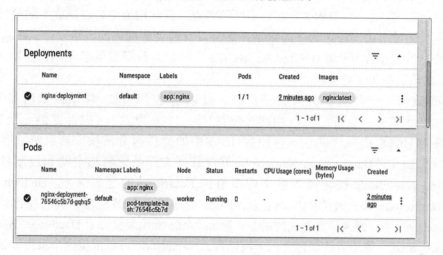

图7-43　上传 YAML 文件

等待一段时间后,可以看到nginx-deployment已经部署完成,也有一个nginx-deployment-xxxxxxx的pod。

单击deployment或者pod也可以查看具体的详细信息,如图7-44所示。

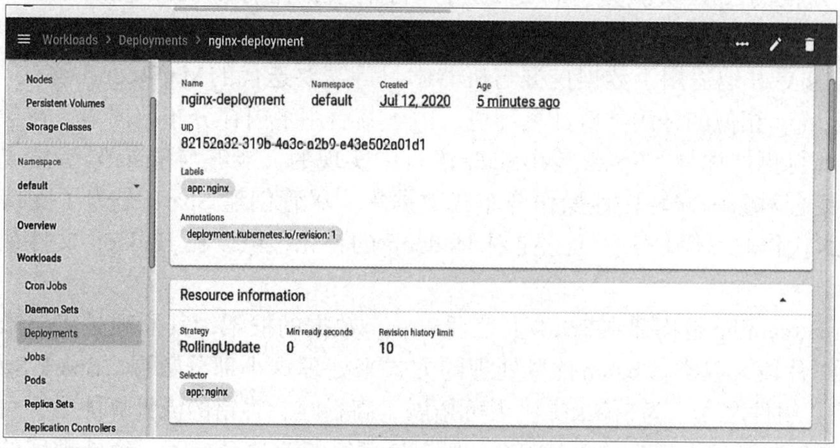

图7-44　Deployment 详情

7.4 Spark连接Hive读取数据

7.4.1 实战案例简介

1. 相关技术框架简介

1）Hadoop简介

Hadoop是一个由Apache基金会开发的分布式系统基础架构。用户可以在不了解分布式底层细节的情况下，开发分布式程序，充分利用集群进行高速运算和存储。Hadoop实现了一个分布式文件系统（Distributed File System），其中一个组件是HDFS（Hadoop Distributed File System）。HDFS有高容错性的特点，设计用来部署在低成本的硬件上，能够提供高吞吐量来访问应用程序的数据，适合具有超大数据集的应用程序。Hadoop框架最核心的设计就是HDFS和MapReduce。HDFS为海量的数据提供了存储，而MapReduce则为海量的数据提供了计算。

HDFS就像一个传统的分级文件系统，可以创建、删除、移动或重命名文件等。HDFS 架构是基于一组特定节点构建，包括NameNode为 HDFS内部提供元数据服务，DataNode为 HDFS 提供存储块。存储在HDFS中的文件被分成块，然后将这些块复制到多个计算机中（DataNode）。NameNode负责管理文件系统名称空间和控制外部客户机的访问，NameNode 决定是否将文件映射到 DataNode 的复制块上。Hadoop 集群包含一个 NameNode 和大量 DataNode，DataNode 响应来自 HDFS 客户机的读写请求以及 NameNode 的创建、删除和复制块的命令；NameNode 依赖来自每个 DataNode 的定期心跳（heartbeat）消息，每条消息都包含一个块报告，NameNode 可以根据这个报告验证块映射和其他文件系统元数据。如果 DataNode 不能发送心跳消息，NameNode 将采取修复措施，重新复制在该节点上丢失的块。

2）Spark简介

Apache Spark 是专为大规模数据处理而设计的快速通用计算引擎。Spark是加州大学伯克利分校的AMP实验室开源的通用并行框架，拥有Hadoop MapReduce所具有的优点。不同于MapReduce的是Job中间输出结果可以保存在内存中，从而不再需要读写HDFS，能够更好地适用于数据挖掘与机器学习等需要迭代的MapReduce算法。Spark 是一种与 Hadoop 相似的开源集群计算环境，由于其启用了内存分布数据集，在某些工作负载方面表现得更加优越。Spark是在Scala语言中实现的，能够与Scala紧密集成，可以像操作本地集合对象一样轻松地操作分布式数据集。尽管创建 Spark 是为了支持分布式数据集上的迭代作业，但是实际上它是对 Hadoop 的补充，可以在 Hadoop 文件系统中并行运行。

Spark Streaming是构建在Spark上处理Stream数据的框架，其原理是将Stream数据分成小的时间片段，以类似batch批量处理的方式来处理这小部分数据。Spark Streaming是Spark的核心组件之一，为Spark提供了可拓展、高吞吐、容错的流计算能力，可整合多种输入数据源，如Kafka、Flume、HDFS，甚至是普通的TCP套接字。经处理后的数据可存储至文件系统、数据库，或显示在仪表盘里。

3）Hive简介

Hive是基于Hadoop的一个数据仓库工具，用来进行数据提取、转化、加载，可以存储、查询和分析Hadoop中的大规模数据。Hive数据仓库工具能将结构化的数据文件映射为一张数据库表，并提供SQL查询功能，能将SQL语句转变成MapReduce任务来执行。Hive的优点是学习成本低，可以通过类似SQL语句实现快速MapReduce统计，使MapReduce变得更加简单，而不必开发专门的MapReduce应用程序，十分适合对数据仓库进行统计分析。

Hive的特点有可伸缩、可扩展、容错。Hive构建在基于静态批处理的Hadoop之上，Hadoop通常都有较高的延迟并且在作业提交和调度时需要大量的开销。Hive并不能够在大规模数据集上实现低延迟快速的查询，并不适合那些需要高实时性的应用，其查询操作过程严格遵守Hadoop MapReduce的作业执行模型，将用户的HiveSQL语句通过解释器转换为MapReduce作业提交到Hadoop集群上，Hadoop监控作业执行过程，然后返回作业执行结果给用户。Hive并不提供实时的查询和基于行级的数据更新操作，最佳使用场合是大数据集的批处理作业，例如，网络日志分析。

2. 实战案例目标及方法

1）实战案例目标

（1）掌握Hadoop的常用安装部署方式。

（2）掌握Spark的常用安装部署方式。

（3）掌握Hive的常用安装部署方式。

（4）掌握简单的Spark RDD操作。

（5）掌握简单的Spark SQL操作。

（6）掌握Spark连接Hive的方法。

（7）掌握Spark连接Hive后的交互操作。

2）实战案例方法

（1）为保证实战过程的顺利开展，更换操作系统的源地址。

（2）安装Hadoop、Spark、Hive、Java、MySQL数据库等。

（3）开启NameNode、DataNode等守护进程。

（4）配置MySQL数据库，并使用Hive创建数据库及表。

（5）配置Spark连接Hive并对数据进行操作。

3. 实战案例环境准备

实战案例环境准备（表7-3）。

表7-3 项目实验环境

主 机 名	操 作 系 统	软 件 版 本	硬 件 配 置
Hadoop	Ubuntu20.04	apache-hive=3.1.2 hadoop=3.1.3 openjdk=1.8.0 spark =3.0.0	虚拟机：4CPU、4GB内存

7.4.2 实战环境搭建

1. Hadoop环境搭建

1）修改主机名

```
$ sudo hostnamectl set-hostname hadoop
$ hostname
```

主机名修改完成后，使用hostname命令验证是否修改成功。

2）添加hadoop用户

useradd是添加用户的命令，-m参数表示自动创建用户的登录目录，执行完成后，会自动在/home下创建hadoop目录；-s参数指定用户登录后所使用的shell。

```
$ sudo useradd -m hadoop -s /bin/bash
```

为hadoop用户设置密码，并添加sudo权限。

```
$ sudo passwd hadoop
$ sudo adduser hadoop sudo
# 完成后注销当前用户，切换为hadoop用户
$ sudo su hadoop
```

更新软件源、安装vim编辑器。

```
$ sudo apt-get update
$ sudo apt-get install -y vim
```

（1）备份原来的源。

```
$ sudo mv /etc/apt/sources.list /etc/apt/sources_init.list
```

（2）更换源，使用vim打开软件源。

```
$ sudo vim /etc/apt/sources.list
```

将下列阿里源写入文件：

```
deb https://mirrors.aliyun.com/ubuntu/ focal main restricted universe multiverse
deb-src https://mirrors.aliyun.com/ubuntu/ focal main restricted universe multiverse
deb https://mirrors.aliyun.com/ubuntu/ focal-security main restricted universe multiverse
deb-src https://mirrors.aliyun.com/ubuntu/ focal-security main restricted universe multiverse
```

```
    deb https://mirrors.aliyun.com/ubuntu/ focal-updates main restricted
universe multiverse
    deb-src https://mirrors.aliyun.com/ubuntu/ focal-updates main restricted
universe multiverse
    deb https://mirrors.aliyun.com/ubuntu/ focal-proposed main restricted
universe multiverse
    deb-src https://mirrors.aliyun.com/ubuntu/ focal-proposed main restricted
universe multiverse
    deb https://mirrors.aliyun.com/ubuntu/ focal-backports main restricted
universe multiverse
    deb-src https://mirrors.aliyun.com/ubuntu/ focal-backports main restricted
universe multiverse
```

（3）更新源。

```
$ sudo apt-get update
```

3）安装 SSH

配置 SSH 无密码登录。

```
# 安装 SSH server
$ sudo apt-get install -y openssh-server
$ ssh-keygen -t rsa
```

为了让两台机器可以免密码登录，此处使用数字签名 RSA 来完成这个操作，ssh-keygen -t rsa 执行后，会出现交互界面，提示是否设置加密字段以及公钥和私钥保存的位置。一直按 Enter 键，不设置加密字段，保存默认位置即可。

```
# 将 ssh-keygen 生成的本机密钥授权到本机
$ cat ~/.ssh/id_rsa.pub >> ~/.ssh/authorized_keys
```

通过上述设置，使用 ssh localhost 实现免密登录，接着按 Exit 按钮退出登录即可。

```
$ ssh localhost          # 登录本机
$ exit                   # 退出刚才的 ssh localhost
```

4）安装 Java 环境

（1）安装 JDK。

```
# 安装 JDK
$ sudo apt-get install -y openjdk-8-jdk
```

（2）配置环境变量。

```
$ vim ~/.bashrc          # 配置 JAVA_HOME 环境变量
```

在文件末尾，输入如下内容：

```
export JAVA_HOME=/usr/lib/jvm/java-1.8.0-openjdk-amd64
export PATH=$PATH:$JAVA_HOME/bin
```

使用下列命令，生效配置，并检验设置是否成功：

```
$ source ~/.bashrc          # 使变量设置生效
$ echo $JAVA_HOME           # 检验变量值
$ java -version
```

5）安装 hadoop3

```
$ cd /home/hadoop                                          # 进入对应文件夹
$ wget https://jn1.is.shanhe.com/cloudcomputingbook/7.3support/hadoop-
  3.1.3.tar.gz                                            # 下载 hadoop
$ sudo tar -zxf hadoop-3.1.3.tar.gz -C /usr/local         # 解压到 /usr/local 中
$ cd /usr/local/
$ sudo mv ./hadoop-3.1.3/ ./hadoop                        # 将文件夹名改为 hadoop
$ sudo chown -R hadoop:hadoop ./hadoop                    # 修改文件所属用户及用户组
$ cd /usr/local/hadoop
$ ./bin/hadoop version                                    # 查看 hadoop 版本
```

6）配置 hadoop-env

```
$ vim /usr/local/hadoop/etc/hadoop/hadoop-env.sh
```

在文件末尾，输入如下内容：

```
export JAVA_HOME=/usr/lib/jvm/java-1.8.0-openjdk-amd64
```

7）修改配置文件

```
$ cd /usr/local/hadoop/etc/hadoop/
$ chmod a+rw core-site.xml          # 设置可读写权限
$ chmod a+rw hdfs-site.xml
$ vim core-site.xml                 # 使用 vim 编辑配置文件
```

将 core-site.xml 中 <configuration></configuration> 替换为以下配置：

```
<configuration>
  <property>
    <name>hadoop.tmp.dir</name>
    <value>file:/usr/local/hadoop/tmp</value>
    <description>Abase for other temporary directories.</description>
  </property>
  <property>
    <name>fs.defaultFS</name>
    <value>hdfs://localhost:9000</value>
```

```
    </property>
</configuration>
```

在上述配置文件中，hadoop.tmp.dir 属性定义了 Hadoop 的临时目录，即 hadoop.tmp.dir 的值是 "/usr/local/hadoop/tmp"。这个临时目录是用于存储 Hadoop 运行时产生的临时文件。

fs.defaultFS 属性定义了 Hadoop 的默认文件系统，即 fs.defaultFS 的值是 "hdfs://localhost:9000"。这个属性告诉 Hadoop 在执行文件系统操作时要使用的默认文件系统是 HDFS（Hadoop 分布式文件系统），并且 HDFS 的主机名是 localhost，端口号是 9000。

打开 hdfs-site.xml 文件：

```
$ vim hdfs-site.xml              # 使用 vim 编辑配置文件
```

将 hdfs-site.xml 中的 <configuration></configuration> 替换为以下配置。

```
<configuration>
  <property>
    <name>dfs.replication</name>
    <value>1</value>
  </property>
  <property>
    <name>dfs.namenode.name.dir</name>
    <value>file:/usr/local/hadoop/tmp/dfs/name</value>
  </property>
  <property>
    <name>dfs.datanode.data.dir</name>
    <value>file:/usr/local/hadoop/tmp/dfs/data</value>
  </property>
</configuration>
```

在上述配置文件中，dfs.replication 指定了数据块的副本数。本例中，该属性的值为 1，表示每个数据块只有一个副本。

dfs.namenode.name.dir 指定了 NameNode 的数据存储目录的路径。本例中，该属性的值是 file:/usr/local/hadoop/tmp/dfs/name，表示 NameNode 数据将存储在本地文件系统路径 /usr/local/hadoop/tmp/dfs/name。

dfs.datanode.data.dir 指定了 DataNode 的数据存储目录的路径。本例中，该属性的值是 file:/usr/local/hadoop/tmp/dfs/data，表示 DataNode 数据将存储在本地文件系统路径 /usr/local/hadoop/tmp/dfs/data。

8）执行 NameNode 的格式化

```
$ cd /usr/local/hadoop
$ ./bin/hdfs namenode -format              # 执行 NameNode 的格式化
```

执行完成后，末尾可能返回 SHUTDOWN_MSG: Shutting down NameNode at xxx/xxx.xxx.xxx.xxx，读者无须担心，只要 common.Storage 提 successfully formated 即可。虽然最后

提示 SHUTDOWN_MSG 的信息，但是最终还是没有问题的。

9）开启 NameNode 和 DataNode 守护进程

```
$ cd /usr/local/hadoop
$ ./sbin/start-dfs.sh              # 开启 NameNode 和 DataNode 守护进程
```

使用如下命令验证hadoop是否启动成功：

```
$ jps              # 验证 NameNode 和 DataNode 守护进程是否开启成功
```

返回结果，如图7-45所示，hadoop正常启动。

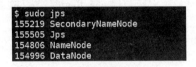

图7-45　jps返回结果

2. Spark环境搭建

1）解压Spark并赋予权限

```
$ cd /home/hadoop
$ wget https://jn1.is.shanhe.com/cloudcomputingbook/7.3support/spark-
3.0.0-bin-hadoop3.2.tgz
$ sudo tar -xzf spark-3.0.0-bin-hadoop3.2.tgz -C /usr/local/
                                        # 解压到 /usr/local 中
$ cd /usr/local
$ sudo mv ./spark-3.0.0-bin-hadoop3.2/ ./spark    # 将文件重命名为 spark
$ sudo chown -R hadoop:hadoop ./spark      # 修改文件所属用户及用户组
```

2）配置环境变量

修改 spark-env.sh 环境变量：

```
$ cd /usr/local/spark
$ cp ./conf/spark-env.sh.template ./conf/spark-env.sh
$ vim ./conf/spark-env.sh          # 编辑 spark-env.sh 配置文件
```

添加下述内容：

```
export SPARK_DIST_CLASSPATH=$(/usr/local/hadoop/bin/hadoop classpath)
```

完成上述配置，Spark就可以从HDFS中读写数据。

修改 bashrc 环境变量：

```
$ vim ~/.bashrc              # 修改环境变量
```

添加下述内容：

```
export HADOOP_HOME=/usr/local/hadoop
export SPARK_HOME=/usr/local/spark
export PYTHONPATH=$SPARK_HOME/python:$SPARK_HOME/python/lib/py4j-0.10.9-
src.zip$PYTHONPATH
export PYSPARK_PYTHON=python3
export PATH=$HADOOP_HOME/bin:$SPARK_HOME/bin:$PATH
```

其中，PYTHONPATH 的配置中 py4j-0.10.9-src.zip 需要读者在 /usr/local/spark/python/lib/ 下查看本机的具体版本。

执行下述命令，让该环境变量生效：

```
$ source ~/.bashrc
```

3）运行 SparkPi 实例并过滤信息

（1）运行 SparkPi：

```
$ cd /usr/local/spark
$ bin/run-example SparkPi              # 运行 Spark 自带实例 SparkPi
```

（2）过滤屏幕信息：

```
$ bin/run-example SparkPi 2>&1 | grep "Pi is"              # 过滤屏幕信息
```

4）启动 Spark Shell

```
$ /usr/local/spark/bin/spark-shell              # 启动 spark shell
```

进入 Spark Shell 需等待一段时间，如果见到 scala> 命令行，证明 Spark Shell 已经正常启动了。读者可使用 Ctrl+C 组合键，退出 scala 命令行界面。

3. Hive 环境搭建

1）更新软件源

```
$ sudo apt-get update              # 更新软件源
```

2）安装 mysql

```
$ sudo apt-get install -y mysql-server-8.0              # 安装 mysql
$ systemctl status mysql.service              # 查看 mysql 的运行状态
```

Mysql 状态为 Running，表示 mysql 运行正常。

3）安装 Hive

（1）下载并解压 Hive 安装包：

```
$ cd /home/hadoop
```

```
$ wget https://jn1.is.shanhe.com/cloudcomputingbook/7.3support/apache-
hive-3.1.2-bin.tar.gz
$ sudo tar -zxvf ./apache-hive-3.1.2-bin.tar.gz -C /usr/local
                                           # 解压到 /usr/local
$ cd /usr/local/
$ sudo mv apache-hive-3.1.2-bin hive        # 将文件夹名改为 hive
$ sudo chown -R hadoop:hadoop hive          # 修改文件所属用户及用户组
```

（2）配置环境变量：

```
$ vim ~/.bashrc
export HIVE_HOME=/usr/local/hive
export PATH=$PATH:$HIVE_HOME/bin:$PATH
$ source ~/.bashrc
```

（3）修改Hive配置文件：

```
$ cd /usr/local/hive/conf
$ vim hive-site.xml                    # 新建一个配置文件 hive-site.xml
```

在hive-site.xml中添加如下配置信息：

```
<?xml version="1.0" encoding="UTF-8"?>
<?xml-stylesheet type="text/xsl" href="configuration.xsl"?>
<configuration>
<property>
  <name>javax.jdo.option.ConnectionURL</name>
   <value>jdbc:mysql://localhost:3306/hive?useSSL=false&amp;allowPub
licKeyRetrieval=true</value>
  </property>
  <property>
    <name>javax.jdo.option.ConnectionDriverName</name>
    <value>com.mysql.cj.jdbc.Driver</value>
  </property>
  <property>
    <name>javax.jdo.option.ConnectionUserName</name>
    <value>hive</value>
  </property>
  <property>
    <name>javax.jdo.option.ConnectionPassword</name>
    <value>hive</value>
  </property>
</configuration>
```

上面的配置文件中javax.jdo.option.ConnectionUR属性指定了连接数据库时要使用的
URL。本例中使用MySQL数据库，链接地址是jdbc:mysql://localhost:3306/hive?useSSL=fa
lse&allowPublicKeyRetrieval=true。这里的URL包括数据库的地址、端口以及数据库名
称，还有一些连接选项，比如禁用SSL和允许公钥检索。

javax.jdo.option.ConnectionDriverName属性指定了用于数据库连接的驱动程序的名称。这里使用的是MySQL数据库的JDBC驱动程序，名称是com.mysql.cj.jdbc.Driver。

javax.jdo.option.ConnectionUserName属性指定了连接数据库时要使用的用户名。本例中，用户名是"hive"。

javax.jdo.option.ConnectionPassword属性指定了连接数据库时要使用的密码。本例子中，密码也是"hive"。

通过这些属性的配置，可以实现与MySQL数据库的连接，并使用指定的用户名和密码进行认证。这个配置文件叮以被应用程序或者系统使用，以便在需要时获取数据库连接信息并建立连接。

（4）配置Hive环境变量：

```
$ vim /usr/local/hive/conf/hive-env.sh
export HADOOP_HOME=/usr/local/hadoop          # 首行添加配置
```

4）配置Mysql

（1）解压并复制mysql jdbc包：

```
$ cd/home/hadoop
$ wget https://jn1.is.shanhe.com/cloudcomputingbook/7.3support/mysql-
connector-java-8.0.30.zip
$ sudo apt install -y zip                              # 安装 zip 工具
$ unzip mysql-connector-java-8.0.30.zip               # 解压
# 将mysql-connector-java-8.0.30.jar复制到/usr/local/hive/lib目录下
$ cp mysql-connector-java-8.0.30/mysql-connector-java-8.0.30.jar/usr/local/
hive/lib
```

（2）启动并登录Mysql shell：

```
$ systemctl restart mysql              # 启动 mysql 服务
```

查看机器中的密码并复制该密码，如图7-46所示。

```
$ sudo vim /etc/mysql/debian.cnf
```

```
# Automatically generated for Debian scripts. DO NOT TOUCH!
[client]
host     = localhost
user     = debian-sys-maint
password = n3P56elwMYol0TyE
socket   = /var/run/mysqld/mysqld.sock
[mysql_upgrade]
host     = localhost
user     = debian-sys-maint
```

图7-46　查看机器密码

使用刚刚查看的用户名和密码登录MySQL：

```
$ mysql -udebian-sys-maint -pn3P56elwMYol0TyE        # -p 后紧跟刚刚查看的密码
mysql> use mysql;                                     # 使用名为 mysql 的数据库
```

安装查看密码复杂度工具：

```
mysql> INSTALL PLUGIN validate_password SONAME 'validate_password.so';
```

为方便读者学习，降低 MySQL 密码的复杂度：

```
mysql> show variables like '%validate%';
mysql> set global validate_password_policy=0;
mysql> set global validate_password_length=0;
```

（3）配置 MySQL。

创建数据库 Hive，Hive 数据库与 hive-site.xml 中 localhost:3306/hive 的 hive 对应，用来保存 Hive 元数据。

```
mysql> create database hive;
```

将数据库所有表的权限赋给 Hive 用户，后面的 Hive 是配置 hive-site.xml 中配置的连接密码。

```
mysql> create user 'hive'@'localhost' identified by 'hive';
mysql> grant all on *.* to hive@localhost;
mysql> flush privileges;                              # 刷新 mysql 系统权限关系表
mysql> exit                                            # 退出 mysql
$ sudo systemctl restart mysql.service                # 重启 mysql
```

（4）启动 Hive：

```
$ /usr/local/hadoop/sbin/start-dfs.sh                 # 启动 hadoop
$ cd /usr/local/hive
$ ./bin/schematool -dbType mysql -initSchema          # 初始化数据库，见图 7-47
```

```
root@ubuntu:~# cd /usr/local/hive
root@ubuntu:/usr/local/hive# ./bin/schematool -dbType mysql -initSchema
SLF4J: Class path contains multiple SLF4J bindings.
SLF4J: Found binding in [jar:file:/usr/local/hive/lib/log4j-slf4j-impl-2.10.0.ja
r!/org/slf4j/impl/StaticLoggerBinder.class]
SLF4J: Found binding in [jar:file:/usr/local/hadoop/share/hadoop/common/lib/slf4
j-log4j12-1.7.25.jar!/org/slf4j/impl/StaticLoggerBinder.class]
```

图 7-47 初始化数据库

```
$ hive            # 启动 hive
```

启动进入 Hive 的交互式执行环境以后，会出现如下命令提示符：hive>。

若出现 java.lang.NoSuchMethodError: com.google.common.base.Preconditions.checkArgument

报错，其原因是Hive内依赖的guava.jar和Hadoop内的版本不一致造成的，分别查看Hadoop安装目录（/usr/local/hadoop/share/hadoop/common/lib/）和/usr/local/hive/lib下guava.jar版本，如果两者版本不一致，则删除低版本guava.jar，同步高版本guava.jar文件。

```
$ sudo rm -rf /usr/local/hive/lib/guava-19.0.jar          # 删除低版本
$ cp -r /usr/local/hadoop/share/hadoop/common/lib/guava-27.0-jre.jar/
usr/local/hive/lib/                       # 复制高版本 guava-27.0-jre.jar
```

然后重新执行上述初始化命令。

7.4.3　Spark连接Hive读写数据

1. 前期准备

（1）修改配置文件，添加如下配置：

```
$ vim /usr/local/spark/conf/spark-env.sh
export JAVA_HOME=/usr/lib/jvm/java-1.8.0-openjdk-amd64
export CLASSPATH=$CLASSPATH:/usr/local/hive/lib
export SCALA_HOME=/usr/local/scala
export HADOOP_CONF_DIR=/usr/local/hadoop/etc/hadoop
export HIVE_CONF_DIR=/usr/local/hive/conf
export SPARK_CLASSPATH=$SPARK_CLASSPATH:/usr/local/hive/lib/mysql-connector-
java-8.0.30.jar
```

（2）补充Jar包。

将mysql-connector-java-8.0.30.jar复制一份到/usr/local/spark/jars路径。

```
$ cp /usr/local/hive/lib/mysql-connector-java-8.0.30.jar /usr/local/
spark/jars/
```

（3）准备测试所用的文件。

下载本地测试所用的text.txt文件：

```
$ wget https://jn1.is.shanhe.com/cloudcomputingbook/7.3support/file/text.
txt -P /home/hadoop
```

将上述text.txt文件上传到HDFS：

```
$ hadoop dfs -mkdir -p /home/hadoop
$ hadoop dfs -put /home/hadoop/text.txt /home/hadoop
$ hadoop dfs -ls /home/hadoop          # 查看已经上传的文本文件
```

2. Spark RDD练习

（1）启动Spark Shell：

```
$ /usr/local/spark/bin/spark-shell                # 启动 spark shell
```

进入Spark Shell需等待一段时间，如果见到scala>命令行，证明Spark Shell已经正常启动了。

（2）加载本地测试文件：

```
scala> val textFile = sc.textFile("file:///home/hadoop/text.txt")
scala> textFile.first()
```

练习把textFile变量中的内容再写回到newtext文件夹中。注意，saveAsTextFile()括号里面的参数是保存文件的路径，不是文件名。saveAsTextFile()是一个"行动"（Action）类型的操作，所以，马上会执行真正的计算过程，从text.txt中加载数据到变量textFile中，然后，又把textFile中的数据写回到本地文件目录。

```
scala> textFile.saveAsTextFile("file:///home/hadoop/newtext")
```

（3）加载HDFS文件：

```
scala> val hdfsFile = sc.textFile("hdfs://localhost:9000/home/hadoop/
text.txt")
scala> hdfsFile.first()              # 查看文件的第一行
```

（4）统计本地词频，如图7-48所示。

```
scala> val wordCount = textFile.flatMap(line => line.split(" ")).map(word
=>(word,1)).reduceByKey((a,b)=>a+b)
scala> wordCount.collect()
```

```
scala> val wordCount = textFile.flatMap(line => line.split(" ")).map(word =>(wor
d,1)).reduceByKey((a,b)=>a+b)
wordCount: org.apache.spark.rdd.RDD[(String, Int)] = ShuffledRDD[7] at reduceByK
ey at <console>:25

scala> wordCount.collect()
res3: Array[(String, Int)] = Array((stream,1), (GraphX,1), (analysis.,1), (DataF
rames,,1), (provides,1), (is,1), (R,,1), (higher-level,1), (general,1), (Java,,1
), (Apache,1), (SQL,2), (data,2), (analytics,1), ("",3), (large-scale,1), (learn
ing,,1), (graph,1), (MLlib,1), (Scala,,1), (Python,,1), (unified,1), (supports,2
), (engine,2), (Streaming,1), (set,1), (rich,1), (Spark,3), (processing.,2), (<h
ttps://spark.apache.org/>,1), (APIs,1), (that,1), (a,2), (computation,1), (high-
level,1), (#,1), (including,1), (Structured,1), (optimized,1), (in,1), (graphs,1
), (of,1), (also,1), (tools,1), (It,2), (for,6), (an,1), (machine,1), (and,4), (
processing,,1))
```

图7-48　统计本地词频

（5）统计HDFS文件词频，如图7-49所示。

```
scala> val hdfswordCount = hdfsFile.flatMap(line => line.split(" ")).map
(word =>(word,1)).reduceByKey((a,b)=>a+b)
scala> hdfswordCount.collect()
```

完成后可使用:quit正常退出或按Ctrl+C组合键强制退出。

```
scala> val hdfswordCount = hdfsFile.flatMap(line => line.split(" ")).map(word =>
(word,1)).reduceByKey((a,b)=>a+b)
hdfswordCount: org.apache.spark.rdd.RDD[(String, Int)] = ShuffledRDD[10] at redu
ceByKey at <console>:25

scala> hdfswordCount.collect()
res4: Array[(String, Int)] = Array((stream,1), (GraphX,1), (analysis.,1), (DataF
rames,,1), (provides,1), (is,1), (R,,1), (higher-level,1), (general,1), (Java,,1
), (Apache,1), (SQL,2), (data,2), (analytics,1), ("",3), (large-scale,1), (learn
ing.,1), (graph,1), (MLlib,1), (Scala,,1), (Python,1), (unified,1), (supports,2
), (engine,2), (Streaming,1), (set,1), (rich,1), (Spark,3), (processing.,2), (<h
ttps://spark.apache.org/>,1), (APIs,1), (that,1), (a,2), (computation,1), (high-
level,1), (#,1), (including,1), (Structured,1), (optimized,1), (in,1), (graphs,1
), (of,1), (also,1), (tools,1), (It,2), (for,6), (an,1), (machine,1), (and,4), (
processing,,1))
```

图7-49　统计 HDFS 文件词频

3. Spark SQL 练习

（1）准备 json 文件：

```
$ cd /usr/local/spark
$ vim example.json
```

添加如下内容：

```
{"name":"Michael","age":25,"gender":"male"}
{"name":"Judy","age":27,"gender":"female"}
{"name":"John","age":20,"gender":"male"}
{"name":"Mike","age":25,"gender":"male"}
{"name":"Mary","age":20,"gender":"female"}
{"name":"Linda","age":28,"gender":"female"}
{"name":"Michael1","age":25,"gender":"male"}
{"name":"Judy1","age":27,"gender":"female"}
{"name":"John1","age":20,"gender":"male"}
{"name":"Mike1","age":25,"gender":"male"}
{"name":"Mary1","age":20,"gender":"female"}
{"name":"Linda1","age":28,"gender":"female"}
{"name":"Michael2","age":25,"gender":"male"}
{"name":"Judy2","age":27,"gender":"female"}
{"name":"John2","age":20,"gender":"male"}
{"name":"Mike2","age":25,"gender":"male"}
{"name":"Mary2","age":20,"gender":"female"}
{"name":"Linda2","age":28,"gender":"female"}
{"name":"Michael3","age":25,"gender":"male"}
{"name":"Judy3","age":27,"gender":"female"}
{"name":"John3","age":20,"gender":"male"}
{"name":"Mike3","age":25,"gender":"male"}
{"name":"Mary3","age":20,"gender":"female"}
{"name":"Linda3","age":28,"gender":"female"}
```

（2）Spark SQL 操作：

```
$ /usr/local/spark/bin/spark-shell              # 启动 Spark shell
scala> import org.apache.spark.sql.SQLContext   # 引入 SQLContext 类
```

```
scala> val sql = new SQLContext(sc)                    # 声明一个 SQLContext 的对象
```

读取json数据文件：

```
scala> val peopleInfo = sql.read.json("file:///usr/local/spark/example.
json")
scala> peopleInfo.schema              # 查看数据
scala> peopleInfo.show                # show 方法，只显示前 20 条记录，见图 7-50
```

```
scala> peopleInfo.show
+---+------+--------+
|age|gender|    name|
+---+------+--------+
| 25|  male| Michael|
| 27|female|    Judy|
| 20|  male|    John|
| 25|  male|    Mike|
```

图 7-50 peopleInfo.show 显示内容

```
scala> peopleInfo.show(4)        # show(numRows:Int)，显示前 n 条记录
scala> peopleInfo.show(true)     # show(truncate: Boolean)，是否最多只显示 20
                                   个字符，默认为 true，见图 7-51
```

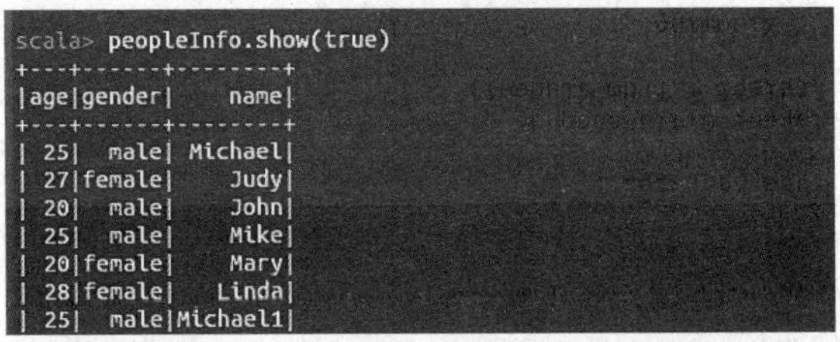

```
scala> peopleInfo.show(true)
+---+------+--------+
|age|gender|    name|
+---+------+--------+
| 25|  male| Michael|
| 27|female|    Judy|
| 20|  male|    John|
| 25|  male|    Mike|
| 20|female|    Mary|
| 28|female|   Linda|
| 25|  male|Michael1|
```

图 7-51 peopleInfo.show(true) 显示内容

```
scala> peopleInfo.show(6,false)   # show(numRows: Int, truncate: Boolean),
                                    见图 7-52
```

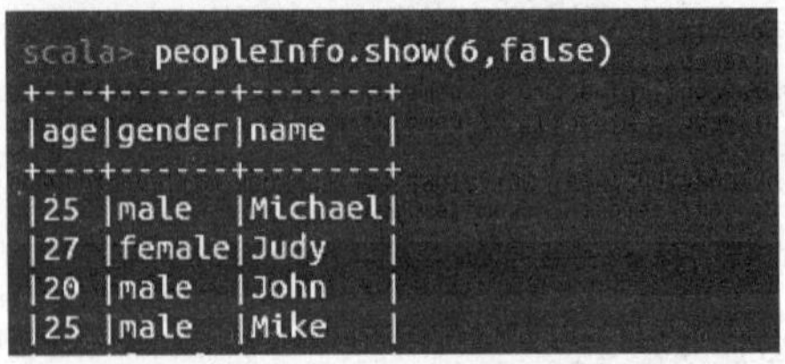

```
scala> peopleInfo.show(6,false)
+---+------+-------+
|age|gender|name   |
+---+------+-------+
|25 |male  |Michael|
|27 |female|Judy   |
|20 |male  |John   |
|25 |male  |Mike   |
```

图 7-52 peopleInfo.show(6,false) 显示内容

```
scala> peopleInfo.where("gender='female'").show()   # 查询所有性别为女的记录，
                                                      见图 7-53
```

查询所有性别为女且年龄大于25岁的记录见图7-54。

```
scala> peopleInfo.where("gender='female'").show()
+---+------+------+
|age|gender|  name|
+---+------+------+
| 27|female|  Judy|
| 20|female|  Mary|
| 28|female| Linda|
| 27|female| Judy1|
| 20|female| Mary1|
```

图 7-53　peopleInfo.where("gender='female'").show() 显示内容

```
scala> peopleInfo.where("gender='female' and age>25").show()
```

```
scala> peopleInfo.where("gender='female' and age>25").show()
+---+------+------+
|age|gender|  name|
+---+------+------+
| 27|female|  Judy|
| 28|female| Linda|
| 27|female| Judy1|
| 28|female|Linda1|
| 27|female| Judy2|
| 28|female|Linda2|
| 27|female| Judy3|
```

图 7-54　peopleInfo.where("gender='female' and age>25").show() 显示内容

```
scala> peopleInfo.filter("gender='male'").show()      #  筛选性别为男的记录，见
                                                         图 7-55
```

```
scala> peopleInfo.filter("gender='male'").show()
+---+------+--------+
|age|gender|    name|
+---+------+--------+
| 25|  male| Michael|
| 20|  male|    John|
| 25|  male|    Mike|
| 25|  male|Michael1|
| 20|  male|   John1|
```

图 7-55　peopleInfo.filter("gender='male'").show() 显示内容

查询所有记录的姓名和年龄信息，不显示性别信息，如图 7-56 所示。

```
scala> peopleInfo.select("name","age").show()
```

```
scala> peopleInfo.select("name","age").show()
+--------+---+
|    name|age|
+--------+---+
| Michael| 25|
|    Judy| 27|
|    John| 20|
|    Mike| 25|
|    Mary| 20|
|   Linda| 28|
|Michael1| 25|
```

图 7-56　peopleInfo.select("name","age").show() 显示内容

将filter换成where，就不必select出gender字段了，如图7-57所示。

```scala
scala> peopleInfo.select("name","age").where("gender='male'").show()
```

```
scala> peopleInfo.select("name","age").where("gender='male'").show()
+--------+---+
|    name|age|
+--------+---+
| Michael| 25|
|    John| 20|
|    Mike| 25|
|Michael1| 25|
|   John1| 20|
|   Mike1| 25|
```

图7-57　peopleInfo.select("name","age").where("gender='male'").show()显示内容

```scala
scala> peopleInfo.select("name","age","gender").filter("gender='male'").
show()    # 见图7-58
```

```
scala> peopleInfo.select("name","age","gender").filter("gender='male'").show()
+--------+---+------+
|    name|age|gender|
+--------+---+------+
| Michael| 25|  male|
|    John| 20|  male|
|    Mike| 25|  male|
|Michael1| 25|  male|
|   John1| 20|  male|
```

图7-58　peopleInfo.select("name","age","gender").filter("gender='male'").show()显示内容

统计所有记录的平均年龄、最大年龄、最小年龄、总人数，如图7-59所示。

```scala
scala> peopleInfo.describe("age").show()
```

```
scala> peopleInfo.describe("age").show()
+-------+------------------+
|summary|               age|
+-------+------------------+
|  count|                24|
|   mean|24.166666666666668|
| stddev|3.1987316326899036|
```

图7-59　peopleInfo.describe("age").show()显示内容

统计性别为"male"和"female"的人数并显示结果，如图7-60所示。

```scala
scala> peopleInfo.groupBy("gender").count().show()
```

```
scala> peopleInfo.groupBy("gender").count().show()
+------+-----+
|gender|count|
+------+-----+
|female|   12|
|  male|   12|
+------+-----+
```

图7-60　peopleInfo.groupBy("gender").count().show()显示内容

统计男性、女性分别的最大年龄并显示结果，如图7-61所示。

```
scala> peopleInfo.groupBy("gender").max("age").show()
```

```
scala> peopleInfo.groupBy("gender").max("age").show()
+------+--------+
|gender|max(age)|
+------+--------+
|female|      28|
|  male|      25|
+------+--------+
```

图7-61　peopleInfo.groupBy("gender").max("age").show()显示内容

练习统计女性的平均年龄并显示结果：

```
scala> peopleInfo.where("gender='female'").groupBy("gender").mean("age").
show()
```

4. 使用Spark读取Hive数据

（1）使用Hive创建student表。

启动Hive：

```
$ /usr/local/hive/bin/hive
```

使用Hive创建MySQL数据库sparktest，并在数据库中创建一张student表：

```
hive> create database if not exists sparktest;
hive> create table if not exists sparktest.student(id int,name string,
gender string,age int);
hive> use sparktest;
hive> show tables;
```

在student表中插入两条记录：

```
hive> insert into student values(1,'Xiaoming','F',17);
hive> insert into student values(2,'Xiaofang','M',18);
hive> select * from student;
```

检查无误后，按Ctrl+C组合键退出Hive的交互界面。

（2）进入spark-shell：

```
$ cd /usr/local/spark/
$ ./bin/spark-shell
```

（3）读取数据，如图7-62所示。

```
Scala> import org.apache.spark.sql.Row
Scala> import org.apache.spark.sql.SparkSession
Scala> case class Record(key: Int, value: String)
```

```
Scala> val warehouseLocation = "spark-warehouse"
Scala> val spark = SparkSession.builder().appName("Spark Hive Example").
config("spark.sql.warehouse.dir",warehouseLocation).enableHiveSupport().
getOrCreate()
Scala> import spark.implicits._
Scala> import spark.sql
scala> sql("SELECT * FROM sparktest.student").show()         # 显示运行结果
```

```
scala> sql("SELECT * FROM sparktest.student").show()
2023-06-14 13:05:57,619 WARN conf.HiveConf: HiveConf of name hive.stats.jdbc.timeout does not exist
2023-06-14 13:05:57,620 WARN conf.HiveConf: HiveConf of name hive.stats.retries.wait does not exist
2023-06-14 13:05:59,576 WARN metastore.ObjectStore: Failed to get database global_temp, returning NoS
+---+--------+------+---+
| id|    name|gender|age|
+---+--------+------+---+
|  1| Xiaoming|    F| 17|
|  2| Xiaofang|    M| 18|
+---+--------+------+---+
```

图7-62   读取数据

```
$ cd /usr/local/hive
$ ./bin/hive                      # 启动 Hive 对比插入数据前后 Hive 中的数据变化
hive> use sparktest;
hive> select * from student;      # 查看 sparktest.student 表中的数据，见图7-63
```

```
1.x releases.
hive> use sparktest;
OK
Time taken: 0.458 seconds
hive> select * from student;
OK
1      Xueqian  F       23
2      Weiliang M       24
Time taken: 1.432 seconds, Fetched: 2 row(s)
hive>
```

图7-63   查看 sparktest.student 表中的数据

编写程序向Hive数据库的sparktest.student表中插入两条数据（图7-64），请切换到spark-shell终端，输入以下命令：

```
scala> import java.util.Properties
scala> import org.apache.spark.sql.types._
scala> import org.apache.spark.sql.Row
scala> val studentRDD = spark.sparkContext.parallelize(Array("3 Xiaohu M
20","4 Xiaoying M 26")).map(_.split(" "))         # 设置两条数据表示两个学生信息
scala> val schema = StructType(List(StructField("id", IntegerType, true),
StructField("name", StringType, true),StructField("gender", StringType,
true),StructField("age", IntegerType, true)))    # 设置模式信息
```

创建Row对象，每个Row对象都是rowRDD中的一行。

```
scala> val rowRDD = studentRDD.map(p => Row(p(0).toInt, p(1).trim, p(2).
trim, p(3).toInt))
```

建立Row对象和模式之间的对应关系，把数据和模式对应起来。

```
scala> val studentDF = spark.createDataFrame(rowRDD, schema)
scala> studentDF.show()                              # 查看 studentDF
scala> studentDF.registerTempTable("tempTable")      # 注册临时表
scala> sql("insert into sparktest.student select * from tempTable")
```

```
scala> sql("insert into sparktest.student select * from tempTable")
2023-06-14 13:08:21,052 WARN session.SessionState: METASTORE_FILTER_HOOK will be ignored, since hive.security.authorizatio
o instance of HiveAuthorizerFactory.
2023-06-14 13:08:21,090 WARN conf.HiveConf: HiveConf of name hive.internal.ss.authz.settings.applied.marker does not exist
2023-06-14 13:08:21,090 WARN conf.HiveConf: HiveConf of name hive.stats.jdbc.timeout does not exist
2023-06-14 13:08:21,091 WARN conf.HiveConf: HiveConf of name hive.stats.retries.wait does not exist
res4: org.apache.spark.sql.DataFrame = []
```

图 7-64　sparktest.student 表插入数据

切换到 Hive 终端窗口，输入命令查看 Hive 数据库内容的变化（图 7-65），可以看到插入数据操作执行成功了。

```
hive> use sparktest;
hive> select * from student;
```

```
hive> use sparktest;
OK
Time taken: 0.473 seconds
hive> select * from student;
OK
1       Xiaoming        F       17
2       Xiaofang        M       18
3       Xiaohu  M       20
4       Xiaoying        M       26
Time taken: 1.361 seconds, Fetched: 4 row(s)
```

图 7-65　查看 student 表数据

7.5　Kubeflow 平台搭建及模型训练

7.5.1　实战案例简介

1. Kubeflow 简介

Kubeflow 从 2017 年开始在 Google 内部使用，它的设计初衷是创建一种简单的方式在 Kubernetes 上运行 TensorFlow 作业。它于 2018 年开源，发展到现在为止，它所支持的机器学习框架越来越多，能实现的功能也越来越丰富。Kubeflow 官方对 Kubeflow 的定义为：Kubeflow 是 Kubernetes 的机器学习工具包，是一个为 Kubernetes 构建的简单、可组合、便携式、可扩展的机器学习技术栈，作用是方便机器学习的工作流部署。Kubeflow 的组件架构如图 7-66 所示。

2. 实战案例目标及方法

1）实战案例目标

（1）掌握 Kubeflow 的常用安装部署方式。

（2）掌握 Pipeline 的概念及安装方式。

（3）掌握构建 Pipeline 镜像的方法。

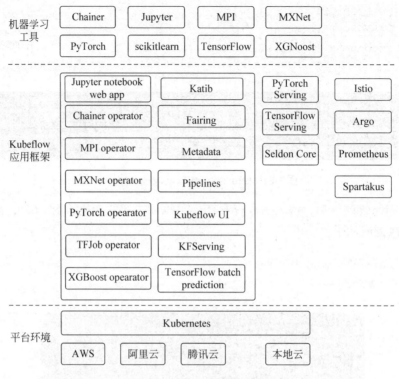

图7-66　Kubeflow组件架构

（4）掌握编译Pipeline的方法，并在Kubeflow的Web界面中部署使用。

2）实战案例方法

（1）安装1.0版本的Kubeflow。

（2）安装kfp软件开发工具包。

（3）构建Pipeline镜像，包括MNIST数据集的数据获取、训练、推理三个组件。

（4）编译Pipeline的方法，并在Kubeflow的Web界面中部署使用。

3. 实战案例环境准备

本实战案例所需环境的要求，如表7-4所示。

表7-4　项目实验环境

主机名	操作系统	IP地址	软件版本	硬件配置
k8s-master	Ubuntu20.04	192.168.100.118	kubeadm=1.15 kubelet=1.15 kubectl=1.15 Kubernetes=1.15 kuber-dashboard=2.0 kubeflow=1.0	虚拟机：4CPU、8GB内存
k8s-node	Ubuntu20.04	192.168.100.119	kubeadm=1.15 kubelet=1.15 kubectl=1.15 kubeflow=1.0	虚拟机：4CPU、8GB内存

7.5.2 实战环境搭建

在安装 Kubeflow 之前，首先要确定 Kubeflow 和 Kubernetes 的版本兼容性。官网给出的版本兼容情况如表 7-5 所示。

表 7-5 Kubeflow 与 Kubernetes 的版本兼容情况

Kubernetes Version	Kubeflow 0.5	Kubeflow 0.6	Kubeflow 0.7	Kubeflow 1.0	Kubeflow 1.1	Kubeflow 1.2
1.11	**compatible**	incompatible	incompatible	incompatible	incompatible	incompatible
1.12	**compatible**	incompatible	incompatible	incompatible	incompatible	incompatible
1.13	**compatible**	incompatible	incompatible	incompatible	incompatible	incompatible
1.14	**compatible**	**compatible**	**compatible**	**compatible**	**compatible**	**compatible**
1.15	**compatible**	**compatible**	**compatible**	**compatible**	**compatible**	**compatible**
1.16	incompatible	incompatible	incompatible	**compatible**	**compatible**	**compatible**
1.17	incompatible	incompatible	incompatible	**no known issues**	**no known issues**	**no known issues**

表 7-5 中，incompatible 表示该版本下的 Kubeflow 和 Kubernetes 无法正常工作，compatible 表示 Kubeflow 的所有功能已经在当前 Kubernetes 版本验证成功，no known issues 表示当前的组合没有全面的测试，但暂时也没有出现问题。

在 7.3 节中我们已经成功安装了 1.15 版本的 Kubernetes，结合表 7-5 中的版本兼容信息，本节选择安装 1.0 版本的 Kubeflow。

安装 Kubeflow 时需要使用 PersistentVolume 存储数据（如 MySQL、Kabit 等），方便起见，我们提前创建一个默认的 StorageClass，这样用户申请 PVC 时就会自动创建 PV。创建 StorageClass 前需要搭建一个存储系统，本节选择使用 NFS 作为集群内的共享存储系统。

1. 安装 NFS 服务

NFS 服务需要一个 Server 端提供共享文件存储服务，其他使用该存储系统的节点需要搭建 NFS 客户端。本节将在 Kubernetes 的 Master 节点（本实验环境中为主机名为 k8s-master 的节点）安装 NFS Server 端，为其他的 Node 节点（本实验环境中，Kubernetes 里只有一个 Node 节点，主机名为 k8s-node）安装 NFS 客户端。

1）Master 节点执行的操作

使用下面的命令，更新软件，如图 7-67 所示。

```
$ sudo apt update
```

接着，执行如下的命令，在 Master 节点安装 NFS 服务端的程序，如图 7-68 所示。

```
$ sudo apt install -y nfs-kernel-server
```

NFS 服务端安装完成后，创建共享目录文件夹，执行如下指令，创建 nfsdata 目录，并赋予权限。

```
$ mkdir /nfsdata
$ chmod 755 /nfsdata
```

```
root@k8s-master:~# sudo apt update
Hit:1 https://mirrors.shanhe.com/ubuntu focal-InRelease
Get:2 https://mirrors.shanhe.com/ubuntu focal-updates InRelease [114 kB]
Get:3 https://mirrors.shanhe.com/ubuntu focal-backports InRelease [108 kB]
Get:4 https://mirrors.shanhe.com/ubuntu focal-security InRelease [114 kB]
Get:5 https://mirrors.shanhe.com/ubuntu focal-updates/main amd64 Packages [
2465 kB]
Get:6 https://mirrors.aliyun.com/kubernetes/apt kubernetes-xenial InRelease
 [8993 B]
Get:7 https://mirrors.shanhe.com/ubuntu focal-updates/main Translation-en [
420 kB]
Get:8 https://mirrors.shanhe.com/ubuntu focal-updates/main amd64 c-n-f Meta
data [16.4 kB]
Get:9 https://mirrors.shanhe.com/ubuntu focal-updates/universe amd64 Packag
es [1047 kB]
Get:10 https://mirrors.shanhe.com/ubuntu focal-updates/universe Translation
-en [247 kB]
Get:11 https://mirrors.shanhe.com/ubuntu focal-updates/universe amd64 c-n-f
 Metadata [24.2 kB]
Get:12 https://mirrors.shanhe.com/ubuntu focal-backports/main amd64 Package
s [45.7 kB]
Get:13 https://mirrors.shanhe.com/ubuntu focal-backports/main amd64 c-n-f M
etadata [1420 B]
Get:14 https://mirrors.shanhe.com/ubuntu focal-backports/universe amd64 Pac
kages [24.9 kB]
Get:15 https://mirrors.shanhe.com/ubuntu focal-backports/universe amd64 c-n
-f Metadata [880 B]
Get:16 https://mirrors.shanhe.com/ubuntu focal-security/main amd64 Packages
 [2083 kB]
Get:17 https://mirrors.shanhe.com/ubuntu focal-security/main Translation-en
 [338 kB]
Get:18 https://mirrors.shanhe.com/ubuntu focal-security/main amd64 c-n-f Me
tadata [12.5 kB]
Get:19 https://mirrors.shanhe.com/ubuntu focal-security/universe amd64 Pack
ages [820 kB]
Get:20 https://mirrors.shanhe.com/ubuntu focal-security/universe Translatio
n-en [165 kB]
Get:21 https://mirrors.shanhe.com/ubuntu focal-security/universe amd64 c-n-
f Metadata [17.6 kB]
Fetched 8073 kB in 2s (3595 kB/s)
Reading package lists... Done
Building dependency tree
Reading state information... Done
259 packages can be upgraded. Run 'apt list --upgradable' to see them.
```

图7-67　软件更新结果

```
root@k8s-master:~# sudo apt install -y nfs-kernel-server
Reading package lists... Done
Building dependency tree
Reading state information... Done
The following NEW packages will be installed:
  nfs-kernel-server
0 upgraded, 1 newly installed, 0 to remove and 259 not upgraded.
Need to get 98.9 kB of archives.
After this operation, 420 kB of additional disk space will be used.
Get:1 https://mirrors.shanhe.com/ubuntu focal-updates/main amd64 nfs-kernel-server amd64 1:1.3.4-2.5ubuntu3.4 [98.9 kB]
Fetched 98.9 kB in 0s (830 kB/s)
Selecting previously unselected package nfs-kernel-server.
(Reading database ... 63628 files and directories currently installed.)
Preparing to unpack .../nfs-kernel-server_1%3a1.3.4-2.5ubuntu3.4_amd64.deb ...
Unpacking nfs-kernel-server (1:1.3.4-2.5ubuntu3.4) ...#####
Setting up nfs-kernel-server (1:1.3.4-2.5ubuntu3.4) ...####################################.............................
Processing triggers for man-db (2.9.1-1) ...######################################################
Processing triggers for systemd (245.4-4ubuntu3.2) ...
```

图7-68　Master节点安装NFS服务端结果

运行下面的命令，将刚刚创建的目录写入NFS的配置文件中，如图7-69所示。

```
$ echo "/nfsdata *(rw,sync,no_root_squash)" >> /etc/exports
$ cat /etc/exports
```

```
root@k8s-master:~# cat /etc/exports
# /etc/exports: the access control list for filesystems which may be exported
#               to NFS clients.  See exports(5).
#
# Example for NFSv2 and NFSv3:
# /srv/homes       hostname1(rw,sync,no_subtree_check) hostname2(ro,sync,no_subtree_check)
#
# Example for NFSv4:
# /srv/nfs4        gss/krb5i(rw,sync,fsid=0,crossmnt,no_subtree_check)
# /srv/nfs4/homes  gss/krb5i(rw,sync,no_subtree_check)
#
/nfsdata *(rw,sync,no_root_squash)
```

图7-69　目录写入NFS配置文件结果

/etc/ecports 文件中 /nfsdata 后的 * 表示允许相同网段下的所有 IP 访问该目录，后面括号里的内容表示其他 IP 用户的权限，rw 表示有读写权限，sync 表示数据同步写入内存和硬盘，no_root_squash 表示允许网段内的其他用户以 root 用户写入。

配置完成后，执行下面的命令，更新配置，检查 NFS 服务器的运行状态，并验证配置是否生效，如图 7-70 所示。

```
$ systemctl restart nfs-server
$ systemctl status nfs-server
```

```
root@k8s-master:~# systemctl status nfs-server
● nfs-server.service - NFS server and services
     Loaded: loaded (/lib/systemd/system/nfs-server.service; enabled; vendor preset: enabled)
    Drop-In: /run/systemd/generator/nfs-server.service.d
             └─order-with-mounts.conf
     Active: active (exited) since Thu 2023-04-06 10:29:35 CST; 7s ago
    Process: 2524335 ExecStartPre=/usr/sbin/exportfs -r (code=exited, status=0/SUCCESS)
    Process: 2524336 ExecStart=/usr/sbin/rpc.nfsd $RPCNFSDARGS (code=exited, status=0/SUCCESS)
   Main PID: 2524336 (code=exited, status=0/SUCCESS)

Apr 06 10:29:33 k8s-master systemd[1]: Starting NFS server and services...
Apr 06 10:29:33 k8s-master exportfs[2524335]: exportfs: /etc/exports [1]: Neither 'subtree_check' or 'no_subtree_check'
Apr 06 10:29:33 k8s-master exportfs[2524335]:   Assuming default behaviour ('no_subtree_check').
Apr 06 10:29:33 k8s-master exportfs[2524335]:   NOTE: this default has changed since nfs-utils version 1.0.x
Apr 06 10:29:35 k8s-master systemd[1]: Finished NFS server and services.
lines 1-14/14 (END)
```

图 7-70　验证配置生效

```
$ showmount -e
```

showmount -e 可以查询 NFS 服务的输出清单（图 7-71），也就是可用共享目录的列表。从上面的命令执行记录中可以看出，之前的配置已经生效，NFS 服务端安装配置成功。

```
root@k8s-master:~# showmount -e
Export list for k8s-master:
/nfsdata *
```

图 7-71　查询 NFS 服务的输出清单

2）Node 节点执行的操作

其他节点如果想使用 NFS 服务端的共享存储，需要在节点上安装 NFS 客户端。

同 Master 节点一样，安装 NFS 软件前，首先使用下面的命令，更新软件，如图 7-72 和图 7-73 所示。

```
$ sudo apt install -y nfs-common
```

```
root@k8s-node1:~# sudo apt install -y nfs-common
Reading package lists... Done
Building dependency tree
Reading state information... Done
Suggested packages:
  watchdog
The following NEW packages will be installed:
  nfs-common
0 upgraded, 1 newly installed, 0 to remove and 259 not upgraded.
Need to get 204 kB of archives.
After this operation, 831 kB of additional disk space will be used.
Get:1 https://mirrors.shanhe.com/ubuntu focal-updates/main amd64 nfs-common amd64 1:1.3.4-2.5ubuntu3.4 [204 kB]
Fetched 204 kB in 0s (1503 kB/s)
Selecting previously unselected package nfs-common.
(Reading database ... 63555 files and directories currently installed.)
Preparing to unpack .../nfs-common_1%3a1.3.4-2.5ubuntu3.4_amd64.deb ...
Unpacking nfs-common (1:1.3.4-2.5ubuntu3.4) ...
Setting up nfs-common (1:1.3.4-2.5ubuntu3.4) ...##########
Processing triggers for man-db (2.9.1-1) ...####################################################
Processing triggers for systemd (245.4-4ubuntu3.2) ...
```

图 7-72　Node 节点更新软件结果

```
$ showmount -e 192.168.100.7
```

```
root@k8s-node1:~# showmount -e 192.168.100.7
Export list for 192.168.100.7:
/nfsdata *
```

图7-73　检查客户端安装成功结果

注意：此处的192.168.100.7是k8s-master的IP地址，该节点上安装了NFS Server。能正常返回说明Node节点的客户端安装成功。

2. 创建默认的StorageClass

执行下面的命令，创建StorageClass文件夹，用来存放创建StorageClass所需的YAML文件。

```
$ mkdir -p ~/kubeflow/StorageClass
```

执行如下命令，下载所需的YAML文件，如图7-74~图7-76所示。

```
$ wget -P ~/kubeflow/StorageClass https://jn1.is.shanhe.com/kubeflow/v1/
nfs-provisioner.yaml
```

```
root@k8s-master:~# wget -P ~/kubeflow/StorageClass https://jn1.is.shanhe.com/kubeflow/v1/nfs-provisioner.yaml
--2023-04-06 10:48:37--  https://jn1.is.shanhe.com/kubeflow/v1/nfs-provisioner.yaml
Resolving jn1.is.shanhe.com (jn1.is.shanhe.com)... 10.107.10.207, 10.107.10.203, 10.107.10.210, ...
Connecting to jn1.is.shanhe.com (jn1.is.shanhe.com)|10.107.10.207|:443... connected.
HTTP request sent, awaiting response... 200 OK
Length: 1310 (1.3K) [application/octet-stream]
Saving to: '/root/kubeflow/StorageClass/nfs-provisioner.yaml.1'

nfs-provisioner.yaml.1      100%[===================================================>]   1.28K  --.-KB/s    in 0s

2023-04-06 10:48:38 (256 MB/s) - '/root/kubeflow/StorageClass/nfs-provisioner.yaml.1' saved [1310/1310]
```

图7-74　下载nfs-provisioner.yaml成功结果

```
$ wget -P ~/kubeflow/StorageClass https://jn1.is.shanhe.com/kubeflow/v1/
nfs-storageclass.yaml
```

```
root@k8s-master:~# wget -P ~/kubeflow/StorageClass https://jn1.is.shanhe.com/kubeflow/v1/nfs-storageclass.yaml
--2023-04-06 10:50:53--  https://jn1.is.shanhe.com/kubeflow/v1/nfs-storageclass.yaml
Resolving jn1.is.shanhe.com (jn1.is.shanhe.com)... 10.107.10.205, 10.107.10.209, 10.107.10.211, ...
Connecting to jn1.is.shanhe.com (jn1.is.shanhe.com)|10.107.10.205|:443... connected.
HTTP request sent, awaiting response... 200 OK
Length: 243 [application/octet-stream]
Saving to: '/root/kubeflow/StorageClass/nfs-storageclass.yaml.1'

nfs-storageclass.yaml.1     100%[===================================================>]     243  --.-KB/s    in 0s

2023-04-06 10:50:53 (12.9 MB/s) - '/root/kubeflow/StorageClass/nfs-storageclass.yaml.1' saved [243/243]
```

图7-75　下载nfs-storageclass.yaml成功结果

```
$ wget -P ~/kubeflow/StorageClass https://jn1.is.shanhe.com/kubeflow/v1/
rbac.yaml
```

下载完成后，需要对nfs-provisioner.yaml中的内容做如下修改，如图7-77所示。

```
root@k8s-master:~# wget -P ~/kubeflow/StorageClass https://jn1.is.shanhe.com/kubeflow/v1/rbac.yaml
--2023-04-06 10:51:19--  https://jn1.is.shanhe.com/kubeflow/v1/rbac.yaml
Resolving jn1.is.shanhe.com (jn1.is.shanhe.com)... 10.107.10.205, 10.107.10.209, 10.107.10.211, ...
Connecting to jn1.is.shanhe.com (jn1.is.shanhe.com)|10.107.10.205|:443... connected.
HTTP request sent, awaiting response... 200 OK
Length: 1798 (1.8K) [application/octet-stream]
Saving to: ' /root/kubeflow/StorageClass/rbac.yaml.1'

rbac.yaml.1              100%[===================================================>]   1.76K  --.-KB/s    in 0s

2023-04-06 10:51:19 (270 MB/s) - ' /root/kubeflow/StorageClass/rbac.yaml.1' saved [1798/1798]
```

图 7-76　下载 rbac 成功结果

```
$ vim /root/kubeflow/StorageClass/nfs-provisioner.yaml
```

```
apiVersion: apps/v1
kind: Deployment
metadata:
  name: nfs-client-provisioner
  labels:
    app: nfs-client-provisioner
  # replace with namespace where provisioner is deployed
  namespace: default  #与RBAC文件中的namespace保持一致
spec:
  replicas: 1
  selector:
    matchLabels:
      app: nfs-client-provisioner
  strategy:
    type: Recreate
  selector:
    matchLabels:
      app: nfs-client-provisioner
  template:
    metadata:
      labels:
        app: nfs-client-provisioner
    spec:
      serviceAccountName: nfs-client-provisioner
      containers:
        - name: nfs-client-provisioner
          image: quay.io/external_storage/nfs-client-provisioner:latest
          volumeMounts:
            - name: nfs-client-root
              mountPath: /persistentvolumes
          env:
            - name: PROVISIONER_NAME
              value: nfs-storage  #provisioner名称,请确保该名称与 nfs-StorageClass.yaml文件中的provisioner名称保持一致
            - name: NFS_SERVER
              value: 192.168.100.7  #NFS Server IP地址
            - name: NFS_PATH
              value: /nfsdata    #NFS挂载卷
      volumes:
        - name: nfs-client-root
          nfs:
            server: 192.168.100.7 #NFS Server IP地址
            path: /nfsdata    #NFS 挂载卷
```

图 7-77　修改 nfs-provisioner.yaml 文件结果

在本例中 NFS 服务端的 IP 为 k8s-master 的 IP 为 192.168.100.7，NFS 挂载卷是 NFS 服务端提供的共享目录，本例是本节中创建的 /nfsdata 目录。

在对该文件的 NFS 服务器 IP 地址和 NFS 挂载卷修改完成后，执行下面的命令，部署 StorageClass 相关的 YAML 文件，如图 7-78~图 7-80 所示。

```
$ kubectl apply -f /root/kubeflow/StorageClass/rbac.yaml
```

```
root@k8s-master:~# kubectl apply -f /root/kubeflow/StorageClass/rbac.yaml
serviceaccount/nfs-client-provisioner created
clusterrole.rbac.authorization.k8s.io/nfs-client-provisioner-runner created
clusterrolebinding.rbac.authorization.k8s.io/run-nfs-client-provisioner created
role.rbac.authorization.k8s.io/leader-locking-nfs-client-provisioner created
rolebinding.rbac.authorization.k8s.io/leader-locking-nfs-client-provisioner created
```

图 7-78　部署 rbac.yaml 文件结果

```
$ kubectl apply -f /root/kubeflow/StorageClass/nfs-provisioner.yaml
```

```
root@k8s-master:~# kubectl apply -f /root/kubeflow/StorageClass/nfs-provisioner.yaml
deployment.apps/nfs-client-provisioner created
```

图 7-79　部署 nfs-provisioner.yaml 文件结果

```
$ kubectl apply -f /root/kubeflow/StorageClass/nfs-storageclass.yaml
```

```
root@k8s-master:~# kubectl apply -f /root/kubeflow/StorageClass/nfs-storageclass.yaml
storageclass.storage.k8s.io/managed-nfs-storage created
```

图 7-80　部署 nfs-storageclass.yaml 文件结果

YAML文件部署成功后，使用下面的命令，查看nfs-provisioner是否正常运行，如图7-81所示。

```
$ kubectl get pod
```

```
root@k8s-master:~# kubectl get pod
NAME                                      READY   STATUS    RESTARTS   AGE
nfs-client-provisioner-7567f4bd9-l95sx    1/1     Running   0          42s
```

图 7-81　nfs-provisioner 正常运行

通过命令的执行结果，可以看出nfs-provisioner已经成功运行。

紧接着，使用下面的指令查看创建的StorageClass，如图7-82所示。

```
$ kubectl get storageclass
```

```
root@k8s-master:~# kubectl get storageclass
NAME                  PROVISIONER   AGE
managed-nfs-storage   nfs-storage   3m14s
```

图 7-82　查看 StorageClass 结果

执行下面的指令将刚刚创建的名为managed-nfs-storage的StorageClasss设置为Kubernetes默认的StorageClass，如图7-83所示。

```
$ kubectl patch storageclass managed-nfs-storage -p '{"metadata":
{"annotations":{"storageclass.Kubernetes.io/is-default-class":"true"}}}'
```

```
root@k8s-master:~# kubectl patch storageclass managed-nfs-storage -p '{"metadata": {"annotati
ons":{"storageclass.kubernetes.io/is-default-class":"true"}}}'
storageclass.storage.k8s.io/managed-nfs-storage patched
```

图 7-83　设置默认 StorageClass 结果

执行如下指令，再次查看Kubernetes默认命名空间下的StorageClass，如图7-84所示。

```
$ kubectl get storageclass
```

图7-84　查看默认设置成功

此时，从指令执行的结果可以看出对StorageClass的设置已经成功，设置默认的
StorageClass是为了使用户使用PVC就可以直接申请并绑定PV，避免了每次挂载存储卷
时，需要提前创建PV并绑定PVC的问题。

3. 开启Kubernetes服务账户令牌卷投射功能

令牌卷投射功能在Kubernetes中默认是不开启的。Kubeflow官方的说明文档中指出
部署Kubflow时，isito组件需要使用Kubernetes的令牌卷投射功能，如果不开启该功能，
Kubeflow将无法正常使用。

下面修改Kubernetes的apiserver，开启令牌卷投射功能，如图7-85所示。

```
$ vim /etc/Kubernetes/manifests/kube-apiserver.yaml
```

图7-85　开启令牌投射功能

在command的最后添加如下内容：

```
- --service-account-issuer=Kubernetes.default.svc
- --service-account-signing-key-file=/etc/Kubernetes/pki/sa.key
```

修改完成后，保存并退出，令牌投射功能开启参数配置成功，等待Kubernetes组件更
新配置并重新启动。

4. 安装 Kubeflow

1）每个 Node 节点上执行的操作

创建 ~/kubeflow 文件夹用于存放相关文件：

```
$ mkdir ~/kubeflow
```

下载所需的镜像文件，如图 7-86 和图 7-87 所示。

```
$ wget -P ~/kubeflow https://jn1.is.shanhe.com/kubeflow/v1/load_images.sh
```

```
root@k8s-node1:~# wget -P ~/kubeflow https://jn1.is.shanhe.com/kubeflow/v1/load_images.sh
--2023-04-06 15:05:34--  https://jn1.is.shanhe.com/kubeflow/v1/load_images.sh
Resolving jn1.is.shanhe.com (jn1.is.shanhe.com)... 10.107.10.210, 10.107.10.205, 10.107.10.208, ...
Connecting to jn1.is.shanhe.com (jn1.is.shanhe.com)|10.107.10.210|:443... connected.
HTTP request sent, awaiting response... 200 OK
Length: 221 [application/octet-stream]
Saving to: ' /root/kubeflow/load_images.sh'

load_images.sh          100%[===================================================>]     221  --.-KB/s    in 0s

2023-04-06 15:05:35 (64.2 MB/s) - ' /root/kubeflow/load_images.sh' saved [221/221]
```

图 7-86　下载 load_images.sh 文件结果

```
$ wget -P ~/kubeflow https://jn1.is.shanhe.com/kubeflow/images_use.tar.gz
```

```
root@k8s-node1:~# wget -P ~/kubeflow https://jn1.is.shanhe.com/kubeflow/images_use.tar.gz
--2023-04-06 15:05:56--  https://jn1.is.shanhe.com/kubeflow/images_use.tar.gz
Resolving jn1.is.shanhe.com (jn1.is.shanhe.com)... 10.107.10.206, 10.107.10.211, 10.107.10.207, ...
Connecting to jn1.is.shanhe.com (jn1.is.shanhe.com)|10.107.10.206|:443... connected.
HTTP request sent, awaiting response... 200 OK
Length: 15026703810 (14G) [application/gzip]
Saving to: ' /root/kubeflow/images_use.tar.gz'

images_use.tar.gz       100%[===================================>]  13.99G  83.9MB/s    in 3m 28s  G

2023-04-06 15:09:24 (69.0 MB/s) - ' /root/kubeflow/images_use.tar.gz' saved [15026703810/15026703810]
```

图 7-87　下载 images_use.tat.gz 文件结果

赋予 load_images.sh 脚本执行权限：

```
$ chmod +x /root/kubeflow/load_images.sh
```

执行该脚本，加载镜像到本地节点，这个过程可能需要等待几分钟，如图 7-88 所示。

```
$ cd /root/kubeflow
$ ./load_images.sh
```

```
root@k8s-node1:~# chmod +x /root/kubeflow/load_images.sh
root@k8s-node1:~# cd /root/kubeflow
root@k8s-node1:~/kubeflow# ./load_images.sh
images_use/
images_use/webhook.tar
images_use/cert-manager-controller:v0.11.0.tar
images_use/ml_metadata_store_server:v0.21.1.tar
images_use/coredns:1.3.1.tar
images_use/visualization-server:0.2.5.tar
```

图 7-88　执行 load_images.sh 结果

这里为什么要在工作节点上提前导入安装Kubeflow所需的容器镜像呢？原因在于国内无法从默认的镜像地址gcr.io中下载容器镜像，因此我们提前将Kubeflow相关镜像导入工作节点，避免了pod因为缺少容器镜像而启动失败。

　　2）Master节点上需要执行的操作

　　下载部署Kubeflow所需的文件，如图7-89~图7-91所示。

```
$wget https://jn1.is.shanhe.com/kubeflow/kfctl_istio_dex.v1.0.2.yaml -P
~/kubeflow
```

```
root@k8s-master:~# wget https://jn1.is.shanhe.com/kubeflow/kfctl_istio_dex.v1.0.2.yaml -P ~/k
ubeflow
--2023-04-06 15:36:48--  https://jn1.is.shanhe.com/kubeflow/kfctl_istio_dex.v1.0.2.yaml
Resolving jn1.is.shanhe.com (jn1.is.shanhe.com)... 10.107.10.206, 10.107.10.211, 10.107.10.20
3, ...
Connecting to jn1.is.shanhe.com (jn1.is.shanhe.com)|10.107.10.206|:443... connected.
HTTP request sent, awaiting response... 200 OK
Length: 8988 (8.8K) [application/octet-stream]
Saving to: ' /root/kubeflow/kfctl_istio_dex.v1.0.2.yaml.1'

kfctl_istio_dex.v1.0.2. 100%[===========================>]   8.78K  --.-KB/s    in 0s

2023-04-06 15:36:48 (139 MB/s) - ' /root/kubeflow/kfctl_istio_dex.v1.0.2.yaml.1' saved [8988
/8988]
```

图 7-89　下载 kftctl_istio_dex.v1.0.2.yaml 文件结果

```
$ wget https://jn1.is.shanhe.com/kubeflow/kfctl_v1.0.2-0-ga476281_linux.
tar.gz -P ~/kubeflow
```

```
root@k8s-master:~# wget https://jn1.is.shanhe.com/kubeflow/kfctl_v1.0.2-0-ga476281_linux.tar.
gz -P ~/kubeflow
--2023-04-06 15:37:09--  https://jn1.is.shanhe.com/kubeflow/kfctl_v1.0.2-0-ga476281_linux.tar
.gz
Resolving jn1.is.shanhe.com (jn1.is.shanhe.com)... 10.107.10.206, 10.107.10.211, 10.107.10.20
3, ...
Connecting to jn1.is.shanhe.com (jn1.is.shanhe.com)|10.107.10.206|:443... connected.
HTTP request sent, awaiting response... 200 OK
Length: 29339302 (28M) [application/x-gzip]
Saving to: ' /root/kubeflow/kfctl_v1.0.2-0-ga476281_linux.tar.gz'

kfctl_v1.0.2-0-ga476281 100%[===========================>]  27.98M  94.8MB/s    in 0.3s

2023-04-06 15:37:10 (94.8 MB/s) - ' /root/kubeflow/kfctl_v1.0.2-0-ga476281_linux.tar.gz' sav
ed [29339302/29339302]
```

图 7-90　下载 kfctl_v1.0.2-0-ga476281_linux.tar.gz 文件结果

```
$ wget -P ~/kubeflow https://jn1.is.shanhe.com/kubeflow/v1/v1.0.2.tar.gz
```

```
root@k8s-master:~# wget -P ~/kubeflow https://jn1.is.shanhe.com/kubeflow/v1/v1.0.2.tar.gz
--2023-04-06 15:38:07--  https://jn1.is.shanhe.com/kubeflow/v1/v1.0.2.tar.gz
Resolving jn1.is.shanhe.com (jn1.is.shanhe.com)... 10.107.10.206, 10.107.10.211, 10.107.10.20
3, ...
Connecting to jn1.is.shanhe.com (jn1.is.shanhe.com)|10.107.10.206|:443... connected.
HTTP request sent, awaiting response... 200 OK
Length: 9609163 (9.2M) [application/x-gzip]
Saving to: ' /root/kubeflow/v1.0.2.tar.gz'

v1.0.2.tar.gz           100%[===========================>]   9.16M  --.-KB/s    in 0.1s

2023-04-06 15:38:08 (82.7 MB/s) - ' /root/kubeflow/v1.0.2.tar.gz' saved [9609163/9609163]
```

图 7-91　下载 v1.0.2.tar.gz 文件结果

执行如下命令，解压kfctl_v1.0.2-0-ga476281_linux.tar.gz，并将其移动到指定目录下，如图7-92所示。

```
$ cd kubeflow
$ tar -xzvf kfctl_v1.0.2-0-ga476281_linux.tar.gz
$ mv kfctl /usr/local/bin/
```

```
root@k8s-master:~# cd kubeflow
root@k8s-master:~/kubeflow# tar -xzvf kfctl_v1.0.2-0-ga476281_linux.tar.gz
./kfctl
root@k8s-master:~/kubeflow# mv kfctl /usr/local/bin/
```

图7-92　解压kfctl_v1.0.2-0-ga476281_linux.tar.gz，并将其移动到指定目录下

修改v1.02.tar.gz的存放地址为当前实际的存放地址 uri: file:/root/kubeflow/v1.0.2.tar.gz。

```
$ vim kfctl_istio_dex.v1.0.2.yaml
369    - kustomizeConfig:
370        overlays:
371        - application
372        repoRef:
373          name: manifests
374          path: seldon/seldon-core-operator
375      name: seldon-core-operator
376    repos:
377    - name: manifests
378      uri: file:/root/kubeflow/v1.0.2.tar.gz          # 修改此处的文件地址
```

每一行中最前面的数字，代表在文件中本行的行号，本节里v1.0.2.tar.gz的存放地址为/root/kubeflow/v1.0.2.tar.gz，修改后，保存并退出。

接着，执行下面的命令，从配置文件构建一个KF应用，如图7-93所示。

```
root@k8s-master:~/kubeflow# kfctl build -V -f kfctl_istio_dex.v1.0.2.yaml
INFO[0000]
***********************************************************
Notice anonymous usage reporting enabled using spartakus
To disable it
If you have already deployed it run the following commands:
  cd $(pwd)
  kubectl -n ${K8S_NAMESPACE} delete deploy -l app=spartakus

For more info: https://www.kubeflow.org/docs/other-guides/usage-reporting/
***********************************************************
  filename="coordinator/coordinator.go:120"
INFO[0000] Creating directory .cache                       filename="kfconfig/types.go:445"
INFO[0000] Fetching file:/root/kubeflow/v1.0.2.tar.gz to .cache/manifests  filename="kfconfig
/types.go:493"
INFO[0000] probing file path: /root/kubeflow/v1.0.2.tar.gz  filename="kfconfig/types.go:543"
INFO[0000] updating localPath to .cache/manifests/manifests-1.0.2  filename="kfconfig/types.g
o:552"
INFO[0000] Fetch succeeded; LocalPath .cache/manifests/manifests-1.0.2  filename="kfconfig/ty
pes.go:561"
INFO[0000] Processing application: application-crds        filename="kustomize/kustomize.go:408"
INFO[0000] Processing application: application             filename="kustomize/kustomize.go:408"
INFO[0000] Processing application: istio-crds              filename="kustomize/kustomize.go:408"
INFO[0000] Processing application: istio-install           filename="kustomize/kustomize.go:408"
INFO[0000] Processing application: cluster-local-gateway   filename="kustomize/kustomize.go:40
8"
```

图7-93　配置KF应用结果

```
$ kfctl build -V -f kfctl_istio_dex.v1.0.2.yaml
```

构建完成后，执行下面的命令，部署Kubeflow，如图7-94所示。

```
$ kfctl apply -V -f kfctl_istio_dex.v1.0.2.yaml
```

```
rolebinding.rbac.authorization.k8s.io/seldon-leader-election-rolebinding created
rolebinding.rbac.authorization.k8s.io/seldon-manager-cm-rolebinding created
clusterrolebinding.rbac.authorization.k8s.io/seldon-manager-rolebinding-kubeflow created
clusterrolebinding.rbac.authorization.k8s.io/seldon-manager-sas-rolebinding-kubeflow created
configmap/seldon-config created
service/seldon-webhook-service created
deployment.apps/seldon-controller-manager created
application.app.k8s.io/seldon-core-operator created
certificate.cert-manager.io/seldon-serving-cert created
issuer.cert-manager.io/seldon-selfsigned-issuer created
validatingwebhookconfiguration.admissionregistration.k8s.io/seldon-validating-webhook-configu
ration-kubeflow created
INFO[0052] Successfully applied application seldon-core-operator  filename="kustomize/kustomi
ze.go:209"
INFO[0052] Applied the configuration Successfully!       filename="cmd/apply.go:72"
```

图7-94　部署Kubeflow结果

运行如下命令，可以查看Kubeflow的组件pod的状态，如图7-95~图7-97所示。

```
$ kubectl get pod -n knative-serving
```

```
root@k8s-master:~# kubectl get pod -n knative-serving
NAME                           READY   STATUS    RESTARTS   AGE
activator-5d8f457f64-xx269     1/2     Running   1          77s
autoscaler-65d646f7dc-qwx2t    2/2     Running   2          77s
autoscaler-hpa-7d54979db9-d9p42 1/1    Running   0          77s
controller-b5db9f788-2b64k     1/1     Running   0          76s
networking-istio-788c9b649-6z27l 1/1   Running   0          76s
webhook-57dc6ff65-kksvg        1/1     Running   0          76s
```

图7-95　查看knative-serving结果

```
$ kubectl get pod -n istio-system
```

```
root@k8s-master:~# kubectl get pod -n istio-system
NAME                                          READY   STATUS      RESTARTS   AGE
authservice-0                                 1/1     Running     0          114s
cluster-local-gateway-f4967d447-nhxh6         1/1     Running     0          2m37s
istio-citadel-79b5b568b-vhn9n                 1/1     Running     0          2m38s
istio-galley-756f5f45c4-9pjp5                 1/1     Running     0o         2m38s
istio-ingressgateway-77f74c944c-dmwjf         1/1     Running     0          2m38s
istio-nodeagent-4hkh6                         1/1     Running     0          2m38s
istio-pilot-55f7f6f6df-jjrrl                  2/2     Running     0          2m38s
istio-policy-76dbd68445-f7f8g                 2/2     Running     3          2m38s
istio-security-post-install-release-1.3-latest-daily-xrp66 0/1  Completed  0  2m37s
istio-sidecar-injector-5d9f474dcb-lzghx       1/1     Running     0          2m38s
istio-telemetry-697c8fd794-qmh5b              2/2     Running     3          2m37s
prometheus-b845cc6fc-x95b9                    1/1     Running     0          2m37s
```

图7-96　查看istio-system结果

```
$ kubectl get pod -n kubeflow
```

等待Kubeflow启动的所有pod的状态为Running或Completed后，表示Kubeflow安装完成。

```
root@k8s-master:~# kubectl get pod -n kubeflow
NAME                                                          READY   STATUS      RESTARTS   AGE
admission-webhook-deployment-7b7888fc9b-d76kz                 1/1     Running     0          2m38s
application-controller-stateful-set-0                         1/1     Running     0          3m25s
argo-ui-7ffb9b6577-5zmxj                                      1/1     Running     0          2m39s
centraldashboard-6944c87dd5-lb829                             1/1     Running     0          2m39s
jupyter-web-app-deployment-878f9c988-j4l4f                    1/1     Running     0          2m33s
katib-controller-7f58569f7d-vzv76                             1/1     Running     1          2m33s
katib-db-manager-54b66f9f9d-hwkj9                             1/1     Running     1          2m33s
katib-mysql-dcf7dcbd5-rbh7t                                   1/1     Running     0          2m33s
katib-ui-6f97756598-mnrz5                                     1/1     Running     0          2m33s
kfserving-controller-manager-0                                2/2     Running     1          2m35s
metadata-db-65fb5b695d-9v8v2                                  1/1     Running     0          2m37s
metadata-deployment-65ccddfd4c-dtpjn                          1/1     Running     0          2m37s
metadata-envoy-deployment-7754f56bff-jrddn                    1/1     Running     0          2m37s
metadata-grpc-deployment-5c6db9749-kd5rv                      1/1     Running     1          2m37s
metadata-ui-7c85545947-x66sw                                  1/1     Running     0          2m36s
minio-6b67f98977-dl72j                                        1/1     Running     0          2m32s
ml-pipeline-6cf777c7bc-j74lw                                  1/1     Running     0          2m31s
ml-pipeline-ml-pipeline-visualizationserver-6d744dd449-njgtx  1/1     Running     0          2m31s
ml-pipeline-persistenceagent-5c5549847fd-jffxg                1/1     Running     1          2m32s
ml-pipeline-scheduledworkflow-674777d89c-gn7km                1/1     Running     0          2m32s
ml-pipeline-ui-549b5b6744-697w4                               1/1     Running     0          2m31s
ml-pipeline-viewer-controller-deployment-fc96b4795-qjj2h      1/1     Running     0          2m31s
mysql-85bc64f5c4-rbvw6                                        1/1     Running     0          2m32s
notebook-controller-deployment-7db7c8589d-mfjz7               1/1     Running     0          2m36s
profiles-deployment-c5b6488dd-mpd95                           2/2     Running     0          2m31s
pytorch-operator-cf8c5c497-xzjhs                              1/1     Running     0          2m36s
seldon-controller-manager-6b4b969447-fnh7c                    1/1     Running     0          2m30s
spark-operatorcrd-cleanup-gx4df                               0/2     Completed   0          2m37s
spark-operatorsparkoperator-76dd5f5688-k6htr                  1/1     Running     0          2m37s
```

图7-97　查看pod结果

7.5.3　基于Kubeflow创建MNIST训练任务

MNIST数据集是著名的公开数据集，包含大量的手写数字图片，在机器学习领域，它是一个入门级的计算机视觉数据集。Kubeflow Pipelines分为前台和后台，用户可通过kfp SDK定义自己的机器学习工作流程，然后通过用户界面上传并共享。本节通过MNIST手写数字识别这个实际应用，将数据预处理、模型训练、模型预测步骤串联起来，像流水线一样工作，Kubeflow Pipeline会自动完成平台搭建、接口处理等工作。

1. 安装kfp软件

（1）在k8s-master节点执行如下操作，如图7-98所示。

```
$ apt install -y python3-pip
$ pip3 install kfp
```

```
Requirement already satisfied: pyasn1>=0.1.3 in /usr/lib/python3/dist-packages (from rsa<5,>=3.1.4; pyt
hon_version >= "3.6"->google-auth<2,>=1.6.1->kfp) (0.4.2)
Requirement already satisfied: oauthlib>=3.0.0 in /usr/lib/python3/dist-packages (from requests-oauthli
b->kubernetes<19,>=8.0.0->kfp) (3.1.0)
Installing collected packages: kfp
Successfully installed kfp-1.8.14
```

图7-98　安装kfp结果

（2）验证dsl-compile是否正常安装，如图7-99所示。

```
$ which dsl-compile
```

```
root@k8s-master:~# which dsl-compile
/usr/local/bin/dsl-compile
```

图7-99　dsl-compile正常安装结果

2. 构建 pipeline 镜像

构建镜像脚本：build_PipelineMinist_images.sh，该脚本的功能是构建 minst 的 load_data、train 和 predict 镜像。

```bash
# !/bin/bash

# 创建 mnist_pipeliine 目录层级
mkdir -p /root/mnist_pipeliine/load_data
mkdir -p /root/mnist_pipeliine/train
mkdir -p /root/mnist_pipeliine/predict


# 下载对应的 dockerfile 文件
# load_data
wget https://jn1.is.shanhe.com/kubeflow/v1/pipeline/example/mnist/load_data/dockerfile -cP /root/mnist_pipeliine/load_data/
wget https://jn1.is.shanhe.com/kubeflow/v1/pipeline/example/mnist/load_data/load_data.py -cP /root/mnist_pipeliine/load_data/

# train
wget https://jn1.is.shanhe.com/kubeflow/v1/pipeline/example/mnist/train/dockerfile -cP /root/mnist_pipeliine/train
wget https://jn1.is.shanhe.com/kubeflow/v1/pipeline/example/mnist/train/train.py -cP /root/mnist_pipeliine/train

# predict
wget https://jn1.is.shanhe.com/kubeflow/v1/pipeline/example/mnist/predict/dockerfile -cP /root/mnist_pipeliine/predict
wget https://jn1.is.shanhe.com/kubeflow/v1/pipeline/example/mnist/predict/predict.py -cP /root/mnist_pipeliine/predict

# 构建容器镜像
docker build -t mnist-load_data:v0.0.1 /root/mnist_pipeliine/load_data
docker build -t mnist-train:v0.0.1 /root/mnist_pipeliine/train
docker build -t mnist-predict:v0.0.1 /root/mnist_pipeliine/predict
```

该脚本存放在山河存储中，读者在 k8s-node1 节点执行如下操作：

```
$ wget https://jn1.is.shanhe.com/kubeflow/v1/pipeline/example/mnist/build_PipelineMinist_images.sh -cP /root/
```

将脚本下载至 /root 目录下，如图 7-100 所示。

```
root@k8s-node1:~# wget https://jn1.is.shanhe.com/kubeflow/v1/pipeline/example/mnist/build_PipelineMinist_images.sh -cP /root/
--2022-10-07 15:26:29--  https://jn1.is.shanhe.com/kubeflow/v1/pipeline/example/mnist/build_PipelineMinist_images.sh
Resolving jn1.is.shanhe.com (jn1.is.shanhe.com)... 10.107.10.206, 10.107.10.208, 10.107.10.209, ...
Connecting to jn1.is.shanhe.com (jn1.is.shanhe.com)|10.107.10.206|:443... connected.
HTTP request sent, awaiting response... 200 OK
Length: 1180 (1.2K) [application/octet-stream]
Saving to: '/root/build_PipelineMinist_images.sh'

build_PipelineMinist_images.sh   100%[===================================================>]   1.15K  --.-KB/s    in 0s

2022-10-07 15:26:29 (143 MB/s) - '/root/build_PipelineMinist_images.sh' saved [1180/1180]
```

图 7-100　下载脚本至 root 目录结果

赋予执行权限：

```
$ chmod +x build_PipelineMinist_images.sh
```

执行改脚本：

```
$ ./build_PipelineMinist_images.sh
```

脚本执行完成后可以使用如下命令验证，如图7-101所示。

```
$ docker images | grep mnist
```

图7-101　验证MNIST镜像文件结果

可以看到mnist-load_data:v0.0.1、mnist-train:v0.0.1和mnist-predict:v0.0.1三个镜像已经构造好了。

其中，load_data.py为数据预处理过程，加载本地数据并转换为训练集和测试集，写入train_test_data.txt文件：

```python
#encoding:utf8
from __future__ import absolute_import, division
from __future__ import print_function, unicode_literals
import argparse
import numpy as np


# 本地加载数据文件 mnist.npz
def load_data(path):
  with np.load(path) as f:
    x_train, y_train = f['x_train'], f['y_train']
    x_test, y_test = f['x_test'], f['y_test']
  return (x_train, y_train), (x_test, y_test)


# 进行数据转换
def transform(output_dir, file_name):
  x_train_name = 'x_train.npy'
  x_test_name = 'x_test.npy'
  y_train_name = 'y_train.npy'
  y_test_name = 'y_test.npy'
  (x_train, y_train), (x_test, y_test) = load_data(output_dir + file_name)

  # 注意 output_dir 需要添加斜杠
  x_train, x_test = x_train / 255.0, x_test / 255.0
  np.save(output_dir + x_train_name, x_train)
```

```
    np.save(output_dir + x_test_name, x_test)
    np.save(output_dir + y_train_name, y_train)
    np.save(output_dir + y_test_name, y_test)

    # 将路径和文件名写入 train_test_data.txt 文件中
    with open(output_dir + 'train_test_data.txt', 'w') as f:
      f.write(output_dir + x_train_name + ',')
      f.write(output_dir + x_test_name + ',')
      f.write(output_dir + y_train_name + ',')
      f.write(output_dir + y_test_name)

def parse_arguments():
  """Parse command line arguments."""
  parser = argparse.ArgumentParser(description='Kubeflow MNIST load data')
  parser.add_argument('--data_dir', type=str, required=True, help='local
file dir')
  parser.add_argument('--file_name', type=str, required=True, help='local
file to be input')
  args = parser.parse_args()
  return args

def run():
  args = parse_arguments()
  transform(args.data_dir, args.file_name)

if __name__ == '__main__':
  run()
```

train.py 为使用tensorflow的模型训练过程，构造两个全连接层，大小分别为128、10，中间一个降低比率为0.2的随机置零层，迭代训练5次，将得到的模型保存至model.h5文件中。

```
#encoding:utf8
from __future__ import absolute_import, division
from __future__ import  print_function, unicode_literals
import tensorflow as tf
import numpy as np
import argparse

def train(output_dir, data_file):
  """
  all file use absolute dir
  :param output_dir:
  :param data_file: 'train_test_data.txt' absolute dir
  """
  with open(data_file, 'r') as f:
    line = f.readline()
    data_list = line.split(',')
```

```
    with open(data_list[0], 'rb') as f:
      x_train = np.load(f)
    with open(data_list[2], 'rb') as f:
      y_train = np.load(f)

    model = tf.keras.models.Sequential([
      tf.keras.layers.Flatten(input_shape=(28, 28)),
      tf.keras.layers.Dense(128, activation='relu'),
      tf.keras.layers.Dropout(0.2),
      tf.keras.layers.Dense(10, activation='softmax')
    ])
    # 训练模型
    model.compile(optimizer='adam',
            loss='sparse_categorical_crossentropy',
            metrics=['accuracy'])
    model.fit(x_train, y_train, epochs=5)
    # 保存模型
    model_name = "model.h5"
    model.save(output_dir + model_name)

    with open(output_dir + 'model.txt', 'w') as f:
      f.write(output_dir + model_name)

  def parse_arguments():
    """Parse command line arguments."""
     parser = argparse.ArgumentParser(description='Kubeflow MNIST train model
script')
     parser.add_argument('--data_dir', type=str, required=True, help='local
file dir')
     parser.add_argument('--data_file', type=str, required=True, help='a file
write train and test data absolute dir')
    args = parser.parse_args()
    return args


  def run():
    args = parse_arguments()
    train(args.data_dir,  args.data_file)

  if __name__ == '__main__':
    run()
```

predict.py为模型推理过程，加载 train 中训练得到的模型用于测试集的预测，并将预测结果保存至文件 result.csv 中。

```
#encoding:utf8
from __future__ import absolute_import, division
from __future__ import print_function, unicode_literals
import argparse
```

```python
import numpy as np
import pandas as pd
import tensorflow as tf


def predict(output_dir, model_file, data_file):
    """

    all file use absolute dir
    :param output_dir:
    :param model_file: 'model.txt' absolute dir
    :param data_file: 'train_test_data.txt' absolute dir
    :return:
    """

    with open(model_file, 'r') as f:
        line = f.readline()
    model = tf.keras.models.load_model(line)

    with open(data_file, 'r') as f:
        line = f.readline()
        data_list = line.split(',')
    with open(data_list[1], 'rb') as f:
        x_test = np.load(f)
    with open(data_list[3], 'rb') as f:
        y_test = np.load(f)

    pre = model.predict(x_test)
    model.evaluate(x_test, y_test)
    df = pd.DataFrame(data=pre,
                columns=["prob_0", "prob_1", "prob_2", "prob_3", "prob_4",
"prob_5", "prob_6", "prob_7", "prob_8", "prob_9"])
    y_real = pd.DataFrame(data=y_test, columns=["real_number"])
    result = pd.concat([df, y_real], axis=1)
    # 预测结果写入文件 result.csv 中
    result.to_csv(output_dir + 'result.csv')

    # 预测结果的路径和文件名写入 result.txt 中
    with open(output_dir + 'result.txt', 'w') as f:
        f.write(output_dir + 'result.csv')
def parse_arguments():
    """Parse command line arguments."""
    parser = argparse.ArgumentParser(description='Kubeflow MNIST predict
model script')
    parser.add_argument('--data_dir', type=str, required=True, help='local
file dir')
    parser.add_argument('--model_file', type=str, required=True, help='a file
write trained model absolute dir')
    parser.add_argument('--data_file', type=str, required=True, help='la file
write train and test data absolute dir')
```

```
    args = parser.parse_args()
    return args


def run():
    args = parse_arguments()
    predict(args.data_dir, args.model_file, args.data_file)


if __name__ == '__main__':
    run()
```

3. 编译 Pipeline

编写构造 mnist_pipeline 的 python 文件：mnist_pipeline.py。

```python
#encoding:utf8
import kfp
client = kfp.Client()
from Kubernetes import client as k8s_client

exp = client.create_experiment(name='mnist_experiment')


class load_dataOp(kfp.dsl.ContainerOp):
    """load raw data from tensorflow, do data transform"""
    def __init__(self, data_dir, file_name):
        super(load_dataOp, self).__init__(
            name='load data',
            image='mnist-load_data:v0.0.1',
            arguments=[
                '--file_name', file_name,
                '--data_dir', data_dir,
            ],
            file_outputs={
                'data_file': data_dir + 'train_test_data.txt'
            })


class trainOp(kfp.dsl.ContainerOp):
    """train keras model"""
    def __init__(self, data_dir, data_file):
        super(trainOp, self).__init__(
            name='train',
            image='mnist-train:v0.0.1',
            arguments=[
                '--data_dir', data_dir,
                '--data_file', data_file,
            ],
```

```python
      file_outputs={
        'model_file': data_dir + 'model.txt'
      })


  class predictOp(kfp.dsl.ContainerOp):
    """get predict by trained model"""
    def __init__(self, data_dir, model_file, data_file):
      super(predictOp, self).__init__(
        name='predict',
        image='mnist-predict:v0.0.1',
        arguments=[
          '--data_dir', data_dir,
          '--model_file', model_file,
          '--data_file', data_file
        ],
        file_outputs={
          'result_file': data_dir + 'result.txt'
        })


@kfp.dsl.pipeline(
  name='MnistStage',
  description='shows how to define dsl.Condition.'
)
def MnistTest():
  data_dir = '/nfsdata/'
  file_name = 'mnist.npz'

  load_data = load_dataOp(data_dir, file_name).add_volume(
    k8s_client.V1Volume(name='mnist-pv',
              nfs=k8s_client.V1NFSVolumeSource(
                path='/nfsdata/',
                server='k8s-master'))).add_volume_mount(
    k8s_client.V1VolumeMount(mount_path='/nfsdata/', name='mnist-pv'))

  train = trainOp(data_dir, load_data.file_outputs['data_file']).add_volume(
    k8s_client.V1Volume(name='mnist-pv',
              nfs=k8s_client.V1NFSVolumeSource(
                path='/nfsdata/',
                server='k8s-master'))).add_volume_mount(
      k8s_client.V1VolumeMount(mount_path='/nfsdata/', name='mnist-pv'))

  predict = predictOp(data_dir, train.file_outputs['model_file'], load_data.
file_outputs['data_file']).add_volume(
      k8s_client.V1Volume(name='mnist-pv',
              nfs=k8s_client.V1NFSVolumeSource(
                path='/nfsdata/',
                server='k8s-master'))).add_volume_mount(
```

```
    k8s_client.V1VolumeMount(mount_path='/nfsdata/', name='mnist-pv'))

  train.after(load_data)
  predict.after(train)

kfp.compiler.Compiler().compile(MnistTest, 'mnist.tar.gz')
run = client.run_pipeline(exp.id, 'mylove', 'mnist.tar.gz')
```

该Python文件同样存放在山河存储中，可在k8s-master节点执行如下操作获取，如图7-102所示。

```
$ wget https://jn1.is.shanhe.com/kubeflow/v1/pipeline/example/mnist/
mnist_pipeline.py -cP /root/
```

图7-102 下载脚本至root目录结果

执行如下操作编译Pipeline，如图7-103所示。

```
$ dsl-compile --py mnist_pipeline.py --output mnist_pipeline.tar.gz
```

图7-103 编译Pipeline结果

4. 导入Pipeline模板

将编译好的的mnist_pipeline.tar.gz导出到本地Windows，在本地Windows访问Kubeflow的Web端，创建一个新的Pipeline并上传该文件，如图7-104~图7-106所示。

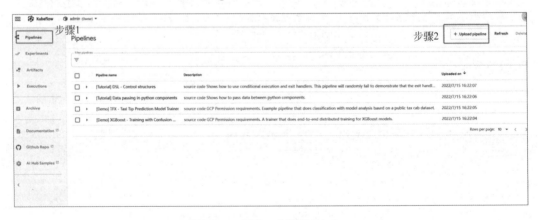

图7-104 创建一个新的Pipeline

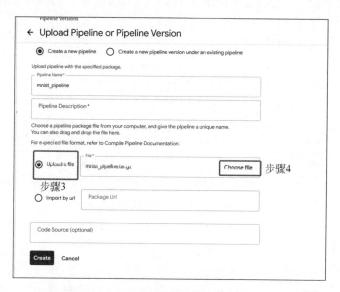

图 7-105　上传编译好的 **mnist_pipeline.tar.gz**

单击 create，pipeline 模板就生成了，如图 7-106 所示。

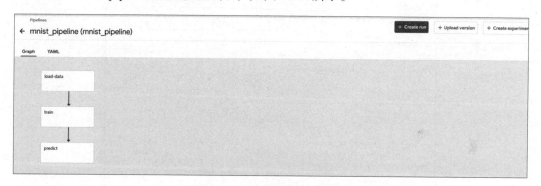

图 7-106　生成 Pipeline 模板

接着部署 Pipeline，单击 Create experiment 按钮，如图 7-107~图 7-110 所示。

图 7-107　创建新的实验

单击该 Pipeline 名称查看，如图 7-110 所示。

图 7-108　设置实验名称

图 7-109　开始运行实验

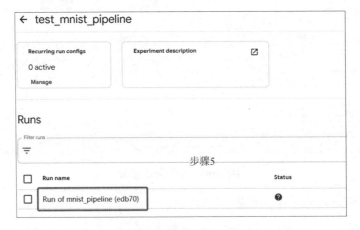

图 7-110　查看实验运行状态

共有load-data，train，predict三个组件，可以通过每个组件的logs查看各过程，如图7-111所示。

图7-111　通过组件的logs查看各训练过程

7.6　基于容器HPC平台的高性能计算作业提交

7.6.1　实战案例简介

1. Volcano调度器简介

Volcano是CNCF基金会下的首个基于Kubernetes的容器批量计算平台，主要应用于高性能计算场景。它提供了Kubernetes目前需要的一套机制，这些机制通常能满足机器学习、大数据应用、科学计算、高性能计算等多种高性能工作负载的需求。Volcano提供的机制主要包括以下几个。

（1）作业管理能力。在Kubernetes中不存在作业的概念，无法建立多个pod在作业层面的关联。Volcano Job将一组关联的pod抽象为作业，通过该API可以直接控制整个作业的生命周期（挂起、启动、完成、重启），而且还提供了资源队列、作业任务依赖等方面的支持。

（2）资源回收机制。Volcano在作业执行完成后，在作业pod集群中，用于计算的pod会被自动清理，该pod占用的资源也会被释放掉，用于管控的pod不会被删除，而是标记为完成态，用户的作业执行结果和日志都保存在该pod中，用户可以自行导出需要的数据。Volcano通过自动释放计算pod占用的资源，完成本地资源回填，提高资源利用率。

（3）自定义调度策略。Kubernetes中没有对科学计算作业进行资源预留，不支持作业间的公平调度等策略。Volcano提供了丰富的调度策略，如Gang-scheduling、Fair-share scheduling、Queue scheduling等。另外，Volcano还支持自定义plugin和action以支持更多调度算法。

（4）丰富的计算框架。不同的作业场景需要不同的计算框架，Kubernetes很难统一集成。Volcano集成了多种作业场景下的计算框架，例如Spark、TensorFlow、PyTorch、Flink等。

Volcano拥有这么多优秀的机制，得益于它设计的组件和API。

Volcano核心组件主要包括Volcano Admission、Volcano ControllerManager和Volcano

Scheduler。Volcano Admission 提供对 Volcano CRD（Custom Resource Define，自定义资源）API 提供校验能力；Volcano ControllerManager 负责对 Volcano CRD 进行资源管理；Volcano Scheduler 对任务提供资源调度的能力。

Volcano 声明式的 CRD 定义了 API，其中三个核心 API 分是 Volcano Job、PodGroup 和 Queue。Volcano Job 用来对批量计算作业定义，它支持定义作业所属队列、生命周期策略、所包含的任务模板以及持久卷等信息；PodGroup 提供了 Volcano Job 中任务的管理能力，它能为任务进行分组，并与 Queue 绑定，占用队列的资源，与 Volcano Job 是一对一的关系；Queue 为任务的分类提供了基础，它的概念源于 Yarn，是 Cluster 级别的资源对象，可为其声明资源配额，也可由多 namespace 共享。

在对 Volcano 的组件和 API 有一定了解后，接下来我们看一下这些组件在 Volcano 调度的哪些阶段发挥作用。Volcano 调度流程如图 7-112 所示，具体步骤如下。

（1）用户通过 YAML 提交 Volcano 作业。

（2）Volcano Admission 监听作业的创建请求，并进行合法性校验。

（3）Volcano Job 信息持久化存储到 ETCD。

（4）Volcano ControllerManager 检测到 Job 资源的创建，创建任务（pod）。

（5）Volcano Scheduler 负责任务的调度，并为其绑定 Node。

（6）Kubelet 检测到 pod 的创建，接管 pod 的运行。

（7）Volcano ControllerManager 监控所有任务的运行状态，保证所有的任务在期望的状态下运行。

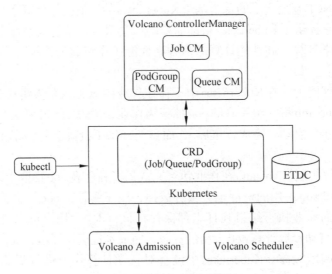

图 7-112　Volcano 调度流程

Volcano 是一款有活力的调度插件，它为 Kubernetes 支持更多应用场景提供了解决方案，因此吸引了越来越多的科研、运维和开发等人员使用它。

2. 实战案例目标及方法

1）实战案例目标

（1）掌握 Volcano 的安装部署方式。

（2）掌握Kubernetes中创建PVC的方式。

（3）掌握使用Volcano提交HPC作业，并简单修改计算规模。

2）实战案例方法

（1）在k8s-master节点使用YAML文件部署Volcano。

（2）导入ROMS容器镜像。

（3）创建PVC并将存储卷挂载到HPC容器上。

（4）修改ROMS的输入文件并将其存放到与容器关联的本地目录下。

（5）在Kubernetes中彻底卸载Volcano。

3. 实战案例环境准备

本实战案例所需环境的要求，如表7-6所示。

表7-6　项目实验环境

主 机 名	操 作 系 统	IP地址	软 件 版 本	硬 件 配 置
k8s-master	Ubuntu20.04	10.0.1.136	kubeadm=1.15 kubelet=1.15 kubectl=1.15 Kubernetes=1.15 Volcano=1.2.0	虚拟机：4CPU、4GB内存
k8s-node1	Ubuntu20.04	10.0.1.137	kubeadm=1.15 kubelet=1.15 kubectl=1.15	虚拟机：8CPU、8GB内存

7.6.2　实战环境搭建

VolcANO是基于Kubernetes开发的调度插件，在安装Volcano前需要一个支持CRD且版本不低于V1.13的Kubernetes集群。前面已经搭建了V1.15的Kubernetes集群，使用如下命令可以查看当前安装的Kubernetes版本运行结果如图7-113所示。

```
# kubectl get node
```

```
root@k8s-master:~# kubectl get node
NAME          STATUS    ROLES     AGE    VERSION
k8s-master    Ready     master    13m    v1.15.0
k8s-node1     Ready     <none>    11m    v1.15.0
```

图 7-113　Kubernetes集群版本

接下来将在该集群中安装Volcano，Volcano常见的安装方式有Deployment YAML安装、源代码安装和Helm安装，本节将采用Deployment YAML的安装方式安装，其他安装方式可参考Volcano官网（https://volcano.sh/zh/docs/installation/）。

1. 部署Volcano

在Kubernetes集群的Master节点执行如下命令，部署Volcano。执行结果如图7-114所示。

```
kubectl apply -f https://jn1.is.shanhe.com/volcano/install/versions/
v1.2.0/volcano-deployment.yaml
```

```
root@k8s-master:~# kubectl apply -f https://jn1.is.shanhe.com/volcano/install/versions/v1.2.0/volcano-deployment.yaml
namespace/volcano-system created
namespace/volcano-monitoring created
configmap/volcano-scheduler-configmap created
serviceaccount/volcano-scheduler created
clusterrole.rbac.authorization.k8s.io/volcano-scheduler created
clusterrolebinding.rbac.authorization.k8s.io/volcano-scheduler-role created
deployment.apps/volcano-scheduler created
service/volcano-scheduler-service created
serviceaccount/volcano-admission created
clusterrole.rbac.authorization.k8s.io/volcano-admission created
clusterrolebinding.rbac.authorization.k8s.io/volcano-admission-role created
deployment.apps/volcano-admission created
service/volcano-admission-service created
job.batch/volcano-admission-init created
serviceaccount/volcano-controllers created
clusterrole.rbac.authorization.k8s.io/volcano-controllers created
clusterrolebinding.rbac.authorization.k8s.io/volcano-controllers-role created
deployment.apps/volcano-controllers created
customresourcedefinition.apiextensions.k8s.io/jobs.batch.volcano.sh created
customresourcedefinition.apiextensions.k8s.io/commands.bus.volcano.sh created
customresourcedefinition.apiextensions.k8s.io/podgroups.scheduling.volcano.sh created
customresourcedefinition.apiextensions.k8s.io/queues.scheduling.volcano.sh created
```

图 7-114 安装 Volcano 命令执行过程

2. 查看 Volcano 部署状态

执行如下命令，查看命名空间为 volcano-system 下的所有 pod 信息。

```
# kubectl get pod -n volcano-system
```

等待容器创建完成，当 Volcano 的所有 pod 状态为 Running 或 Completed 时，Volcano 安装完成，执行结果如图 7-115 所示。

```
root@k8s-master:~# kubectl get pod -n volcano-system
NAME                                    READY   STATUS      RESTARTS   AGE
volcano-admission-68c87984c4-xtlfv      1/1     Running     0          12m
volcano-admission-init-8n5wp            0/1     Completed   0          12m
volcano-controllers-7ccc64447b-6jwr9    1/1     Running     0          12m
volcano-scheduler-774bb76896-x97j2      1/1     Running     0          12m
```

图 7-115 查看 Volcano 安装结果

3. Volcano 的卸载

考虑到用户的实际需求，在更换 Volcano 版本或不再使用 Volcano 时，需要卸载 Volcano，本节给出了卸载 Volcano 的步骤。

执行如下命令，利用部署 Volcano 的 yaml 文件来卸载 Volcano。执行结果如图 7-116 所示。

```
# kubectl delete -f https://jn1.is.shanhe.com/volcano/install/versions/
v1.2.0/volcano-deployment.yaml
```

等待几分钟后，Volcano 即可卸载完成，但此时 Volcano 还没有卸载完成，还需要手动删除 validatingwebhookconfigurations 和 mutatingwebhookconfigurations，这是经常被用户忽略的，如果用户不删除这两部分，即使更换新版本的 Volcano 后也不会正常运行，卸载这两部分的命令如下。执行结果如图 7-117 和图 7-118 所示。

```
root@k8s-master:~# kubectl delete -f https://jn1.is.shanhe.com/volcano/install/versions/v1.2.0/volcano-deployment.yaml
namespace "volcano-system" deleted
namespace "volcano-monitoring" deleted
configmap "volcano-scheduler-configmap" deleted
serviceaccount "volcano-scheduler" deleted
clusterrole.rbac.authorization.k8s.io "volcano-scheduler" deleted
clusterrolebinding.rbac.authorization.k8s.io "volcano-scheduler-role" deleted
deployment.apps "volcano-scheduler" deleted
service "volcano-scheduler-service" deleted
serviceaccount "volcano-admission" deleted
clusterrole.rbac.authorization.k8s.io "volcano-admission" deleted
clusterrolebinding.rbac.authorization.k8s.io "volcano-admission-role" deleted
deployment.apps "volcano-admission" deleted
service "volcano-admission-service" deleted
job.batch "volcano-admission-init" deleted
serviceaccount "volcano-controllers" deleted
clusterrole.rbac.authorization.k8s.io "volcano-controllers" deleted
clusterrolebinding.rbac.authorization.k8s.io "volcano-controllers-role" deleted
deployment.apps "volcano-controllers" deleted
customresourcedefinition.apiextensions.k8s.io "jobs.batch.volcano.sh" deleted
customresourcedefinition.apiextensions.k8s.io "commands.bus.volcano.sh" deleted
customresourcedefinition.apiextensions.k8s.io "podgroups.scheduling.volcano.sh" deleted
customresourcedefinition.apiextensions.k8s.io "queues.scheduling.volcano.sh" deleted
```

图 7-116　卸载 Volcano 命令执行过程

```
# kubectl get validatingwebhookconfigurations
# kubectl delete validatingwebhookconfigurations volcano-admission-service-
jobs-validate volcano-admission-service-pods-validate volcano-admission-
service-queues-validate
```

```
root@k8s-master:~# kubectl get validatingwebhookconfigurations
NAME                                        CREATED AT
volcano-admission-service-jobs-validate     2023-03-31T03:01:32Z
volcano-admission-service-pods-validate     2023-03-31T03:01:32Z
volcano-admission-service-queues-validate   2023-03-31T03:01:32Z
root@k8s-master:~# kubectl delete validatingwebhookconfigurations \
> volcano-admission-service-jobs-validate volcano-admission-service-pods-validate \
> volcano-admission-service-queues-validate
validatingwebhookconfiguration.admissionregistration.k8s.io "volcano-admission-service-jobs-validate" deleted
validatingwebhookconfiguration.admissionregistration.k8s.io "volcano-admission-service-pods-validate" deleted
validatingwebhookconfiguration.admissionregistration.k8s.io "volcano-admission-service-queues-validate" deleted
```

图 7-117　删除 validatingwebhookconfigurations 命令执行过程

```
# kubectl get mutatingwebhookconfigurations
# kubectl delete mutatingwebhookconfigurations volcano-admission-service-
jobs-mutate volcano-admission-service-queues-mutate
```

```
root@k8s-master:~# kubectl get mutatingwebhookconfigurations
NAME                                      CREATED AT
volcano-admission-service-jobs-mutate     2023-03-31T02:34:47Z
volcano-admission-service-queues-mutate   2023-03-31T02:34:47Z
root@k8s-master:~# kubectl delete mutatingwebhookconfigurations volcano-admission-service-jobs-mutate \
> volcano-admission-service-queues-mutate
mutatingwebhookconfiguration.admissionregistration.k8s.io "volcano-admission-service-jobs-mutate" deleted
mutatingwebhookconfiguration.admissionregistration.k8s.io "volcano-admission-service-queues-mutate" deleted
```

图 7-118　删除 mutatingwebhookconfigurations 命令执行过程

7.6.3　基于 Volcano 提交 HPC 作业

HPC 是高性能计算（High Performance Computing）的简称。本节将介绍如何使用 Volcano 调度器执行 HPC 应用区域海洋模拟系统（Regional Ocean Model System，ROMS）的任务。

1. 导入 ROMS 容器镜像

在每个 Worker 节点提前导入需要使用的 ROMS 容器镜像。在本例中，Kubernetes 中 Worker 节点只有一个（k8s-node1），因此只需要将 ROMS 容器镜像导入该节点即可。

执行如下命令下载容器镜像压缩包，执行结果如图7-119所示。

```
# wget https://jn1.is.shanhe.com/volcano/images/roms/v3.7/volcano-
roms-1_0_0.tar.gz
```

```
root@k8s-node1:~# wget https://jn1.is.shanhe.com/volcano/images/roms/v3.7/volcano-roms-1_0_0.tar.gz
--2023-03-31 11:11:32--  https://jn1.is.shanhe.com/volcano/images/roms/v3.7/volcano-roms-1_0_0.tar.gz
Resolving jn1.is.shanhe.com (jn1.is.shanhe.com)... 10.107.10.209, 10.107.10.206, 10.107.10.205, ...
Connecting to jn1.is.shanhe.com (jn1.is.shanhe.com)|10.107.10.209|:443... connected.
HTTP request sent, awaiting response... 200 OK
Length: 3947010560 (3.7G) [application/gzip]
Saving to: 'volcano-roms-1_0_0.tar.gz'

volcano-roms-1_0_0.tar.gz  100%[===================================>]   3.68G  59.2MB/s    in 61s

2023-03-31 11:12:33 (61.7 MB/s) - 'volcano-roms-1_0_0.tar.gz' saved [3947010560/3947010560]
```

图7-119   ROMS镜像下载命令执行过程

下载完成后，执行如下命令导入roms容器镜像。执行结果如图7-120所示。

```
# docker load -i volcano-roms-1_0_0.tar.gz
```

```
root@k8s-node1:~# docker load -i volcano-roms-1_0_0.tar.gz
aa54c2bc1229: Loading layer   121.6MB/121.6MB
7dd604ffa87f: Loading layer   15.87kB/15.87kB
2f0d1e8214b2: Loading layer   11.78kB/11.78kB
297fd071ca2f: Loading layer   3.072kB/3.072kB
0f76f000f026: Loading layer   326.2MB/326.2MB
35f29f60e9ce: Loading layer   1.962MB/1.962MB
3512b428dfad: Loading layer   3.497GB/3.497GB
7b8f1dcd9814: Loading layer   168.4kB/168.4kB
Loaded image: volcano/images/roms:1.0.0
```

图7-120   ROMS镜像导入命令执行过程

导入成功后，执行如下命令，查看导入的容器镜像，执行结果如图7-121所示。

```
# docker images|grep roms
```

```
root@k8s-node1:~# docker images|grep roms
volcano/images/roms              1.0.0     d5521f301e66   8 months ago   3.9GB
```

图7-121   查看ROMS镜像

2. 创建持久化存储卷

在k8s-master节点，执行如下命令，下载roms-pvc.yaml文件，执行结果如图7-122所示。

```
root@k8s-master:~# wget https://jn1.is.shanhe.com/volcano/yaml/roms/
roms-pvc.yaml
```

```
root@k8s-master:~/k8s# wget https://jn1.is.shanhe.com/volcano/yaml/roms/roms-pvc.yaml
--2023-03-31 13:26:00--  https://jn1.is.shanhe.com/volcano/yaml/roms/roms-pvc.yaml
Resolving jn1.is.shanhe.com (jn1.is.shanhe.com)... 10.107.10.211, 10.107.10.205, 10.107.10.210, ...
Connecting to jn1.is.shanhe.com (jn1.is.shanhe.com)|10.107.10.211|:443... connected.
HTTP request sent, awaiting response... 200 OK
Length: 191 [application/octet-stream]
Saving to: 'roms-pvc.yaml'

roms-pvc.yaml  100%[===================================>]   191  ---.-KB/s    in 0s

2023-03-31 13:26:01 (25.8 MB/s) - 'roms-pvc.yaml' saved [191/191]
```

图7-122   roms-pvc下载命令执行过程

roms-pvc.yaml 文件的完整内容和解释如下:

```
apiVersion: v1
kind: PersistentVolumeClaim                    # 表明是 Kubernetes PVC
metadata:
  name: roms-pvc                               # PVC 的全局唯一名称
  namespace: default                           # PVC 所属的命名空间为 default
spec:
  accessModes:                                 # 访问模式
    - ReadWriteMany                            # 读写权限,允许被多个 Node 挂载
  resources:
    requests:
      storage: 500Mi                           # 申请存储空间大小为 500MB
```

执行如下命令,将 PVC 部署到 Kubernetes 集群中。执行结果如图 7-123 所示。

```
# kubectl apply -f roms-pvc.yaml
```

```
root@k8s-master:~/k8s# kubectl apply -f roms-pvc.yaml
persistentvolumeclaim/roms-pvc created
```

图 7-123　roms-pvc 部署命令执行过程

PVC 是一个持久化存储卷的声明,数据的存储需要使用 PV。当系统设置了默认的 StorageClass 时,PVC 可以自动创建并绑定 PV,使用如下命令可以查看 PVC 和 PV 的绑定关系。执行结果如图 7-124 所示。

```
# kubectl get pv
```

图 7-124　查看 PVC 和 PV 的绑定关系

接下来,需要将 ROMS 软件所需的输入文件下载到 rom-pvc 对应的文件目录下,前面已经搭建了 NFS 存储系统,该系统的挂载目录为 /nfsdata,结合本节 PVC 自动创建并绑定的 PV(pvc-36e0b0a9-9a1f-4480-b1c5-8615dfeba1d4),可以找到该文件的存储路径为 /nfsdata/ default-roms-pvc-pvc-36e0b0a9-9a1f-4480-b1c5-8615dfeba1d4。进入该文件夹,并执行如下命令,下载输入文件 ocean_marsh_test.in 到当前目录。执行结果如图 7-125 所示。

```
# cd /nfsdata/default-roms-pvc-pvc-36e0b0a9-9a1f-4480-b1c5-8615dfeba1d4
# wget https://jn1.is.shanhe.com/volcano/yaml/input_file/ocean_marsh_
test.in
```

3. 部署 ROMS 应用

执行如下命令,下载 ROMS 软件的部署文件。执行结果如图 7-126 所示。

```
# wget https://jn1.is.shanhe.com/volcano/yaml/roms/volcano-roms.yaml
```

```
root@k8s-master:~# cd /nfsdata/default-roms-pvc-pvc-36e0b0a9-9a1f-4480-b1c5-8615dfeba1d4/
root@k8s-master:/nfsdata/default-roms-pvc-pvc-36e0b0a9-9a1f-4480-b1c5-8615dfeba1d4# wget https://jn1.is.shanhe.com/volcano/yaml/i
nput_file/ocean_marsh_test.in
--2023-03-31 13:30:43--  https://jn1.is.shanhe.com/volcano/yaml/input_file/ocean_marsh_test.in
Resolving jn1.is.shanhe.com (jn1.is.shanhe.com)... 10.107.10.204, 10.107.10.208, 10.107.10.205, ...
Connecting to jn1.is.shanhe.com (jn1.is.shanhe.com)|10.107.10.204|:443... connected.
HTTP request sent, awaiting response... 200 OK
Length: 154975 (151K) [application/octet-stream]
Saving to: 'ocean_marsh_test.in'

ocean_marsh_test.in        100%[===================================>] 151.34K  --.-KB/s    in 0.002s

2023-03-31 13:30:43 (97.2 MB/s) - 'ocean_marsh_test.in' saved [154975/154975]
```

图7-125　ocean_marsh_test.in下载命令执行过程

```
root@k8s-master:~# wget https://jn1.is.shanhe.com/volcano/yaml/roms/volcano-roms.yaml
--2023-03-31 13:31:39--  https://jn1.is.shanhe.com/volcano/yaml/roms/volcano-roms.yaml
Resolving jn1.is.shanhe.com (jn1.is.shanhe.com)... 10.107.10.204, 10.107.10.208, 10.107.10.205, ...
Connecting to jn1.is.shanhe.com (jn1.is.shanhe.com)|10.107.10.204|:443... connected.
HTTP request sent, awaiting response... 200 OK
Length: 2325 (2.3K) [application/octet-stream]
Saving to: 'volcano-roms.yaml'

volcano-roms.yaml          100%[===================================>]   2.27K  --.-KB/s    in 0s

2023-03-31 13:31:40 (522 MB/s) - 'volcano-roms.yaml' saved [2325/2325]
```

图7-126　ROMS部署文件下载命令执行过程

volcano-roms.yaml文件的完整内容和解释如下：

```
apiVersion: batch.volcano.sh/v1alpha1
kind: Job                            #
metadata:
  name: roms-job                     # job 的名称，全局唯一
spec:
  minAvailable: 3                    #
  schedulerName: volcano
  plugins:
    ssh: []
    svc: []
  tasks:
    - replicas: 1                    # pod 副本的期待数量
      name: mpimaster                # pod 的名字
      policies:
        - event: TaskCompleted
          action: CompleteJob
      template:
        spec:
          containers:
            - command:
                - /bin/sh
                - -c
                - |
                  MPI_HOST='cat /etc/volcano/mpiworker.host | tr "\n" ","';
                  mkdir -p /var/run/sshd; /usr/sbin/sshd;
                  echo ${PATH}
                  echo ${LD_LIBRARY_PATH}
                  cd /opt/COAWST;
                  mpiexec -n 2 --allow-run-as-root ./coawstM /pv-data/
ocean_marsh_test.in                  # 容器内 ROMS 的启动命令
```

```
              image: volcano/images/roms:1.0.0    # 容器对应的 Docker 镜像
              imagePullPolicy: IfNotPresent       # 容器镜像的拉取策略
              name: mpimaster
              ports:                              # 容器需要暴露的端口号列表
                - containerPort: 22               # 容器监听的端口号
                  name: mpijob-port
              workingDir: /opt/COAWST             # 容器的工作目录
              volumeMounts:                       # 挂载到容器内部的存储卷配置
                - name: test                      # 引用 pod 定义的共享存储卷的名称
                  mountPath: "/pv-data"           # 存储卷在容器内 Mount 的绝对路径
                  readOnly: false                 # 是否为只读模式
            volumes:                              # 在该 pod 上定义的共享存储卷列表
              - name: test                        # 共享存储卷的名称
                persistentVolumeClaim:            # Volume 的类型
                  claimName: roms-pvc             # 挂载 PVC 的名字
            restartPolicy: OnFailure              # 容器的重启策略
    - replicas: 2                                 # pod 副本的期待数量
      name: mpiworker                             # pod 的名字
      template:
        spec:
          containers:
            - command:
                - /bin/sh
                - -c
                - |
                  cd /opt/COAWST;
                  mkdir -p /var/run/sshd; /usr/sbin/sshd -D;
              image: volcano/images/roms:1.0.0
              name: mpiworker
              resources:                          # 资源限制和资源请求的设置
                limits:                           # 资源限制的设置
                  cpu: "1"                        # CPU 限制
                  memory: "520Mi"                 # 内存限制
                requests:                         # 资源请求的设置
                  cpu: "1"                        # CPU 请求
                  memory: "520Mi"                 # 内存请求
              ports:
                - containerPort: 22
                  name: mpijob-port
              workingDir: /opt/COAWST
              volumeMounts:
                - name: test
                  mountPath: "/pv-data"
                  readOnly: false
            volumes:
              - name: test
                persistentVolumeClaim:
                  claimName: roms-pvc
            restartPolicy: OnFailure
```

该文件定义了一个名为roms-job的Job任务，文件中minAvailable为3，表示该任务中pod的数量和不能少于3个。另外需要关注的一点是在名为mpimaster的pod中，执行了 mpiexec -n 2 --allow-run-as-root ./coawstM /pv-data/ocean_marsh_test.in。Mpiexec是OpenMpi中常用的一条命令，使用它可以将计算任务分配到计算节点执行，-n 2表示计算节点的个数为2，此处要和mpiworker的副本数（replicas）对应起来。由于Docker中默认使用root权限执行命令，因此—allow-run-as-root允许使用root权限执行命令。./coawstM是提前编译好的一些用于计算的文件，/pv-data/ocean_marsh_test.in是我们挂载到容器内的输入文件。了解ROMS的部署文件后，接下对该软件进行部署。

执行下面的命令，将volcano-roms.yaml部署到Kubernetes集群中。执行结果如图7-127所示。

```
# kubectl apply -f volcano-roms.yaml
```

```
root@k8s-master:~# kubectl apply -f volcano-roms.yaml
job.batch.volcano.sh/roms-job created
```

图7-127　ROMS部署命令执行过程

使用如下命令，用来查看当前pod的运行情况。执行结果如图7-128所示。

```
# kubectl get pod
```

```
root@k8s-master:~# kubectl get pod
NAME                                      READY   STATUS             RESTARTS   AGE
nfs-client-provisioner-7567f4bd9-b6xp2    1/1     Running            0          3h31m
roms-job-mpimaster-0                      0/1     ContainerCreating  0          2s
roms-job-mpiworker-0                      0/1     ContainerCreating  0          2s
roms-job-mpiworker-1                      0/1     Pending            0          2s
roms-job-mpiworker-2                      0/1     ContainerCreating  0          2s
```

图7-128　查看pod运行状况

等待几分钟后，任务执行完成，使用如下命令，再次查看pod的运行情况。执行结果如图7-129所示。

```
# kubectl get pod
```

```
root@k8s-master:~# kubectl get pod
NAME                                      READY   STATUS     RESTARTS   AGE
nfs-client-provisioner-7567f4bd9-b6xp2    1/1     Running    0          3h32m
roms-job-mpimaster-0                      0/1     Completed  0          59s
```

图7-129　查看pod运行状况

此时该计算任务已经完成，在刚刚创建的pod计算及群中，用于计算的pod资源释放后会自动删除，用于管控的pod的状态会由Running将转为Completed。

紧接着，可以使用如下命令，查看roms-job-mpimaster-0中的日志。

```
# kubectl logs roms-job-mpimaster-0
```

文件中的部分内容如下：

```
/opt/coawstlib/jasper/bin:/opt/coawstlib/netcdf/bin:/opt/coawstlib/hdf5/
bin:/usr/local/sbin:/usr/local/bin:/usr/sbin:/usr/bin:/sbin:/bin
    /opt/coawstlib/jasper/lib64:/opt/coawstlib/libpng/lib:/opt/coawstlib/
netcdf/lib:/opt/coawstlib/hdf5/lib:/opt/coawstlib/zlib/lib:
    Unexpected end of /proc/mounts line 'overlay / overlay rw,relatime,
lowerdir=/var/lib/docker/overlay2/l/IG3B4ZJNDYVECKJSQQ5Y6EJPJG:/var/lib/
docker/overlay2/l/ASPT3HHCCZG2VY2KISIJP2AO4P:/var/lib/docker/overlay2/l/
QACKKQRLMYVR/VYWNYIQZRRVEM:/var/lib/docker/overlay2/l/2MOGHJFZNII72TJCDTS3N
3ZOU5F:/var/lib/docker/overlay2/l/66KSAAL64QHHJL4RINHUP2NIXJ:/var/lib/
docker/overlay2/l/IARFLAMHW5I5X55IZHO4SAETDY:/var/lib/docker/overlay2/l/
CHIIKO2SVZB4W24VYZPZHUFGGZ:/var/lib/docker/overlay2/l/72YSLGESKZZX2K3QHWNTU
23J4R:/var/lib/docker/overlay2/l/UGOACHW6PASXW'
    -------------------------------------------------------------------
    Model Input Parameters:  ROMS/TOMS version 3.7
                             Monday - July 11, 2022 -  2:40:48 AM
    -------------------------------------------------------------------

    Marsh Test Case


    Operating system : Linux
    CPU/hardware     : x86_64
    Compiler system  : gfortran
    Compiler command : /usr/bin/mpif90
    Compiler flags   : -frepack-arrays -O3 -ftree-vectorize -ftree-loop-linear -
funroll-loops -w -
    MPI Communicator : 0  PET size = 2

    Input Script  :

    SVN Root URL  : https://myroms.org/svn/src
    SVN Revision  :

    Local Root    : /opt/COAWST
    Header Dir    : /opt/COAWST/Projects/Marsh_test
    Header file   : marsh_test.h
    Analytical Dir: /opt/COAWST/Projects/Marsh_test

    Resolution, Grid 01: 90x98x10,  Parallel Nodes: 2,  Tiling: 2x1
...
```

日志中会有很多与 ROMS 应用相关的内容，包括配置文件的内容和路径、CPU 计算花费的时间等信息，上文中日志最后一行中的 Parallel Node：2，表明本例中使用了两个 pod 并行计算了 ROMS 的任务。

4. 配置 ROMS

本例中，能顺利执行的一个关键条件是确保 mpiexec -n 中节点的个数、用于计算的 pod 数量、输入文件中 NtileI*NtileJ 的值（计算网格的大小）相等。

在本小节中，输入文件ocean_marsh_test.in的网格大小配置如下。

```
107 ! Domain decomposition parameters for serial, distributed-memory or
108 ! shared-memory configurations used to determine tile horizontal range
109 ! indices (Istr,Iend) and (Jstr,Jend), [1:Ngrids].
110
111      NtileI == 2                              ! I-direction partition
112      NtileJ == 1                              ! J-direction partition
```

文件中，每一行前的数字代表行号，在输入文件ocean_marsh_test.in中，配置网格大小的两个参数在第111行和第112行。本节的ROMS案例中节点个数=用于计算的pod数量=NtileI*NtileJ=2，因此满足ROMS作业执行的关键条件。如果需要修改用于计算的pod数量，同样也需要对mpiexec后节点的数量以及网格的大小进行修改。

Volcano是一款优秀的容器高性能计算调度插件，使用Volcano的用户能以容器组的形式，使容器并行计算完成HPC作业。本节给出了ROMS软件的容器镜像，如果用户有自己的软件需求，可以在官方镜像（volcanosh/example-mpi:0.0.1）的基础上安装自己的HPC应用软件。修改后的HPC应用只需要保证容器内的应用能单节点正常运行即可，无须关心maset Pod与worker Pod免密SSH登录的问题，因为在example-mpi:0.0.1中已经将相关的内容配置好了。

7.7 云边协同平台搭建及案例

7.7.1 实战案例简介

1. 云边协同平台简介

Kubernetes是Google开源的一个容器编排引擎，它支持自动化部署、大规模可伸缩、应用容器化管理。在生产环境中部署一个应用程序时，通常要部署该应用的多个实例以便对应用请求进行负载均衡。

KubeEdge的名字来源于Kube+Edge,是一个开源的云原生边缘计算平台,它基于Kubernetes原生的容器编排和调度能力之上，扩展实现了云边协同、计算下沉、海量边缘设备管理、边缘自治等能力,完整的打通了边缘计算中云、边、设备协同的场景。它是将Kubernetes原生的容器编排和调度能力拓展到边缘，并为边缘应用部署、云与边缘间的元数据同步、边缘设备管理等提供基础架构支持。KubeEdge 对 Kubernetess 模块化解耦、精简,使边缘节点最低运行内存仅需70MB，并且实现了云边协同通信、边缘离线自治等功能，可将本机容器化应用编排和管理扩展到边缘端设备。它构建在Kubernetes之上，为网络和应用程序提供核心基础架构支持，并在云端和边缘端部署应用，同步元数据。

KubeEdge能够100%兼容Kubernetes原生API，可以使用原生Kubernetes API管理边缘节点和设备。此外，KubeEdge 还支持MQTT协议，允许开发人员编写客户逻辑，并在边缘端启用设备通信的资源约束。总的来说，Kubernetes 给边缘计算提供了先进的运维思路，但单纯的原生 Kubernetes 并不能满足边缘侧业务的所有需求。而集成了 Kubernetes 云原生管理能力的 KubeEdge，同时对边缘业务部署和管理提供了很好的支持，因此被广泛应用于基础设施数字化需求的云边协同与数据采集场景。

2. 实战案例目标及方法

1）实战案例目标

（1）掌握Kubernetes的安装部署方式。

（2）掌握KubeEdge的安装与配置。

（3）掌握安装Counter Demo 计数器，并简单使用。

2）实战案例方法

（1）为保证实战过程的顺利开展，更换操作系统的源地址。

（2）在Cloud和Edge节点分别安装docker、kubeadm、kubelet、kubectl等Kubernetes部署。

（3）在Cloud节点，下载golang并部署，下载kubeedge源码，部署cloudcore。

（4）在Edge节点，部署edgecore，采用keadm join加入cloudcore。

（5）运行Counter Demo 计数器示例。

3. 实战案例环境准备

本实战案例所需环境的要求，如表7-7所示。

表7-7　项目实验环境

主机名	操作系统	IP地址	软 件 版 本	硬 件 配 置
Cloud	Ubuntu20.04	192.168.100.2	Kubernetes: v1.16 Cloudcore: kubeedge/cloudcore:v1.7.0	虚拟机：8CPU、8GB 内存
Edge	Ubuntu20.04	192.168.100.3	EdgeCore: v1.19.3-kubeedge-v1.7.0	虚拟机：8CPU、8GB 内存

7.7.2　实战环境搭建

1. Kubernetes安装部署

搭建Kubernetes环境参见7.2节，本实验k8s版本为1.16，因此在安装时需要将kubeadm、kubelet、kubectl的版本从7.2的1.15-xx修改为1.16。

注意：

（1）在node节点上执行环境准备时，安装docker，修改镜像源，安装kubeadm和kubelet，注意需要拉取kube-proxy、pause、coredns三个镜像，否则weave容器等无法在该节点上正常运行，这三个镜像在启动时默认由node节点自动拉取。

（2）如果后续需要部署kubeedge，则不需要在nodc节点执行kubeadm join命令。

2. KubeEdge的安装与配置

部署须知：

（1）master已成功部署Kubernetes，并且master节点处于ready状态。

（2）edge未执行kubeadm join命令。

1）cloud端配置

cloud端负责编译KubeEdge的组件、运行cloudcore，在k8s的master节点进行操作。

（1）准备工作。

① 下载golang，如图7-130所示。移动并解压包，如图7-131所示。

228

```
$ wget https://golang.google.cn/dl/go1.14.4.linux-amd64.tar.gz
```

```
root@i-c7y2psvj:~# wget https://golang.google.cn/dl/go1.14.4.linux-amd64.tar.gz
--2022-04-29 16:30:11--  https://golang.google.cn/dl/go1.14.4.linux-amd64.tar.gz
Resolving golang.google.cn (golang.google.cn)... 120.253.253.226
Connecting to golang.google.cn (golang.google.cn)|120.253.253.226|:443... connec
ted.
HTTP request sent, awaiting response... 302 Found
Location: https://dl.google.com/go/go1.14.4.linux-amd64.tar.gz [following]
--2022-04-29 16:30:12--  https://dl.google.com/go/go1.14.4.linux-amd64.tar.gz
Resolving dl.google.com (dl.google.com)... 203.208.40.65
Connecting to dl.google.com (dl.google.com)|203.208.40.65|:443... connected.
HTTP request sent, awaiting response... 200 OK
Length: 123711003 (118M) [application/gzip]
Saving to: 'go1.14.4.linux-amd64.tar.gz'

    go1.14.4.linu  14%[=>              ]  16.94M  20.6MB/s
```

图7-130 下载golang压缩包过程图

```
$ tar -zxvf go1.14.4.linux-amd64.tar.gz -C /usr/local
```

```
go/src/crypto/sha1/issue15617_test.go
go/src/crypto/sha1/sha1.go
go/src/crypto/sha1/sha1_test.go
go/src/crypto/sha1/sha1block.go
go/src/crypto/sha1/sha1block_386.s
go/src/crypto/sha1/sha1block_amd64.go
go/src/crypto/sha1/sha1block_amd64.s
go/src/crypto/sha1/sha1block_arm.s
go/src/crypto/sha1/sha1block_arm64.go
go/src/crypto/sha1/sha1block_arm64.s
go/src/crypto/sha1/sha1block_decl.go
go/src/crypto/sha1/sha1block_generic.go
go/src/crypto/sha1/sha1block_s390x.go
go/src/crypto/sha1/sha1block_s390x.s
go/src/crypto/sha256/
go/src/crypto/sha256/example_test.go
go/src/crypto/sha256/fallback_test.go
go/src/crypto/sha256/sha256.go
go/src/crypto/sha256/sha256_test.go
go/src/crypto/sha256/sha256block.go
go/src/crypto/sha256/sha256block_386.s
go/src/crypto/sha256/sha256block_amd64.go
go/src/crypto/sha256/sha256block_amd64.s
go/src/crypto/sha256/sha256block_arm64.go
```

图7-131 解压golang过程图

② 配置golang环境变量。

```
$ vim /etc/profile
```

在文件末尾添加以下内容：

```
# golang env
export GOROOT=/usr/local/go
export GOPATH=/data/gopath
export PATH=$PATH:$GOROOT/bin:$GOPATH/bin
```

运行程序，如图7-132所示。

```
$ source /etc/profile    # 使环境变量生效
```

```
root@i-2ib63qle:~# source /etc/profile
```

图 7-132　运行程序

创建路径，如图 7-133 所示。

```
$ mkdir -p /data/gopath && cd /data/gopath
$ mkdir -p src pkg bin
```

```
root@i-2ib63qle:~# mkdir -p /data/gopath && cd /data/gopath
root@i-2ib63qle:/data/gopath# mkdir -p src pkg bin
```

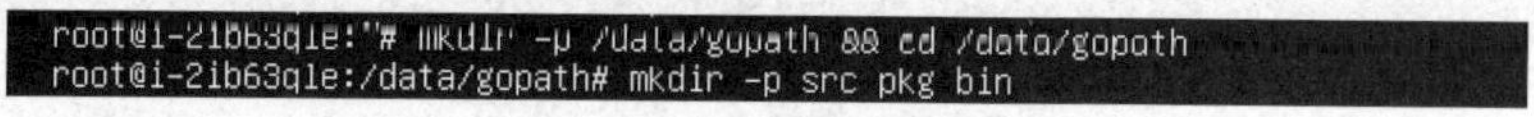

图 7-133　创建路径图

③ 下载 KubeEdge 源码，如图 7-134 所示。

```
$ git clone https://github.com/kubeedge/kubeedge $GOPATH/src/github.com/
kubeedge/kubeedge
$ cd    $GOPATH/src/github.com/kubeedge/kubeedge    # 进入 kegeedge 目录
$ git checkout v1.7.0                                # 检出 kubeedge1.7.0 版本
```

```
root@i-2ib63qle:/data/gopath#  git clone https://github.com/kubeedge/kubeedge $GOPATH/src/github.com
/kubeedge/kubeedge
Cloning into '/data/gopath/src/github.com/kubeedge/kubeedge'...
remote: Enumerating objects: 66497, done.
remote: Total 66497 (delta 0), reused 0 (delta 0), pack-reused 66497
Receiving objects: 100% (66497/66497), 89.62 MiB | 12.36 MiB/s, done.
Resolving deltas: 100% (37074/37074), done.
```

图 7-134　下载源码过程图

若无法从 github 下载 kubeedge，可采用下述方式下载 kubeedge 1.7.0。

```
$ mkdir -p $GOPATH/src/github.com/kubeedge
$ cd $GOPATH/src/github.com/kubeedge
$ wget https://jn1.is.shanhe.com/cloudcomputingbook/7.6support/
kubeedge_1_7_0.tar.gz
$ tar -xzvf  kubeedge_1_7_0.tar.gz
```

（2）部署 cloudcore。

① 编译 kubeadm。

```
$ cd $GOPATH/src/github.com/kubeedge/kubeedge    # 如图 7-135 所示
```

```
root@i-2ib63qle:/data/gopath# cd $GOPATH/src/github.com/kubeedge/kubeedge
```

图 7-135　进入编译路径图

安装 gcc、make 等编译工具。

```
$ apt install -y build-essential  make
```

安装完 make 后接着编译 kubeadm，编译结果如图 7-136~图 7-138 所示。

```
$ make all WHAT=keadm
```

```
root@i-2ib63qle:/data/gopath/src/github.com/kubeedge/kubeedge# make all WHAT=keadm
hack/verify-golang.sh
go detail version: go version go1.14.4 linux/amd64
go version: 1.14.4
KUBEEDGE_OUTPUT_SUBPATH=_output/local hack/make-rules/build.sh keadm
building github.com/kubeedge/kubeedge/keadm/cmd/keadm
+ go build -o /data/gopath/src/github.com/kubeedge/kubeedge/_output/local/bin/keadm -gcflags= -ldflags '-s -w
com/kubeedge/kubeedge/pkg/version.buildDate=2023-06-08T07:02:24Z -X github.com/kubeedge/kubeedge/pkg/version.
5d44f23d9a2919db99a01c56a83e9 -X github.com/kubeedge/kubeedge/pkg/version.gitTreeState=clean -X github.com/ku
version.gitVersion=v1.7.0 -X github.com/kubeedge/kubeedge/pkg/version.gitMajor=1 -X github.com/kubeedge/kubeed
or=7' github.com/kubeedge/kubeedge/keadm/cmd/keadm
+ set +x
```

图7-136　编译 keadm 过程图

```
$ make all WHAT=cloudcore
```

```
root@i-2ib63qle:/data/gopath/src/github.com/kubeedge/kubeedge# make all WHAT=cloudcore
hack/verify-golang.sh
go detail version: go version go1.14.4 linux/amd64
go version: 1.14.4
KUBEEDGE_OUTPUT_SUBPATH=_output/local hack/make-rules/build.sh cloudcore
building github.com/kubeedge/kubeedge/cloud/cmd/cloudcore
+ go build -o /data/gopath/src/github.com/kubeedge/kubeedge/_output/local/bin/cloudcore -gcflags= -ldflags '-
s -w -buildid= -X github.com/kubeedge/kubeedge/pkg/version.buildDate=2023-06-08T07:03:41Z -X github.com/kubee
dge/kubeedge/pkg/version.gitCommit=081d4f245725d44f23d9a2919db99a01c56a83e9 -X github.com/kubeedge/kubeedge/p
kg/version.gitTreeState=clean -X github.com/kubeedge/kubeedge/pkg/version.gitVersion=v1.7.0 -X github.com/kub
eedge/kubeedge/pkg/version.gitMajor=1 -X github.com/kubeedge/kubeedge/pkg/version.gitMinor=7' github.com/kube
edge/kubeedge/cloud/cmd/cloudcore
+ set +x
```

图7-137　编译 cloudcore 过程图

```
$ make all WHAT=edgecore
```

```
root@i-2ib63qle:/data/gopath/src/github.com/kubeedge/kubeedge# make all WHAT=edgecore
hack/verify-golang.sh
go detail version: go version go1.14.4 linux/amd64
go version: 1.14.4
KUBEEDGE_OUTPUT_SUBPATH=_output/local hack/make-rules/build.sh edgecore
building github.com/kubeedge/kubeedge/edge/cmd/edgecore
+ go build -o /data/gopath/src/github.com/kubeedge/kubeedge/_output/local/bin/edgecore -gcflags= -ldflags '-s
 -w -buildid= -X github.com/kubeedge/kubeedge/pkg/version.buildDate=2023-06-08T07:04:19Z -X github.com/kubeed
ge/kubeedge/pkg/version.gitCommit=081d4f245725d44f23d9a2919db99a01c56a83e9 -X github.com/kubeedge/kubeedge/pk
g/version.gitTreeState=clean -X github.com/kubeedge/kubeedge/pkg/version.gitVersion=v1.7.0 -X github.com/kube
edge/kubeedge/pkg/version.gitMajor=1 -X github.com/kubeedge/kubeedge/pkg/version.gitMinor=7' github.com/kubee
dge/kubeedge/edge/cmd/edgecore
```

图7-138　编译 edgecore 过程图

② 编译完成后，预先下载初始化 kubeedge 所需的 YAML 文件。

```
# 预先创建所需的目录
$ mkdir -p /etc/kubeedge/crds
# 下载文件到指定目录
$ wget https://jn1.is.shanhe.com/cloudcomputingbook/7.6support/kubeedge-
crds.tar.gz -P /etc/kubeedge/crds
$ cd /etc/kubeedge/crds/
$ tar -xzvf kubeedge-crds.tar.gz
$ wget https://jn1.is.shanhe.com/cloudcomputingbook/7.6support/cloudcore.
service -P /etc/kubeedge
```

```
$ wget https://jn1.is.shanhe.com/cloudcomputingbook/7.6support/kubeedge-
v1.7.0-linux-amd64.tar.gz -P /etc/kubeedge
```

③初始化cloud节点。

进入bin目录下初始化cloud节点。

```
$ cd $GOPATH/src/github.com/kubeedge/kubeedge/_output/local/bin/
$ ./keadm init --advertise-address=192.168.100.2 --kubeedge-version=1.7.0
                                                      # 替换为自己的IP
# 出现以下内容视为初始化成功,如图7-139所示
```

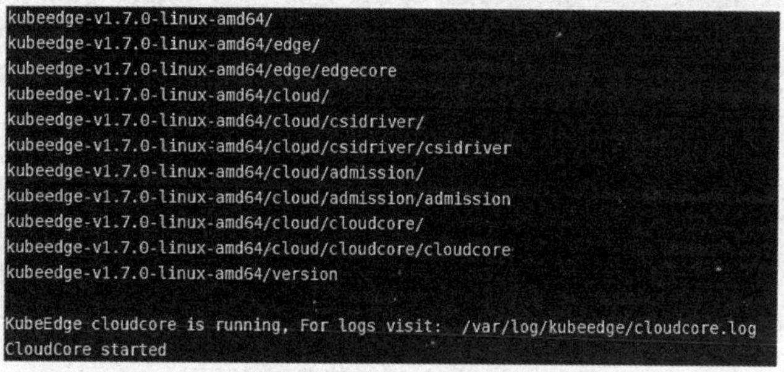

```
kubeedge-v1.7.0-linux-amd64/
kubeedge-v1.7.0-linux-amd64/edge/
kubeedge-v1.7.0-linux-amd64/edge/edgecore
kubeedge-v1.7.0-linux-amd64/cloud/
kubeedge-v1.7.0-linux-amd64/cloud/csidriver/
kubeedge-v1.7.0-linux-amd64/cloud/csidriver/csidriver
kubeedge-v1.7.0-linux-amd64/cloud/admission/
kubeedge-v1.7.0-linux-amd64/cloud/admission/admission
kubeedge-v1.7.0-linux-amd64/cloud/cloudcore/
kubeedge-v1.7.0-linux-amd64/cloud/cloudcore/cloudcore
kubeedge-v1.7.0-linux-amd64/version

KubeEdge cloudcore is running, For logs visit:  /var/log/kubeedge/cloudcore.log
CloudCore started
```

图7-139 初始化成功图

2)edge端配置

(1)获取令牌(master节点上操作)。

```
$ cd $GOPATH/src/github.com/kubeedge/kubeedge
$ cd ./_output/local/bin/
$ ./keadm gettoken
# 将图片中生成的token保存,如图7-140所示
```

268f0d6570ecdde085c8ac33208c316b85659f05d9d5f318b2a4b2b0536f9126.eyJhbGciOiJIUzI1NiIsInR5cCI6IkpXVCJ9.eyJleHA
iOjE2MzI5NTk4MDh9.lyz6NgHn5XSjec3JkdjtBt5L980wy7f3doERHRQ9juI

图7-140 生成的token图

(2)在edge节点预先下载下列文件到/etc/kubeedge目录。

```
$ wget https://jn1.is.shanhe.com/cloudcomputingbook/7.6support/edgecore.
service -P /etc/kubeedge/
$ wget https://jn1.is.shanhe.com/cloudcomputingbook/7.6support/kubeedge-
v1.7.0-linux-amd64.tar.gz -P /etc/kubeedge/
```

(3)加入边缘节点(在edge节点上操作),如图7-141所示。

```
$ cd /root
$ wget https://jn1.is.shanhe.com/cloudcomputingbook/7.6support/keadm
$ chmod +x keadm
$ ./keadm join --cloudcore-ipport=192.168.100.2:10000 --kubeedge-version=
1.7.0 --token= 保存的token值
```

```
Selecting previously unselected package libev4:amd64.
Preparing to unpack .../libev4_1%3a4.31-1_amd64.deb ...
Unpacking libev4:amd64 (1:4.31-1) ...
Selecting previously unselected package libwebsockets15:amd64.
Preparing to unpack .../libwebsockets15_3.2.1-3_amd64.deb ...
Unpacking libwebsockets15:amd64 (3.2.1-3) ...
Selecting previously unselected package mosquitto.
Preparing to unpack .../mosquitto_1.6.9-1_amd64.deb ...
Unpacking mosquitto (1.6.9-1) ...
Setting up libev4:amd64 (1:4.31-1) ...
Setting up libdlt2:amd64 (2.18.4-0.1) ...
Setting up libwebsockets15:amd64 (3.2.1-3) ...
Setting up mosquitto (1.6.9-1) ...
Created symlink /etc/systemd/system/multi-user.target.wants/mosquitto.service → /lib/systemd/system/
mosquitto.service.
Processing triggers for systemd (245.4-4ubuntu3) ...
Processing triggers for man-db (2.9.1-1) ...
Processing triggers for libc-bin (2.31-0ubuntu9) ...
MQTT is installed in this host
kubeedge-v1.7.0-linux-amd64.tar.gz checksum:
checksum_kubeedge-v1.7.0-linux-amd64.tar.gz.txt content:
[Run as service] start to download service file for edgecore
[Run as service] success to download service file for edgecore
kubeedge-v1.7.0-linux-amd64/
kubeedge-v1.7.0-linux-amd64/edge/
kubeedge-v1.7.0-linux-amd64/edge/edgecore
kubeedge-v1.7.0-linux-amd64/cloud/
kubeedge-v1.7.0-linux-amd64/cloud/csidriver/
kubeedge-v1.7.0-linux-amd64/cloud/csidriver/csidriver
kubeedge-v1.7.0-linux-amd64/cloud/admission/
kubeedge-v1.7.0-linux-amd64/cloud/admission/admission
kubeedge-v1.7.0-linux-amd64/cloud/cloudcore/
kubeedge-v1.7.0-linux-amd64/cloud/cloudcore/cloudcore
kubeedge-v1.7.0-linux-amd64/version

KubeEdge edgecore is running, For logs visit: journalctl -u edgecore.service -xe
root@i-2ib63qle:/data/gopath/src/github.com/kubeedge/kubeedge/_output/local/bin#
```

图7-141　加入边缘节点的过程图

提示：* –cloudcore-ipport 标志是强制性标志，后面IP地址是自己的master主节点的地址。

（4）配置docker的cgroupdriver。

```
$ vim /etc/docker/daemon.json
# 输入如下内容
{
    "exec-opts" : [ "native.cgroupdriver=cgroupfs" ]
}
# 保存退出后重新启动docker
$ systemctl daemon-reload && systemctl restart docker
```

3）在k8s的master节点进行验证

```
$ kubectl get node    # 如图7-142所示
```

```
root@i-fxg7bwep:~# kubectl get nodes
NAME         STATUS   ROLES         AGE    VERSION
i-2ib63qle   Ready    agent,edge    20m    v1.19.3-kubeedge-v1.7.0
i-fxg7bwep   Ready    master        154m   v1.16.0
root@i-fxg7bwep:~#
```

图7-142　验证加入是否成功的命令图

```
$ kubectl get pods -n kube-system    # 如图7-143所示
```

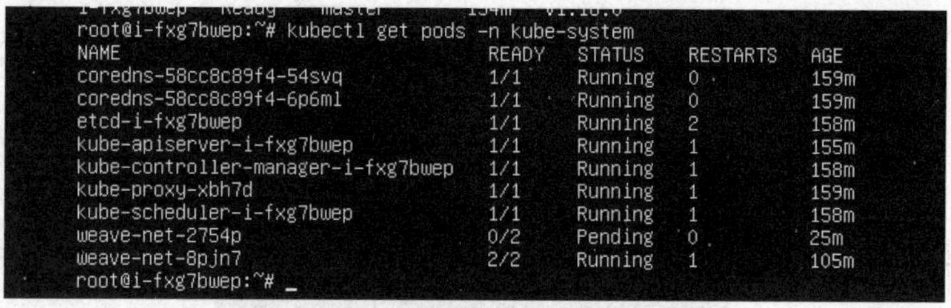

```
root@i-fxg7bwep:~# kubectl get pods -n kube-system
NAME                                   READY   STATUS    RESTARTS   AGE
coredns-58cc8c89f4-54svq               1/1     Running   0          159m
coredns-58cc8c89f4-6p6ml               1/1     Running   0          159m
etcd-i-fxg7bwep                        1/1     Running   2          158m
kube-apiserver-i-fxg7bwep              1/1     Running   1          155m
kube-controller-manager-i-fxg7bwep     1/1     Running   1          158m
kube-proxy-xbh7d                       1/1     Running   1          159m
kube-scheduler-i-fxg7bwep              1/1     Running   1          158m
weave-net-2754p                        0/2     Pending   0          25m
weave-net-8pjn7                        2/2     Running   1          105m
root@i-fxg7bwep:~# _
```

图7-143　查看pods的命令图

7.7.3　运行KubeEdge示例

KubeEdge官方的例子Counter Demo 计数器是一个伪设备，用户无须任何额外的物理设备即可运行此演示。KubeEdg在云边端部署完成后，边缘端运行计数器，云端可在Web上获取计数器数据并对计数器进行控制。

1. 准备工作（云端操作）

下载示例代码，使用官方的示例仓库会比较慢，这里使用加速仓库，如图7-144所示。

```
$4 git clone https://gitee.com/iot-kubeedge/kubeedge-examples.git $GOPATH/src/github.com/kubeedge/examples
```

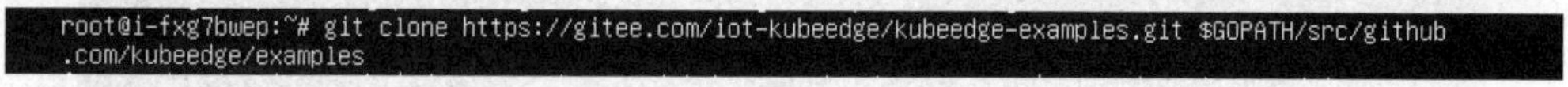

```
root@i-fxg7bwep:~# git clone https://gitee.com/iot-kubeedge/kubeedge-examples.git $GOPATH/src/github
.com/kubeedge/examples
```

图7-144　下载示例代码命令图

2. 创建device model和device（云端操作）

1）创建 device model

```
$ cd $GOPATH/src/github.com/kubeedge/examples/kubeedge-counter-demo/crds
$ kubectl create -f kubeedge-counter-model.yaml
```

2）创建 model

```
$ cd $GOPATH/src/github.com/kubeedge/examples/kubeedge-counter-demo/crds
$ vim kubeedge-counter-instance.yaml
# 将图中所示修改为 edge 节点真实 hostname，如图 7-145 所示
```

3）运行 YAML

```
$ kubectl create -f kubeedge-counter-instance.yaml
```

3. 部署云端应用

1）修改访问端口

云端应用 web-controller-app 用来控制边缘端的 pi-counter-app 应用，该程序默认监听的端口号为80，此处修改为8090，如图7-146所示。

```
metadata:
  name: counter
  labels:
    description: 'counter'
spec:
  deviceModelRef:
    name: counter-model
  nodeSelector:
    nodeSelectorTerms:
    - matchExpressions:
      - key: ''
        operator: In
        values:
        - i-2ib63qle

status:
  twins:
    - propertyName: status
      desired:
        metadata:
          type: string
        value: 'OFF'
      reported:
        metadata:
          type: string
```


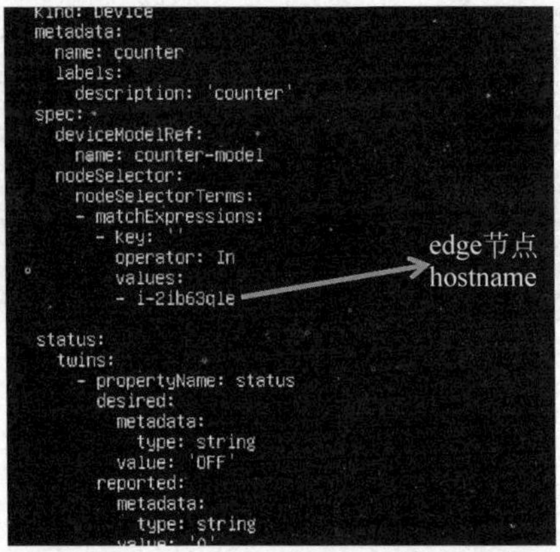

图 7-145　修改配置文件图

```
$   cd $GOPATH/src/github.com/kubeedge/examples/kubeedge-counter-demo/
web-controller-app
$  vim main.go
```

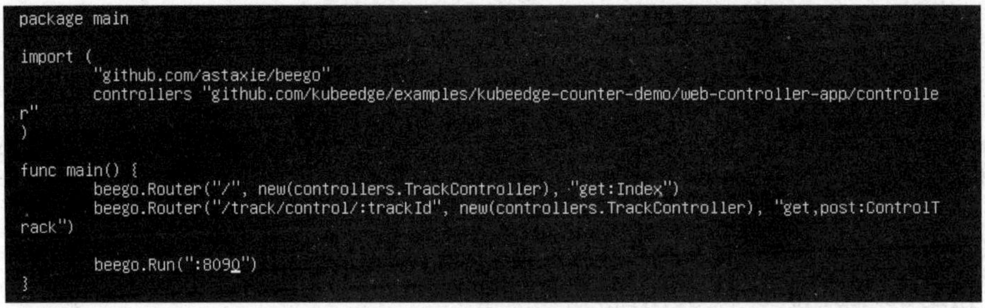

```
package main

import (
        "github.com/astaxie/beego"
        controllers "github.com/kubeedge/examples/kubeedge-counter-demo/web-controller-app/controlle
r"
)

func main() {
        beego.Router("/", new(controllers.TrackController), "get:Index")
        beego.Router("/track/control/:trackId", new(controllers.TrackController), "get,post:ControlT
rack")

        beego.Run(":8090")
}
```

图 7-146　修改监听端口号图

2）在当前目录下，构建镜像

```
$ make all
$ make docker
```

3）部署 web-controller-app

```
$ cd $GOPATH/src/github.com/kubeedge/examples/kubeedge-counter-demo/crds
$ kubectl apply -f kubeedge-web-controller-app.yaml
```

4）访问

部署成功后浏览器访问自己的masterIP地址:8090，会得到如图7-147所示图片。

4. 部署边缘端应用

```
$  cd  $GOPATH/src/github.com/kubeedge/examples/kubeedge-counter-demo/
counter-mapper
$  make all
$  make docker
```

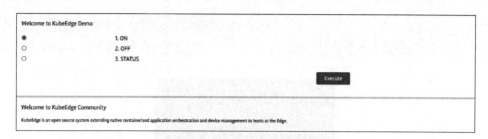

图 7-147　部署成功后浏览器图

1）部署 Pi Counter App

```
$ cd $GOPATH/src/github.com/kubeedge/examples/kubeedge-counter-demo/crds
$ kubectl apply -f kubeedge-pi-counter-app.yaml
```

说明：为了防止pod的部署卡在ContainerCreating，这里直接通过docker save、scp和 docker load命令将镜像发布到边缘端。

```
$ docker save -o kubeedge-pi-counter.tar kubeedge/kubeedge-pi-
counter:v1.0.0
```

注意下面的192.168.100.2是云主节点的IP地址，需要改为自己的云主节点IP地址。

```
$ scp kubeedge-pi-counter.tar root@192.168.100.2:/root
$ docker load -i kubeedge-pi-counter.tar          # 在边缘端执行
```

2）验证

体验demo，现在KubeEdge Demo 的云端部分和边缘端的部分都已经部署完毕，如 图 7-148 所示。

图 7-148　查询部署完毕的命令图

（1）选择ON，单击Execute按钮，如图 7-149 所示。

图 7-149　浏览器选择的操作图

在边缘节点执行操作，如图 7-150 所示。

```
$ docker ps                        # 先使用该命令找到执行边缘节点的容器 ID
$ docker logs -f 16029a18aeed      # counter-container-id
```

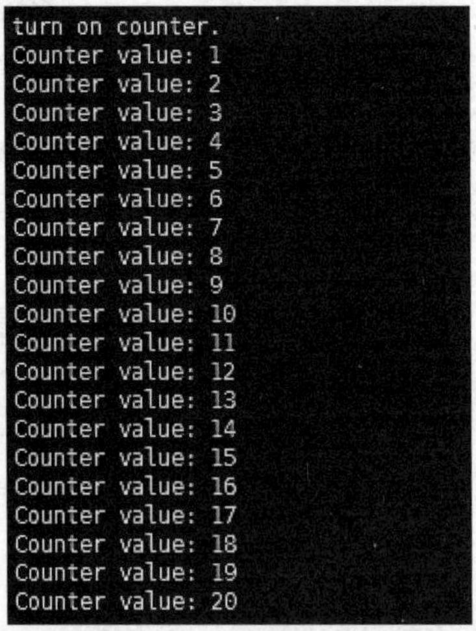

```
turn on counter.
Counter value: 1
Counter value: 2
Counter value: 3
Counter value: 4
Counter value: 5
Counter value: 6
Counter value: 7
Counter value: 8
Counter value: 9
Counter value: 10
Counter value: 11
Counter value: 12
Counter value: 13
Counter value: 14
Counter value: 15
Counter value: 16
Counter value: 17
Counter value: 18
Counter value: 19
Counter value: 20
```

图7-150 示例演示过程

（2）选中OFF，单击Execute按钮。

在云端执行：`$ kubectl get device counter -o yaml -w`

可看到value的值是最后计数的值，同时在边缘端也能看到计数停止。

参 考 文 献

[1] 吕云翔，柏燕峰，许鸿智，等.云计算导论[M]. 2版.北京：清华大学出版社，2017.

[2] Thomas Erl，Zaigham Mahmood，Ricardo Puttini.云计算概念、技术与架构[M]. 龚奕利，贺莲，胡创，译.北京：机械工业出版社，2014.

[3] 林康平，王磊.云计算技术[M]. 北京：人民邮电出版社，2021.

[4] 张瑞.云计算基础与OpenStack实践[M]. 北京：电子工业出版社，2022.

[5] Kevin L.Jackson.云计算解决方案架构设计：构建高效并有效管理风险的云策略[M]. 陆欣彤，译.北京：清华大学出版社，2019.

[6] 陈赤榕，叶新江，李彦涛，等. 云计算和大数据服务——技术架构、运营管理与智能实践[M]. 北京：清华大学出版社，2022.

[7] 何金池.Kubeflow:云计算和机器学习的桥梁[M]. 北京：电子工业出版社，2020.

[8] Andreas Wittig，Michael Wittig. AWS云计算实战[M]. 费良宏，张波，黄涛，译.北京：人民邮电出版社，2018.

[9] 龚正，吴治辉，闫健勇. Kubernetes权威指南：从Docker到Kubernetes实践全接触[M]. 5版.北京：电子工业出版社，2021.

[10] Marko Luksa. Kubernetes in Action 中文版[M]. 七牛容器云团队，译.北京：电子工业出版社，2019.

[11] 杨保华，戴王剑，曹亚仑.Docker技术入门与实战[M]. 3版.北京：机械工业出版社，2018.

[12] 王金恒，刘卓华，王煜林，等.KVM+Docker+OpenStack实战——虚拟化与云计算配置、管理与运维[M]. 北京：清华大学出版社，2020.

[13] CloudMan. 每天5分钟玩转OpenStack[M]. 北京：清华大学出版社，2016.

[14] 弗洛肖斯·齐阿齐斯，斯塔马蒂斯·卡尔诺斯科斯，杨·霍勒，等. 物联网：架构、技术及应用[M]. 王慧娟，邢艺兰，译.北京：机械工业出版社，2021.

[15] Daniel Chew. 物联网——无线通信、物理层、网络层与底层驱动[M]. 李晶，孙茜，译.北京：清华大学出版社，2021.

[16] Stuart Russell，Peter Norvig. 人工智能：现代方法[M]. 张博雅，陈坤，田超，等译.4版.北京：人民邮电出版社，2022.

[17] 王万良.人工智能导论[M]. 5版.北京：高等教育出版社，2020.

[18] Robert Robey，Yuliana Zamora. 并行计算与高性能计算[M]. 殷海英，译.北京：清华大学出版社，2022.

[19] Thomas Sterling，Matthew Anderson，Maciej Brodowicz. 高性能计算：现代系统与应用实践[M]. 黄智濒，艾邦成，杨武兵，等译.北京：机械工业出版社，2020.

[20] 谈海生，张欣，郑子木，等.边缘计算理论与系统实践：基于CNCF KubeEdge的实现[M]. 北京：人民邮电出版社，2023.

[21] Cornelia，Davis.云原生模式[M]. 张若飞，译.北京：电子工业出版社，2020.

[22] 杜宽.云原生Kubernetes全栈架构师实战[M]. 北京：清华大学出版社，2022.

[23] 应阔浩，李建宇，付天时，等.云原生落地：企业级DevOps实践[M]. 北京：机械工业出版社，2022.